ABOUT TIME

A History of Civilization in Twelve Clocks

David Rooney

世界を変えた12の時計

時間と人間の1万年史

デイヴィッド・ルーニー　東郷えりか 訳

河出書房新社

世界を変えた12の時計　目次

世界を変えた12の時計

——時間と人間の1万年史

時計職人、ディーン・エヴァンズ（一九九〇－二〇二〇年）を偲《しの》んで

序文

一九八三年、大韓航空００７便

アラスカのある清々しい早朝のことだ。大韓航空（ＫＡＬ）の千炳寅《チョン・ピョンイン》機長と副操縦士の孫東輝《ソン・ドンヒ》、航空機関士の金義東《キム・ウイドン》は、アンカレッジ国際空港の駐機場《エプロン》をしっかりした足取りで歩き、タラップを上がってボーイング７４７旅客機のコックピットに入る。彼らはこの飛行機をソウルの金浦《キンポ》国際空港まで操縦する予定である。

ＫＡＬ００７便はニューヨークのジョン・Ｆ・ケネディ国際空港からの旅の途中、アンカレッジに点検と給油、それに運航乗務員および客室乗務員の交替のために立ち寄っている。北アメリカの北西端にあるアラスカの空港は当時、合衆国と東アジア間のフライトでは一般的な中継地になっていた。アジアとヨーロッパの共産主義国の領空の大半は、他国の航空機は利用できず、それはつまり安全な公海上の空域を通り抜ける長い飛行ルートを探さなければならないことを意味していた。だが、この便の機長はアンカレッジからソウルまでのルートは五年ほどの飛行歴があり、自宅の庭ほどに熟知している。

ＫＡＬ００７便の最初の区間は、搭乗していた二六九名にとって何ごともなく終わり、次の区間の天候は良好と予測されている。通常より向かい風が弱いので、飛行時間はいくらか短縮されるはずだ。そこでソウルに定時に到着するために、アンカレッジの出発は三〇分遅らせることになる。最後の点検が終わり、異常な点はどこにもないようだ。飛行ルートが慣性航法装置に打ち込まれる。これで航空機は飛行禁止空域の外側を安全に飛行できるようになる。そして、空港のレーダーシステムはアラスカ時間午前四時にＫＡＬ００７便を飛行中と記録する。そこに見られるのは、何ら変わったことのない空の旅の要素ばかりだ。

時間が過ぎてゆく。運航乗務員のあいだの会話は楽しげでくつろいでいる。飛行中のいくつかの地点で、彼らは地上管制官に連絡を入れ、現在位置と気象状況を報告して、飛行計画を確認する。普段どおり、乗客には朝食が配られた。

だが、航空機の自動操縦には問題があった。千、孫、金の三人は自動操縦が正しく設定されていなかったことに気づいておらず、アラスカからの飛行中ずっと同機は予定していたルートよりどんどん北寄りにずれていたのだ。考えうる限りで最悪の間違いを犯したのである。現在位置を再確認する別の手段はないため、彼らはナビゲーション装置に頼って、取るべきルート沿いに航空機を進ませてきた。だが、そうすることでカムチャッカ半島と樺太《からふと》島（サハリン島）上空の飛行禁止空域にまっすぐ向かっていたのだ。

ボーイング機がアラスカを離陸してから五時間後、韓国の運航乗務員が知らない間に、ゲンナジー・オシポーヴィチ中佐がこの旅客機を迎撃するためにスクランブル発進した。オシポーヴィチの配属先の司令官たちは当時、アメリカの偵察機がこの空域を飛び、ミサイル実験の実施状況を監視しているのを目撃していた。これはよく知られたボーイングＲＣ－１３５という四発偵察機で、ボーイング７４７旅客機と多くの点で似ていたが、コックピットの上の特徴的なでっぱりはない。オシポーヴィチと上司たちは大韓航空機が新たなアメリカの偵察機だと確信している。

二〇分後、何も知らない乗務員と乗客を乗せた旅客機に近づいたオシポーヴィチは、ボーイング機の鼻先に機関砲から警告射撃をしたが、大韓航空の乗務員からは〔光跡を伴わない〕徹甲弾《てっこうだん》は見えなかったため、彼らは刻々と迫っている危険にも気づかず雑談をつづける。その六分後、オシポーヴィチは大韓航空旅客機に二発の空対空ミサイルを発射した。一発目は外れるが、もう一発はボーイング機の尾翼で爆発し、油圧制御ラインを切断し、機体の構造に大きな被害を与える。爆破による金属片は旅客機の機体を貫通し、客室の気圧が低下する。ＫＡＬ００７便は致命傷を負っていたが、乗務員が必死に機体を立て直すなかで、前方へ飛びつづけた。ミサイル攻撃から三〇秒後には、拡声装置から自動アナウンスが機内全体に響き始める。「ご案内します。緊急降下中です。タバコは消してください。緊急降下中です」。客室でもコックピットでも酸素マスクが天井から降りてきて、放送が叫び始める。「マスクで鼻と口を覆い、ヘッドバンドを調節してください。ご注意ください。緊急降下中です」[*1]

旅客機は日本海の上空を進みつづける。まだ意識を保っている乗客は、何がぶつかったのか、あるいはなぜなのかはわからないものの、飛行機が緊急着陸できなければ、深刻な危機に直面することは疑っていない。乗務員は果敢に機体の立て直しを試みつづけるが、どんどん操縦不能となる。安全な飛行に必要な航空力学上の条件を失い、飛行機は風と天候に弄ばれて縦に横に揺れる。ミサイルが発射されてから一二分後、操縦士たちに残されたジェット機のわずかな制御力が失われ、きりもみ回転しながら落下し、ＫＡＬ００７便は海に墜落した。恐怖はついに終わった。一九八三年九月一日の朝のことで、生存者はいない。

上空では、「ナブスター」と呼ばれる合計七基のアメリカの実験用軍事衛星が地球の軌道を回っている。それぞれの衛星は自家用車ほどの大きさで、重量は一トン弱だ。動力源は太陽電池とヒドラジン・ロケット燃料を組み合わせたもので、一連の衛星は一九七八年以降、一基ずつ打ち上げられてきた。これらの衛星には、グローバル・ポジショニング・システム（全地球測位システム）と呼ばれる測位実験の一環として、カリフォルニアで製造された合計二五台の高精度の時計が搭載されている。

これらの時計があれば、ＫＡＬ００７便に搭乗していた全員を救えたかもしれない。

大韓航空機がソビエト連邦のミサイルで撃ち落とされた四日後に、アメリカのロナルド・レーガン大統領がテレビで感情的な演説を行ない、この悲劇をソ連当局による「大虐殺」であり、「人類にたいする犯罪」、「野蛮な行為」だと表現し、二度とそのようなことが起きないための措置を講ずると誓った。[*2]

この飛行機が地球上に墜落しつつあったとき、その上空を飛んでいた実験衛星は、今日ＧＰＳとして知られるものの最初の衛星群であり、当時はまだアメリカ軍が開発途中だった。各ＧＰＳ衛星は三台から四台の小型原子時計を搭載していて、正確な時報を地球に発信していた。地上ではＧＰＳ受信機をもつ人びとが数十メートルの誤差で自分の位置を知ることができた。今日、ＧＰＳでは三〇基前後の衛星が常時運用されており、最新の衛星には、一九七〇年代なかばにつくられた初代の原子時計よりもはるかに信頼性も精度も高い機種が搭載されている。

これらの宇宙時計はいまや日々の暮らしの目に見えない一部となり、単に正確な位置を教えてくれるだけでなく、電気通信から電力供給まで、現代のあらゆるインフラストラクチャーを同期させている。一九八三年九月時点では、この実験用ＧＰＳ衛星は軍用にしか使われていなかった。しかし、ＫＡＬ００７便が撃墜されて二六九名の無辜《むこ》の命が失われたことで、それが変わった。テレビ演説から一一日後に、レーガンは報道官を通じて、ＧＰＳの運用が始まったら、民間機もＧＰＳを使えるようにすると発表した。韓国の操縦士たちが実験用の時報を受信できていれば、測位上の誤差に気づいて、一九八三年九月一日の惨劇は避けられたかもしれない。

一九七〇年代に、アメリカのロックウェル社とドイツの時計製作所のエフラトムの共同出資事業で製造されたこれらの飾り気のない時計は、頑丈なアルミ製の箱に入れられて、宇宙への打ち上げ時に受ける衝撃にたいして強化されており、高性能の重要な時計として思い浮かべるイメージとは合わないかもしれない。これらの時計は、いわゆる美術品ではなく、自宅にそれを置くための場所を設けようとするコレクターはほとんどいない。それでも、これらの原子時計は世界をただ技術的に変えただけでなく、政治的にも文化的にも変えてきた。軍事超大国によって私たちの頭上に据えられた時計なのである。これらの時計がはたす役割は無害ではなく、無害だったためしもない。となると、私たちはいまよりもっと批判的に、これらの時計について考えるべきではないだろうか？

一九七〇年代の初代の時計はまだ私たちとともにある。最初の七基のＧＰＳ衛星に搭載されていた二五台の時計は、ＫＡＬ００７便が日本海に墜落したとき地球を周回していたもので、近年の技術に取って代わられたが、それでもまだ地球の軌道上にある。これらはカリフォルニアにあるロックウェルやエフラトムの工場で時計職人たちによってつくられた本物の時計だが、いまでは停止され、とうに退役となった人工衛星に搭載されたまま私たちの頭上を恒久的に静かに漂っている。夜空は、それほど遠くまで見えるとすればだが、古い時計の博物館なのだ。

ごく初期の文明以来、あらゆる文化の人びとが時計をつくり、使ってきた。古代ローマの都市の日時計から中国の元朝などの水時計まで、また中世に静かな革命を醸成した砂時計から啓蒙時代にインドでつくられた天文台まで、時計の歴史は文明の歴史なのである。となれば、本書は世界の歴史や政治、時に関する物語がいかに私たちの物語であるかということに関心のあるすべての人のためのものだ。ここでは一二の事例——過去にあった一二の実際の時計——を研究することで、何千年ものあいだに時がいかに管理され、政治に利用され、兵器とされてきたかを示す。時計を使って、エリートたちは権力を振るい、金儲けをし、民を統治して暮らしを支配する。そしてときには、やはり時計を使って、民衆は抵抗する。こうしたことはいずれも抽象的な問題ではない。たどることのできる歴史をもつ実際の時計の物語であり、過去のきわめて重要な、ときには暴力を伴う時代を鮮やかに甦《よみがえ》らせるものなのである。

私は子供のころから時計とその歴史に惹きつけられてきた。私が八歳だった一九八二年に、両親は時計の製作・修理をする商売を始めることにした。母は一九六〇年代なかばにタイン・ティーズ・テレビ局の研究スタッフとして働いたのち、教員になった。父はヘッバーンにあるベイカー・パーキンズ社で機械製図工となったのち、やはり教壇に立ち始めた。しかし、両親はつねづね起業したいと願っており、一九八〇年代初めに思い切ってそれを実行した。二人は自宅を仕事場にした。イングランドの寒い北海沿岸で、タイン川が海に注ぐ地点にあるサウス・シールズのテラスハウスだ。私たち家族は、たまたま古いハートン坑道の近くに住んでいた。一八五四年に、イギリス屈指の時間研究者によって、〔深さの異なる二地点で〕振り子時計を使って地球の密度を調べる先駆的な実験現場となった旧炭鉱である。時計は、一九世紀のサウス・シールズでは町中の話題だった。

実家のダイニングルームは時計の工房と図書室に改造された。客用寝室は事務所になった。キッチンの食卓が〔夕食も含め〕すべての食事の場で、私は子供時代にそこで時計の専門用語を身につけた。時計学・製作術の難解な技術――ヒューズ、脱進機、振動子――に関する議論や、こうした複雑な機械で作業しながら、事業を経営する困難さに関する話を聞きかじっていたのである。私は両親が時計学の著名な学者やコレクターと取引をする話を聞いていたし、スコットランドやイングランド北部一帯の田舎の邸宅や博物館に時計を設置しに行く両親に同行することもしばしばあった。

私は父からは時計の技術的な理解を、母からはテレビ・ドキュメンタリーのための調査経験を掛け合わせた形で吸収したのだろう。両親はともに、顧客に自分たちがかかわった時計の物語を伝えることがいかに大切かを理解していた。ただ時計を修理するだけの問題では、決してなかったのだ。どの時計にも来歴があり、歴史の一環となっていた。この物語を探しだして共有することが、両親の仕事だったのである。

子供時代に一〇年にわたって時計製作とその歴史のなかで暮らしたあと、私は家を離れて大学に行き、物理学を学び、のちにロンドン科学博物館で技術担当キュレーターとして働きながら、科学と技術の歴史を学んだ。二〇〇〇年代なかばに私が計時部門のキュレーターを務めたグリニッジ王立天文台では、世界に名だたる高精度時計のコレクションに自由に触れることができた。週に三日間、私はジョン・「経度《ロンギチュード》」・ハリソンが製作した有名な航海用時計を巻き、天文台の報時球とヴィクトリア朝時代の草分け的な電気時計設備の管理を手伝った。さらに、私は毎月、ケント州のカントリーハウス、ベルモント邸でボランティア活動をした。この邸宅には世界有数の個人の時計コレクションがある。

私は夢中になった。のちに科学博物館に戻ると、同館の所蔵品のなかでもとくに時計のコレクションを管理するようになり、時計職人名誉組合の博物館——この手の博物館では世界最古のもの——の運営について同組合と協力し始めた。二〇一五年にこの博物館は〔ロンドンのシティのギルドホール内から〕サウスケンジントンに移転した。私は長年のあいだに同組合から、無数の時計に込められた知恵と忍耐という恩恵を受けた。時間の専門家たちはその知識と情熱を惜しみなく私と共有してくれ、いまもなお分け与えてくれる。こうした諸々のことを通じて、時計という驚くべき機器にたいする私の関心は高まりつづけるばかりだった。

私が最も魅力を感じるのは、時計が何を意味するのかという問題だ。これは、人びとが時計をつくった理由を探ることによって、答えの得られる問題である。学べば学ぶほど、時計学の技術史は物語の始まりにすぎないことが明らかになっている。私が本当に関心をいだいているのは人間の動機であり、世界の仕組みであって、そのために本書は権力、支配、金、道徳、信条に重点を置いた物語となっている。

本書がいわゆる時計の歴史に関する本ではないことが、いまでは明らかになっているはずだ。これはまた時間そのものという、もっと抽象的な概念を扱うわけでもない。哲学者や科学者が考える時間とは何であるか、という問題だ。こうした問題は、私が取り組むよりもはるかにうまく対処した書物が多数あるので、専門家にお任せすることにする。本書はまた、フランスの歴史家フェルナン・ブローデルをはじめとする、偉大な学者のいずれかによる傑作のような、文明史を一望して描いた壮大な話でもない。むしろ、これは私的で、一風変わった、そして何よりも部分的な話だ。人類にとって重要な文明の側面に、何らかの理由で光を当てる人工物を調べれば、人類の歴史がいかに理解できるようになるかという問題を、本書は検討する。これらの側面には、人間の統治方法や、私たちのもつ信条、物語の伝え方などが含まれる。本書は時計の歴史を利用して、資本主義、知識の伝播《でんぱ》、帝国の建設、そして産業化が人類の暮らしにもたらした抜本的な変化を検証する。道徳——善悪——とともに、アイデンティティ——われわれは何者か——を考察するが、そのすべてに時計が介在する。そして、生と死、戦争と平和についても、臆することなく見てゆく。人間は自分たちを殺すために時計を使うが、それがおよぼす力について考えさえすれば、時計は私たちを救うものにもなるかもしれない。

本書では一貫して、「クロック〔時計〕」という言葉は非常に緩い定義で使われることになる。この単語は、フランス語のcloche、ドイツ語のGlocke、スウェーデン語のklockaと同様、「鐘」を意味するヨーロッパの言語に由来する。今日、私たちはこの言葉を電子機器にしろ、噛み合う歯車からなるものにしろ、時を刻み、教えてくれる固定した機器を指して使うことが多い。私はこの言葉を、はるかに多くの意味をもつ言葉として使う。この先の全編を通して、時間の経過を追う目的をもった人手でつくられた機器は、私の「クロック」の定義のなかに含まれている。これには日時計も、砂時計も（アワーグラス、サンドグラスとも呼ばれる）、水時計、時刻を測定する望遠鏡、時報、懐中時計、腕時計など、何でもそこには含まれる。

前書きはもう充分だ。追究の旅を始めよう。そして、そのためには二〇〇〇年以上前の、古代ローマの時代にまで戻り、フォロ・ロマーノの中央に立つ円柱に取りつけられた日時計を見ることにしよう。日時計は使われなくなって久しいが、その物語はまるで昨日書かれたような話であることが、おわかりになるだろう。当時、日時計が懸念を引き起こした問題はそれほど現代的なことだった。なぜなら、ローマの人びとは日時計によって暮らしが管理されることを喜んではいなかったからである。

第1章　秩序

紀元前二六三年、フォルム・ロマヌムの日時計

ローマを支配した日時計

ローマにいた人は誰でも、日時計がこの町にやってきた日を覚えていた。凱旋《がいせん》した英雄マニウス・ワレリウス・マクシムスは、フォルム・ロマヌム〔フォロ・ロマーノ〕の北西端にある市民の集会所《コミティウム》の一段高くなった演壇《ロストラ》の上に誇らしげに立って周囲を睥睨《へいげい》していた。彼の前には歓声をあげる大群衆がいて、自分たちの選んだ執政官《コンスル》をたたえようと待ち構えていた。ローマ軍を指揮してシチリア島で決定的な勝利をもたらした人物である。共和政ローマのためにカターニア市を占領したのはワレリウスであり、ローマ史上最も重要な戦略的同盟であるシュラクサイの条約を仲介したのも彼だった。時代は紀元前二六三年、カターニアの占領は競合する都市国家カルタゴとローマのあいだで生じた第一次ポエニ戦争における初期の成果だった。シチリア島から略奪された戦利品は、故国に勝利を目に見える形でもち帰るものだった。通常は拿捕《だほ》した敵船の舳先《へさき》を叩き落とし、フォルムをはじめとする公共広場の円柱に掲げた。もっとも、軍事的戦利品や略奪した宝ばかりではなかった。ワレリウスがカターニアから奪った品の一つは、見た目には質素なものだった。ありふれたものですらあった。しかし、それが一般のローマ人の——そして私たち自身の——暮らしを永久に変えることになったのだ。

自分が立つ演壇のそばの一角を指差して、ワレリウスはシチリア島からもち帰った日時計を披露した。それは大きな大理石の塊で、半球状の窪《くぼ》みが丁寧に削りだされており、彼の名前が刻まれた円柱に取りつけられていた。窪みの上には、青銅製の矢印、つまり指針《ノーモン》〔グノモン〕があり、大理石に彫られた線は、指針の影がそこに落ちると、時刻を告げる目盛りとなる。これはシチリアの時間と暦を告げており、ローマの時間とは〔緯度が違うため〕やや異なったが、そんなことは実際には問題でなかった。これはローマが優位に立ったことを示しており、群衆は熱狂した。

フォルムのような公共広場にある戦勝記念塔が、軍事大国の象徴であることは誰もが知っていた。ということは、前二六三年にワレリウスが設置したローマ初の公共の日時計は、単なる装飾物ではないことを意味していた。カターニアを略奪した際の戦利品として、ローマで最も有名な街頭演説が行なわれたまさにその場所に立つ円柱に取りつけられ、ワレリウスの日時計は共和政ローマの軍事力を誇示しながら立っていた。だが、この円柱はもっと有名なものとなる運命にあった。その日、フォルムから散ってゆく群衆のなかで、目撃したばかりのものの本当の重大性に気づいていた人はほとんどいなかった。その出来事はあたかも、ワレリウスの名で設置された略奪品の日時計に歓声をあげることで、カルタゴにたいする決定的な勝利を祝っていたように感じられた。だが、人びとはやがて思い違いをしていたことを知った。

カターニアから日時計がもたらされると、ローマの各地に何十基もの日時計が出現するようになった。いずれもローマ市民の日々の多様な活動を規制し、制御するためのものだった。市民はすぐに時を刻む新技術が割り込んできたことに、不安を覚えるようになった。

やがて事態はひどく悪化し、ローマの戯曲家や批評家は日時計を目の敵にするようになり、この新しい機器を嘲りの対象とした。フォルムに日時計が初めて設置されてから数年後、ある戯曲家が腹を立てて登

図1-1　ローマのフォルムにおける演説者を描いた想像図、1851年発行

場人物の一人にこう叫ばせた。

> 最初に時間を発見した人間などクソ喰らえだ。それに――もちろん――ここに最初に日時計を設置したやつもだ。おかげで哀れな俺の一日は細切れになってしまった！　子供のころは、俺の腹だけが唯一の日時計だった。どんな代物よりも、断然すばらしく信頼できる時計だよ。以前はどこにいても、腹の時計が忠告してくれた。まあ、何もない場合は別だが。ところがいまやそこに食べ物があっても、太陽がいいと言わなければ、食えない。それどころか、町は日時計だらけで、大半の人は飢えて干からびて、這《は》うように進んでいる。[*1]

のちの著述家は、フォルムに設置されたような日時計を「忌むべき」ものと表現し、それらが取りつけられた円柱を、かなてこで引き倒そうと呼びかけた。[*2]

だが、すでに遅すぎた。公共の日時計は、共和政ローマのあちこちに登場し始めたのだ。ワレリウス自身の戦勝記念の日時計は、きっかり九九年間は民衆の怒りに遭わずに済んだが、前一六四年になってさらに正確な日時計に取って代わられた。その五年後、フォルム・ロマヌムには、人びとに嫌われた日時計のほかに新たな公共の時計として、水時計が加わった。こうなると、時計はローマ人の起きている時間だけでなく、寝ている時間も支配するようになった。

フォルム・ロマヌムの日時計は、都市の最初の時計台として考えるべきだ。高い位置に取りつけられて人びとを見下ろし、ローマの支配階級そのものを象徴した日時計は、あらゆるものを変えた。ワレリウスがフォルムで日時計を披露した瞬間から、ローマ人は時計に従って生活することを強いられたのだ。そして、時間によるこの新しい秩序が世界中の文明に広まっていったのである。

時刻を告げる高い塔

ローマから一〇〇〇キロ強離れたギリシャのアテネにある「風の塔」は、古代世界の建造物のうちでも、きわめて保存状態のよいものの一つだ。大理石でできたこの八角柱の塔は、有名なアクロポリスの丘の麓《ふもと》にあって、かつては賑《にぎ》やかな市場の近くに位置していた。風の塔は、一四メートルの高さでそびえ、横幅は八メートルあり、この活気あふれる混み合った都市の人びとにとっては、驚くべき光景だった。外壁は鮮やかに色づけされた浅浮き彫りで覆われ、八種類の風を表わす塑像が八面の壁それぞれに彫られ、さらに半円形の付属部分があり、そこに日時計が取りつけられていた。内部の天井は見事な青に塗られ、金色の星がちりばめられていた。この威厳あふれる内部の中央に水時計があって、その水は、クレプシドラと呼ばれるアクロポリスの丘の上にある神聖な泉から引いていた。その泉の名が、水時計一般を指す同義語となった。この時計はかつて、天空そのものを表わす複雑な機械式模型を動かしていたのだと考えられている。プラネタリウムや太陽系儀、アーミラリ天球儀のようなものである。

風の塔がいつ建てられたのかは、誰も確かなことはわからないが、おそらく前一四〇年ごろだっただろう。フォルム・ロマヌムの日時計と同様に、これは初期の公共の時計台と見なすことができる。アテナイ〔アテネの古名〕の人びとが市場などで日々の仕事を営む際に、一日の時刻を告げ、暮らしに秩序をもたせていたものだ。これはより広い意味での秩序の象徴でもあった。塔の装飾パネルに描かれた風の神々は、世界の秩序の寓喩《ぐうゆ》だった。内部の星は、水時計と天空の機械式レプリカとともに、宇宙の秩序を象徴していた。これは間違いなく、驚異的な見世物だったのである。

だが、ワレリウスによってローマに誇らしげに設置された日時計のように、風の塔も深いメッセージを携えていたかもしれない。一部の歴史家が考えるように、この構造物が〔アナトリア西部の〕ギリシャの都市ペルガモンの王、アッタロス二世によって建てられ、前四八〇年にアテナイがペルシャ海軍を打ち破ったのを記念するものだったとすれば、これは国家の軍事力、およびそれを維持するために必要な規律を平時に鮮やかに想起させるものとして役立っていたのかもしれない。

歴史的にはさらに情報が乏しいものの、ヴェローナ市には、太陽によって正しく時刻を合わせた巨大な水時計があり、時を告げるだけでなく、途方もない音でそれを鳴り響かせていたという、心をそそる可能性がある。ヴェローナはかつてローマ帝国の一部だったが、西暦五〇七年までに東ゴート人の王、テオドリックに支配されるようになった。テオドリックの宮廷で働いていたある学者が、「下から激しく湧きでる水が奏でる奇妙な音声によって鳴る楽器」と説明しており、東ゴート人によるこの都市の新しい秩序の力を表わすのに、これ以上に説得力のある表現を想像するのは難しい。[*3] テオドリック自身はこの時計の目的を、ヴェローナの人びとが「一日のさまざまな時刻を区別し、それによってどうすれば最もよく一刻一刻を過ごせるかがわかる」ようにさせることだと説明した。[*4] 高い塔の上に設置された日時計では見逃したり、見誤ったりしていたかもしれない。ヴェローナの城壁のすぐ外で時刻を告げる壮大な音響時計があれば、時間と、それが示唆する秩序は無視しようがない。

*

世界各地の帝国において、高い塔から時刻を告げる光景と音は、人びとの暮らしを整然とまとめあげ、権力と秩序のメッセージを誇示し始めた。ヴェローナの音響時計台が建設されるよりずっと以前から、古

図1-2　アテネの風の塔、20世紀に撮影

代中国の町や都市では、市場などにしばしば太鼓や鐘を備えた塔が高くそびえていた。二世紀の中国〔後漢〕の学者、蔡邕《さいよう》はこう説明した。「夜の水時計が終わると、太鼓が打ち鳴らされて人びとが起床する。昼の水時計が終わると、鐘が鳴らされて人びとは床に就く」[*5]。三世紀に、洛陽市の市場に建てられた水時計〔漏刻、漏壺《ろうこ》〕の塔についてこう書かれている。「建物内には太鼓が吊るされていた。太鼓が鳴ると、市場は閉まった。鐘もあった。鐘が鳴ると、五五里内でその音は聞こえた」[*6]

一〇〇〇年以上ののちの一三世紀後半に、ヴェネチアの商人マルコ・ポーロが大都《だいと》（現、北京）にクビライ〔フビライ〕・カアンを訪ねたとき、市の中心に二基の塔が高くそびえているのを見ている。一方の塔〔鼓楼《ころう》〕には複数の太鼓があり、もう一方〔鐘楼《しょうろう》〕には鐘があって、水時計で計られた厳格な外出禁止時刻の始まりを告げるために、毎晩そのすべてが打ち鳴らされた。夜間外出禁止の合図が鳴ったのちに、市街で見つかった人は誰でも、市内を夜中回る騎馬の夜警隊によって逮捕され、殴打《おうだ》された。日本でも、少なくとも八世紀以降には、奈良や京都などの都だけでなく、遠く離れた僻地《へきち》でも、主要な都市には水時計〔漏刻〕と高い鐘楼があり、そこから時刻が鳴らされて民衆に伝えられた〔漏刻は鎌倉時代初期まで使用されたが、江戸時代になって不定時法が計れる和時計が開発された〕。鐘楼は火事や襲撃などの危険が迫ったときには住民への警報を鳴らすものにもなった。時計台は都市で秩序を守るインフラの一部だったのである。

公共の時間がもたらす秩序

二一世紀の現在、私たちは日々暮らすなかで、自分たちが時計によって支配されることに憤慨する最初の世代なのだとつい思いたくなる。つまり、私たちは時計による秩序に従わなければならないので、もはや自分が何をし、それをいつするのか、自分では管理できないのだと。長時間を倉庫で過ごすシフト勤務で、あるいは工場の作業場に座りながら、もしくは、はてしなくつづきそうな会議の席で、私たちは午前中がやたらに長いのに、時計がまだ昼時を示さないため、食事ができないとこぼすかもしれない。しかし、そう感じるのは、何ら新しいことではない。それどころか、ローマ人にとって公共の日時計がまだ新しかった前二六三年の時点でも、日時計は世界のほかの都市では長年使われていたのだ。最初の水時計は日時計よりもさらに時代をさかのぼり、三五〇〇年以上前の古代バビロニアとエジプトを起源とする。

公共の時間は何千年ものあいだ広まりつづけてきた。公共の時計が私たちの暮らしに不可欠な要素であると考えるのは容易《たやす》い。しかし、その歴史をもっと丹念に見ることで、私たちは公共の時計がかつて何を意味していたのかを、またなぜそもそも時計台が建てられたのかをより理解することができる。どこにいようとも、時代をどれだけさかのぼろうと、塔や公共の建物のてっぺんにある巨大な時計が、暴力が横行する無秩序な世界において、私たちに秩序をもたらすために設置されたことがわかるのである。

都市再生のシンボル

古代イタリアの運河の都市キオッジャに行くには、高速モーターボートを使うのがいちばんで、私も二〇一八年二月の雨の降る朝、時計専門家の一行とともにその方法でたどり着いた。ヴェネチア潟《ラグーナ》の飛び地であるこの島は、より有名な都市ヴェネチアの二四キロ南に位置し、何百年ものあいだ製塩業と漁業、それに商業港として栄えてきた。今日、キオッジャの波止場《はとば》周辺では、観光客が漁師に交じっている。風が吹き荒れる寒い日でも、キオッジャは絵画のように美しく輝いており、この都市が中世の技術の坩堝《るつぼ》であったなどとは想像し難い。

その朝の私たちの目的地は、歴史的な旧市街の中心を通る主要地コルソ・デル・ポポロ広場にある、サンタンドレア教会の鐘楼で、この日の私たちのガイドは技術者で時計史家のマリーザ・アッドーミネと夫のダニエレ・ポンスだった。私たちが見学しにきたのは、最初に動き始めたのが六〇〇年以上前という機械装置であり、誰もが興奮を抑えきれないほどだった。私たちが訪ねることになっていた装置は、塔の高いところに据えつけられた、世界最古の〔現役の〕機械式時計なのだ。

キオッジャの住民と自治体は、当然ながら時計学における同市の遺産を誇りに思っている。私たちは波止場前でキオッジャの市長と市役所の文化担当トップに公式な歓迎式で出迎えられ、その後、地元の小学校を訪問した。児童たちは近くの鐘楼にある時計の歴史にもとづいて、盛大な音楽劇を披露してくれた。こうした催しは、市民の自己認識《アイデンティティ》の大きな部分を占めており、その理由は容易に見てとれる。キオッジャの歴史的な時計が動き始めた一三八六年の初め、落下する錘《おもり》によって嚙み合った歯車が動く機械式時計は、まだ登場してから一世紀ほどしか経っていなかった〔この時計自体は一八世紀に振り子式に改造された〕。現存する機械式時計で、キオッジャの時計よりも古いものは知られていないが、やはり一三八六年製と言われる別の時計が、イギリスのソールズベリー大聖堂に存在する。いずれにせよ、キオッジャの時計は充分に名声を誇れるだけの素晴らしいものだが、この飛び地には地元同士のライバル意識もある。アッドーミネが述べたように、「何世紀ものあいだ、ラグーナの継子《ままこ》だったキオッジャも、いまではヴェネチアにはないものを見せられる。中世の時計である」[*7]。

しかし、キオッジャの技術面の名声はこの時計一台に留まるわけではない。同市は世界に名だたる二人の中世の時計職人を輩出してきた。ヤーコポ・デ・ドンディは、近くのパドヴァに見事な天文時計を建造して一三四四年に設置した。キオッジャ生まれのその息子のジョヴァンニ・デ・ドンディが一三六四年に完成させた時計仕掛けのプラネタリウム〔アストラリウム〕は、それ以来、学者やコレクターを興奮させてきた。おそらく、このジョヴァンニが、現在キオッジャの鐘楼にある時計の建設に何らかの形でかかわっていただろう。あるいは、彼と父親が同市に時計製造の文化を興すのに一役買い、そのことが最新の技術を大衆に見せたくてたまらない革新的な機械技術者を引き寄せるようになった可能性がより高いだろう。

時計の機構そのものは、鐘楼のてっぺん近くの小さな部屋に収められており、堂々としたものではあるが、とりわけ壮大というわけではない。高さは一・五メートルほどで、一連の歯車、香箱《こうばこ》〔ぜんまいが入っている平たい円筒形のもの〕、レバーなどがみな赤く塗られた鉄枠のなかに収められている。棒状のものは、鐘楼の上部にある外側の文字盤の針につながっている。時計の鐘は、ワイヤーで引っ張られるハンマーによって鳴らされる。だが、これは信者に礼拝を呼びかける教会の鐘として建てられたものではなかった。この時計がサンタンドレア教会にやってきたのは、一八二二年になってからのことで、それまで四世紀以上にわたってキオッジャの市庁舎の塔にある公共の時計として使われていたのだった。市庁舎は以前、コルソ・デル・ポポロを二〇〇メートルほど行った先にあったが、一九世紀に解体されていた。

　一三八〇年代初めには、かつて繁栄した大都市だったキオッジャは完全に荒廃していた。最初は黒死病〔ペスト〕の世界的流行が一三四八年春に同市にも到達し、たちまち広がり、人口の半数を死に追いやり、キオッジャの経済と通商網を崩壊させた。つづいて一三七九年には、ジェノヴァとヴェネチアという競合する海運共和国間で、経済的優位をめぐる数世紀来の熾《し》烈《れつ》な争いが、キオッジャで流血の戦争となって勃《ぼっ》発《ぱっ》し、何カ月もつづいた挙句《あげく》に、キオッジャの人口のうち三六〇〇人ほどが死亡してようやく一三八〇年に終わり、あとにはラグーナの都市の廃墟が残された。

　市庁舎の近くの広場で起きた武力衝突を目撃した人が、たった一度の戦闘後に関することながら、その状況をこう書いた。「そこらじゅうが破壊された〔……〕広場は悲惨かつ残虐な大殺戮《だいさつりく》で殺されたじつに大勢のキリスト教徒たちの夥《おびただ》しい血で赤く染まった」[*8]。その一日だけでも、火災と剣によって殺された何百もの遺体が通りに横たわっていた。その後、何カ月にもわたって武力衝突と包囲がつづいた。物資の供給は絶たれ、住民のなかには生き延びるために犬、猫どころか、ネズミまで食べた人もいた。キオッジャの戦争は重大な影響をおよぼし、廃墟と化したこの市の当局が直面した任務は、以前のような経済の活況を取り戻し、ヨーロッパの大都市の一つとしてのキオッジャの地位を回復することだった。

　一三八六年に市庁舎に公共の時計を設置した出来事がこれほど画期的であるのは、戦後に公共支出を大幅に削減するなかで、それが成し遂げられたからだ。市役所や裁判所、刑務所が入っていた市庁舎の職員の数は、ほぼ半分に削減され、衛生兵、法務担当者、取引基準検査官などを含む、きわめて重要なポストも失われていた。節約した費用はすべて、海岸堤防から、要塞、〔製粉用などの〕水車場《ミル》、塩田、大規模な建設工事を支えるための住宅や石灰窯《いしばいがま》まで、荒廃した市の中心部やインフラの再建に直接充《あ》てがわれた。そのため、市の緊縮財政を考えれば、一三八六年二月二六日に市庁舎の本会議場に集まったキオッジャの市議会が、時計に関連した作業の終了を記録し、時計職人であるピエトロ・ボサへの最終的な支払いが承認され、継続的な保守管理に五ポンドの月収を支払うことに合意したのは、奇妙なことに思われるかもしれない。

　この時計が真新しいものだったのか、使い古しであったのかはわからないし、ボサへの支払いが損傷した既存の時計の大々的な修理調整に関するものかすら定かではない。わかっているのは、主要な広場を見下ろすキオッジャの市庁舎の塔に、動いている公共の時計を設置することが非常に重要だと考えられたため、戦争が終わってからわずか六年後であっても、大出費をするだけの価値があったということだ。これほど荒廃した状況の真っ只中で、地元の経済は崩壊寸前であり、残虐な占領による恐怖は苦痛を伴うほど記憶に新しく、ペストの大流行がもたらした影響もまだ市内のどの家庭でも感じられるなかで、時計は市の中心部に何をもたらしたのだろうか？　キオッジャが廃墟から不死鳥のごとく再建されつつあったときに？

　広場——今日のコルソ・デル・ポポロ——はキオッジャの中心にあって、今日と同様、きわめて重要な場所となっていた。二〇一八年二月のその雨の朝、広い中央通りを歩きながら、私はキオッジャを感じることができた。中央に市庁舎があるこの広場は、つねづね同市の人びとと精神を堂々と象徴してきた。そして、一四世紀には、高い位置に据えられた市の鐘は雄弁に語っていた。鐘は人びとに向けて、人びとのために語ったのだ。時計がはたした役割は、この鐘を鳴らすのを機械化したことであり、それによってヤーコポとジョヴァンニ・デ・ドンディという歴史上の偉大な時計職人を二人も輩出した街キオッジャは、時計が発揮しうる力を大半の人よりもよく知るようになった。キオッジャの新しい公共の時計は、それだけの大混乱のあとで、何を提供することができたのだろうか？　再生のシンボルとして、時計は待ち望まれていた安定と秩序を表わしたのだ。時計はキオッジャそのものを象徴したのである。

時計台の権力

古代ローマの戦勝記念塔に掲げられた戦利品の日時計であれ、アテナイの市場で幻想的な動きを見せたクレプシドラや、古代の北京や京都で夜間外出禁止時刻を知らせていた鼓楼、東ゴート人支配下のヴェローナの通りで鳴り響く、時を知らせる奇妙な声、あるいは中世のキオッジャの血にまみれた広場のはるか頭上でベルを鳴らした機械式時計であれ、公共の時計台はつねに政治的権力を投影させるために用いられてきた。誰がいつ、時計の製作を委託したかを見ることで、それらがどのように政治上の関心事を象徴するものとなったのかがわかるだろう。たとえば、市民としての誇りやアイデンティティ、そしてとりわけ戦争、占領、闘争で無秩序となったあとには、何よりも秩序感を象徴するようになった。民衆に時間による秩序感をもたせることで、これらの公共の時計は広い意味での公の秩序感を表わしていたのである。少なくとも、それが市当局の望んだことだった。そして、職場にも家庭にも時計が普及してからずっとのちも、これらの公共の時計台はその効力を保ちつづけた。むしろ、時代が進むにつれて、時計台は権力を誇示し、支配をつづけるうえでさらに役立つようになった。

植民地を見渡す時計台

キオッジャ市が一三八六年に市庁舎の外壁に時計を設置し、占領軍による大虐殺が繰り広げられた現場を見下ろすようになってから五世紀のちに、またもや武力による占領行為が次々と始まって世界地図の全体が書き換えられ、何億もの人びとの暮らしを、有無を言わさず変えることになった。一八八〇年代には、大英帝国はインド、オーストラリア、ニュージーランド、カナダを併合しており、いわゆるアフリカ分割では、北から南までアフリカ大陸中の土地と人びとをイギリスが支配する事態になった。イギリスの帝国主義者セシル・ローズは一八九二年に、「ケープタウンからカイロまで」とその状況を表現した。[*9] そして、時計台もイギリスの進出に伴ったのである。

アフリカの喜望峰では、イギリスの最初の時報は一八〇六年に、侵略軍がこの地を占拠してから数週間どころか、数日も経たないうちに運用が始まった。それが象徴する意味は、ライバルの列強にも、組織的に力ずくで故郷を追われつつあったアフリカの現地民にも、これ以上になく明確だった。テーブル湾を見下ろす丘の上にある砲台から、毎日昼に空砲を撃つイギリスの高性能の大砲〔による力の誇示〕である。まもなく、ケープタウンの町自体にできた時報発信の塔がそれに加わり、やがてすぐに海岸伝いにも時報装置は増えていった。

オーストラリア南東部では一八二〇年代以降、イギリスの入植者たちが規律と秩序という西洋の考えを導入するなかで、時計台を建設する精力的な計画に従事した。最初の時計台は、ウィンザー、パラマタ、キャンベルタウンなどの町に登場した。やがて、タスマニアもその流れに加わり、ロンドンの大手の時計製作所に六台の時計機構を発注し、島内各地の時計台に設置した。一八五一年にヴィクトリア州西部で金が見つかり、この地域に入植・定住する人びとが急増した。州都メルボルンはたちまち帝国の貿易網のなかの新興都市となり、入植者とともに時計がやってきた。ゴールドラッシュが始まってから三年後には、メルボルンを拠点とする時計職人は三四人ほどになったが、一八四〇年代初めにはその数はわずか四人だった。この植民地の貿易港はヨーロッパの時計による強迫的な音で満ちていた。一八八〇年代末には、ニューサウスウェールズ州の三〇以上の公共の建物の外壁に、シドニーの時計職人アンジェロ・トルナーギが製作した大きな時計が設置された。侵略する入植者にとっても、先住民にとっても、オーストラリアにおける大英帝国の時計が耳目に触れずにいることはまずなかった。歴史家のジョルダーノ・ナンニが言ったように、「時計が西洋の時間の分身だとすれば、鐘はそのアンプだった」[*10]。

だが、イギリスの時計台プロジェクトが最も熱を帯びた最盛期を迎えたのはインドにおいてだった。インドにたいするイギリスの締め付けは、一八五七年に植民地支配にたいする流血の大反乱があって以来、一八五〇年代末に強まっていた。当初はデリーを中心としていた紛争は、のちにラクナウやその先にまで広がり、第一次インド独立戦争として知られる事態になった。紛争において何十万人もが殺され、広大な領地を失うことをイギリスが恐れるなかで、多くの都市で大虐殺が起きた。反乱鎮圧後の一八五八年にはイギリス王室が直接統治するようになり、イギリス国家の代理人として東インド会社が支配するという、複雑な取り決めに取って代わった。ブリティッシュ・ラージと呼ばれた、英王室によるインド支配は、イギリス統治下の土地にやってくる入植者が自分たちの目印を付けようと試みるなかで、この一帯を様変わりさせることになった。建物の建設は統治政策のきわめて重要な一部をなしていた。なかでも高くそびえる時計台は、地域一帯に一五分ごとに鐘を鳴り響かせ、正時を〔通常は時刻と同じ回数で〕打ち鳴らして、きわめて象徴的な役割を担い、英領インドのすべての主要な町に建てられた。町の中心部や主要な辻に、そして重要な公共の建物に設置された時計台はとうてい見逃せないものだった。

一八五七年の蜂起の発端となったデリーでは、赴任してきたイギリスの役人たちがすぐさま着任を記念して、本国に手柄を吹聴した。

> 最近の進展は新しい時計台です。町会所の向かい側のチャンドニー・チョークの中心に立つものです［……］。この建物は四辻というふさわしい場所に建てられ、高さは金めっきをした風見と頂華《フィニアル》を除いて約三三・五メートルあり［……］。時計の文字盤は充分に高い位置にあるので、東インド鉄道の駅からも、市内のほかの小高い場所からも見えます。[*11]

大反乱のもう一つの中心地であったラクナウもやはり、高さ六七メートルという巨大な時計台が据えられた。ロンドンのビッグベンの三分の二以上の高さだが、ビッグベンそのものも一八五七年の大反乱の二年後に竣工《しゅんこう》していた。一八八〇年代なかばに建設されたラクナウの時計台は、「インド最大」と言われ、文字盤は明るく照らされ、「サイズも動力も特大の」時計機構によって動いていた。[*12] この時計は一五分ごとにインドのこの都市中にケンブリッジ・チャイム〔いわゆる「キンコンカンコン」の音〕を響かせていた。デリーと同様、ここでも新たに建設されたヨーロッパの時計台は明白な力強いメッセージを伝えた。イギリス人はここに定住しており、規則に従わない者は誰でも叩《たた》きのめすつもりだ、と。

その他の地域に出向いた多くの人びとは、イギリスの支配下で建設された新しい学校や大学に同行して、現地の指導者や役人の子供たちを教えた。その一例は、今日のラージャスターン州アジュメールにメイヨー大学の一部として、一八七〇年代に建設された時計台だった。インドのイートン校を目指した、新しい

図1－3　時計台のあるメイヨー大学が見えるアジュメールへの道、1900年代頃撮影

寄宿制学校のキャンパスである。時計台そのものは、伝統的なインド様式を組み合わせた、この大学のその他の建物とは対照的に、西洋の建築様式で設計されていた。高さが三〇メートル近い時計台はキャンパス一帯を見下ろしていた。アジュメールの近くまでやってきた誰の目にも、市街そのものが姿を現わすよりずっと前から、この塔は見えていた。

　アジュメールは、イギリスがこの地域を軍事支配するための守備隊の本拠地だった。新しい学校の時計台は、さらなる秩序の形態を表わしていた。歴史家のサンジャイ・スリヴァスタヴァはこう説明した。

> アジュメールに駐屯する守備隊が大学周辺の物理的領土をイギリスが政治支配したことを表わしていたのだとすれば、多様な建築様式の寄せ集めのなかに時計台が組み込まれたことは、要するに異質の文化による占領の宣言だったのである。時計台はその周囲にある「東洋の建築」を「支配」していたのである。*13

時計台の頂上部は、ヴィクトリア女王がかぶる王冠にも似た、巨大な鉄製の冠の形にすらなっていた。メイヨー大学の建設が始まった一八七七年に、インド女帝として宣言した君主である。

インドでは植民地時代に、合計すると一〇〇基を超える時計台が建設された。そのすべてがイギリスの植民地主義者によるものではなかったが、それでも唖然《あぜん》とするような建設計画である。これはすなわち、私たちが時計を、無秩序の征圧を目的とした宗主国軍の強力な武器として見なさなければならないことを意味する。アジュメールでもインド全土でも、時計台はまさしく堂々と立ち、自分の領地を見渡すインドの女帝だったのである。

ローマから北京まで

一九世紀から二〇世紀になり、世界帝国の勢力範囲が変わりつづけるにつれて、時計台は遠隔地にある政府の力を表現するのに一役買う構造物へと変化を遂げた。時計台は国家そのものを建築によって代弁するものとなったのだ。広大な領地がかかわる場合はとりわけそうだった。あるいは少なくとも、一部の人はそう考えた。一八八〇年代から一九〇〇年代までオスマン帝国の支配者《スルタン》、アブデュルハミト二世は、分裂しつつある帝国の各地で時計台を建設する主要なプログラムを奨励した。彼の治世に、今日のトルコ、シリア、レバノン、イスラエル、リビアを含む、広大な領土一帯で中央政府と地元の役人によって何十基もの壮大な時計台が建てられた。新しい建造物は市の中心地や、何キロも離れた周囲から見える高い丘の上に位置していた。一八八二年にアダナ（現在のトルコ南部）で建てられたそのような時計に刻まれていたのは、次のような言葉だった。

巨大な傑作であるがゆえに比類なく、時計は外へと鳴り響くが、内実は政府からの呼びかけである。[*14]

中央政府は時計台によって国中に広く権力を誇示できると考えたが、時計台はまた地方の指導者や役人が帝国のほかの地域とのつながり（もしくは競合関係）を表示する手段にもなりえたのだ。それぞれの時計の状況がどうであれ、パワーポリティックスが関与していないことはなかった。

これらの時計によってつねづね具現化されてきた暴力に目を瞑《つむ》ることはできない。そして、これは本書を通じて戻りつづけるテーマなのである。先述したように、現在の北京に相当する場所でマルコ・ポーロが目にした鼓楼と鐘楼は、一二七〇年代にモンゴルの征服者クビライ・カアンによって、彼が統治する国〔元朝〕の支配を固めるために建てられたものだった。これらの鼓楼や鐘楼、あるいはその前身の水時計などから発せられた時報は、北京の住民の日々の暮らしをその後何百年にもわたって秩序立ててきた。だが、カアンの鼓楼の破壊を引き起こしたのは、別の帝国からの侵略者たちだった。そして、新たな勢力がこの大帝国〔清朝〕に自分たちの権威を示そうとせめぎ合うなかで、より広い意味では、古代からつづいてきた民衆に時報を知らせる中国の伝統を終わらせることになった。一九〇〇年に八カ国――オーストリア＝ハンガリー帝国、イギリス、フランス、ドイツ、イタリア、日本、ロシア、アメリカ――が中国を〔義和団事件の鎮圧のため清朝を〕侵略したのだ。北京の古い鼓楼は占拠され、太鼓の革は破かれた。その後、侵略者たちは市内各地に新しい機械式時計を設置した独自の時計台を建設し始めた。

たとえば、北京の最初の鉄道駅に建設された時計台や、同市の大手二行の銀行に建てられた時計台を見てみよう。これらの西洋の構造物のために選ばれた場所は、実用的な効率を考えたもので、今日の都市ならば誰も驚かないものに思われるかもしれない。私たちは駅や銀行の本店、行政の建物などの時計台を見慣れている。しかし、北京で時計台設置のために選ばれた場所には、強力なメッセージが込められていた。象徴的な意味をもつ北京の天安門広場が、三基の時計によって三方を囲まれたのだ。歴史家の巫鴻《ふこう》の言葉を借りれば、「これらの塔は、中国の伝統において最も人目を引く政治的な場所を取り囲んだだけでなく、その場所を制圧したのだ」[*15]。時計台はその高さと複雑さ、近代性、および政治地理学において、新しい秩序による古い秩序を転覆させる試みをまさしく表わしていたのだ。

　これまでもつねにそうだったのである。前二六三年にフォルム・ロマヌムの戦勝記念塔に取りつけられた日時計と、一九世紀にイギリスが帝国の領土一帯に建てた時計台とのあいだの関連は、まったく希薄というわけではない。古代ローマは、大英帝国建設プロジェクト全体にひらめきを与えたものだったからだ。ローマの法制度やその農業、植民地化の野心、そして複雑な都市のインフラすら、古代世界の歴史を学んだ西洋の植民地主義者に刺激に満ちた展望を与えていた。これらは秩序の構想であり、ローマのワレリウスの戦勝記念塔から、天安門広場の周囲の建物まで、時計はつねに無秩序な混乱期のあとに高く掲げられ、共通するメッセージを伝えてきた。立場をわきまえろ。列に並べ。支配者に従え、と。

第2章　信仰

一二〇六年、ディヤールバクルの城時計

壮大な自動装置の水時計

本の刊行イベントのように、アル＝ジャザリーのお披露目会は間違いなく派手な催しだった。その日、宮殿に集まった一団の前にその目玉の出し物はあった。アル＝ジャザリーの大論文の冒頭でとっておきの地位を占めていた機械である。それは水によって駆動される「城時計」と名づけられた機械式時計で、驚《きょう》愕《がく》するほど壮大な信仰のショーを見物客に披露するものだった。

城時計は、アル＝ジャザリーの言葉によれば、「人の背丈の二倍ほど」ある家の形をしていて、中央に大きな出入り口があった。[*1] この出入り口の上部には、小さな扉が一二ずつ二段に並び、その前を金でできた三日月が一つ移動できるようになっていた。その上方では鮮やかに色づけされた円盤が回転し、それとともに球体の太陽と月も動く。円盤には黄道十二宮の星座が描かれ、それぞれ「金やその他の美しく見える色」で際立たされ、星座を構成する星のパターンで開けられた穴の背後からオイルランプで照らされている。出入り口の左右には二羽の大きな真鍮《しんちゅう》製のハヤブサがいて、内部に白っぽい青銅製シンバルがセットされた壷の上に、翼を広げている。出入り口のアーチの上には、一二枚のガラスの丸窓があり、最下部では、ほぼ等身大の五体の人形が動いている。太鼓が二人にトランペットが二人、それにシンバル奏者が

一人である。

アル＝ジャザリーは、昼が過ぎて夜が訪れるにつれて、観客が見ることになるものをこう説明した。夜が明けると、三日月は上下対に一二ずつ扉が並ぶ前を、一太陽時間に扉一つ分という、気づかないほどの速さで動き始める。扉を通過するたびに、上段の扉が開いて人形〔アル＝ジャザリーが誰をモデルにしたにせよ〕が現われ、下段の扉はくるりと回転して、時間がそこまで到達したことを示すために別の色に変わる。二羽のハヤブサは前かがみになり、翼を上げて尾羽を下げ、それぞれくちばしから球を一つ下方の壺のなかに落とす。すると「遠くからも聞こえる」ほど大きな音でシンバルが鳴り、ハヤブサたちは元の位置に戻る。「こうしたことが六番目の時刻の終わりまで毎時、起こる」と、アル＝ジャザリーは述べた。「その時刻になると、しばらく太鼓が叩かれ、トランペットが吹かれ、シンバルが鳴らされる」。これは九番目と一二番目の時刻にも繰り返された。時計の最上部では一日中、黄道帯を表わす円盤も回転して、〔その季節に〕見えている黄道帯の角度と星座を示す。太陽は空に昇り、やがて沈んで夜になる。月もまたこの場面を移動し、一カ月が経つあいだに天体の照らされた部分が回転して満ち欠けを見せ〔月相を順繰りに描いた円盤が背面で回転して、月のための丸窓に現われ〕、新月から満月へ、そしてまた元へ戻ってゆく。

夜になると、時計は目を奪われるほどの明かりに照らされる。扉が回転したり開いたりする代わりに、時間が刻々と進むにつれて、時計の中央の出入り口の上に並ぶ丸窓の一つひとつに、オイルランプからの明かりがゆっくりと射し込む。最初の六つの窓が完全に照らされると、「音楽家たちが日中に行なうのと同じ任務をこなし、九番目、一二番目の時刻でも同様である。後者は夜の最後の時間であり、その時間までにすべての丸窓に明かりが差し込んでいる」と、アル＝ジャザリーは説明した。トランペットを鳴らすメカニズムはとりわけ創意工夫に富んでいた。これが鳴ると宮殿の従僕たちが水時計の貯水層に再び水を

図2-1　アル＝ジャザリーの城時計を描いた14世紀の挿絵

汲《く》み入れ、翌日に備えて可動部をすべて休ませる。

時は一二〇六年、アル＝ジャザリーはディヤールバクルにある宮殿でアルトゥク朝の君主ナシールッディーン〔・トゥーシー〕に技術者兼学者として仕えていた。今日のトルコ領で、シリアやイラクと国境を接する地域である。アル＝ジャザリーはナシールッディーンの宮廷で、二五年にわたって君主一家のために信じられないような機械の絶品を生みだしてきたため、その名がよく知れわたっていた。そして、王宮を独創性に富んだ宝物で満たすことに生涯を捧げたあと、アル＝ジャザリーは自分の経験を詳しく書くようにと主人から指示され、『独創的な機械式装置の知識の本』と題し、挿絵を贅沢《ぜいたく》に施した大型本を刊行した。その本は、イスラームの最先端の技術と工学をこのうえなく鮮やかに詳細に示したものだった。

アル＝ジャザリーの城時計の音と動き、音楽、色、それに光からなる華麗なショーは、比類なく見事な方法でアラーへの信仰心を表わしたものだった。もちろん、この精巧で高価な時計にも競争という要素はあった。本を書かせることで、君主は機械を駆使した芸術を自分がいかに庇護《ひご》してきたかを誇示することができたのだ。そのようなパトロンとなってきた支配者はナシールッディーンだけではなかった。一三六八年には、アルジェリアのトレムセンの王宮〔ザイヤーン朝〕で、同様の壮大な自動装置《オートマトン》〔からくり〕の水時計が、預言者ムハンマドの誕生日を記念した公共の祝祭で披露された。トレムセンの時計は活気あふれる展示となり、ディヤールバクルの時計のように、驚くような出し物で感銘を与えるべく設計されていた。この時計は、四〇年にわたって町中の話題となった。

かりにアル＝ジャザリーの壮大な時計が、ムスリムの偉大な支配者のために建造されたのでなかったとしても、これはモスクに展示するために組み立てられた可能性も同じくらいあるだろう。城時計のような大仕掛けのからくり時計は、その数年前にシリアのダマスカスのウマイヤ・モスクに設置されていた。この時計はそこで少なくとも一世紀半にわたって使われつづけた。もともと一四世紀に設置された同様の時計の一部が、モロッコのフェズにあるカラウィーイーンとブー・イナーニーヤのモスクに残っている。

あるいは、時計は宗教教育のために使われたのかもしれない。アル＝ジャザリーが大論文を出版してから三〇年後に、彼の城時計のような装置がイラクのバグダードにあるムスタンシリーヤ大学の玄関ホールに設置された。イスラーム学のための世界最高の教育機関を目指した巨大なマドラサである。

これらのからくり水時計は、決してありふれた存在ではなかったものの、中世イスラーム社会に欠かせないもので、それが発揮した効力は容易に想像できる。礼拝のために日々、時を刻む作業は、通常は日時計やアストロラーベ（夜空を平らに表現した装置）、もしくは、少なくともすでに二五〇〇年ほど前から存在した単純なバケツ形の水時計を使って行なわれていた。しかし、アル＝ジャザリーの城時計のような、壮大なからくり天文時計をつくることで、権力の座に就いていた人びとは、学校でもモスクでも、宮殿の訪問客にたいしてでも、その共同体の信者たちに信仰を華々しく視覚化して見せることができたのである。これらの時計は地上における神の知恵、支配、そして全能を表わすことを意図していた。この神の力を、イスラームの世界を統治する聖職者と支配者が仲介していたのだ。臣民にとっては、時計は宇宙のなかの自分たちの位置をつねに思い起こさせるものだったのである。

宗教における時間

世界の主要な宗教にとって、時計と信仰は密接にかかわっている。イスラームの信仰では、日々の生活を定める二つの時間のリズムがある。一つは太陰暦で、イスラームの一カ月の始まりと終わりを定め、メッカ〔マッカ〕へ巡礼をする時期を決めるために使われている。クルアーン〔コーラン〕は、新月とは「人のなす諸々のことや、巡礼のために、定まった時期を示すしるし」なのであると説明する。三日月〔状の細い月〕が最初に見えたらラマダンと呼ばれる断食月が始まることが、今日もなお世界各地のムスリムにとってきわめて重要な時間観測でありつづける。イスラーム信仰を管理するもう一つの時間のパターンは、一日五回の礼拝の決まりである。これはイスラーム暦の月の観測ではなく、太陽のパターンに従う。マグリブ（日没後）、イシャー（夜半）、ファジュル（夜明け）、ズフル（正午）、アスル（午後）の礼拝《サラート》は、すべて太陽によって時間が定められている。

キリスト教暦では、イースターなどの移動祝日の日にちは、月と太陽の周期を一緒に合わせた、複雑な暦法と天文体系を必要とする。キリスト教の修道院における日々の礼拝は、定められたパターンに従っていた。朝課、一時課、三時課、六時課、九時課、晩課、晩堂課などだが、時代とともに細部は変わっていった。鐘を鳴らす水時計、もしくはクレプシドラは、五世紀にまでさかのぼって修道院で使われており、九世紀までにはどの修道院でも見られるものになっていた。八四五年ごろにミラノの近くにいたコルビのイルデマルと呼ばれた修道士は、礼拝の時間を遵守する義務を負った同僚たちに、次のような厳しい忠告を書いた。「これを正しく行ないたいと願う者は、ホーロロギウム・アクアエをもたねばならない」。つまり水時計である。[*2]

キリスト教の慣習もまた、ユダヤの制度から受け継いだものだった。これは宗教儀式によって示された一二の時間で日中を区分する制度で、夜明けのアロット・ハシャシャーから夕暮れのツェイト・ハコハヴィム、さらに真夜中にあるハツォット・ハライラにいたるまで定められている。

ユダヤ神秘思想の書『ゾーハル』は、古代のものとされているが、おそらく一三世紀に描かれたもので、現代のイスラエルの都市ティベリアからの旅を描くなかで、ユダヤの宗教的慣習に時計がはたす役割について、示唆に富む一節がある。

ラビ・アッバはティベリアを出発して義父の家に向かった。息子のラビ・ヤコブも同行した。ケフェア・ターシャに着くと、父子はそこで一晩を過ごした。ラビ・アッバは宿の主人に、ここに雄鶏はいますか?と尋ねた。主人が、なぜですか?と問うと、ラビ・アッバはこう言った。ちょうど真夜中に起きたいからです。主人はこう答えた。「雄鶏は必要ありません。うちには「真夜中を告げる」装置がありますから。私の寝台の横に「一方からクレプシドラが吊るされている」秤《はかり》があって、そこに水を入れます。水は一滴ずつ滴り落ちて、ちょうど真夜中になるとすべてなくなり、そうなるとこの錘が動き、家中に響き渡る音が鳴るので、それがちょうど真夜中です。この時計は、トーラーを研究する為に毎晩、真夜中に起きる習慣のあるご老人のために私がつくりました。これを聞いてラビ・アッバは言った。ここへ私を導いてくれた神に祝福あれ[*3]。

シク教では、礼拝はアムリット・ヴェラーと呼ばれる早朝と、夕暮れ、および夜半に行なわれる。ヒンドゥー教では、時は神そのものである。仏教では、時は心のなかにのみ、またおそらくは鼻腔《びくう》のなかにのみ存在する。朝鮮、日本、中国では何百年ものあいだ仏教儀式で時間の経過を示すために、香を燃やす時計〔香盤時計、線香時計など〕が使われてきた。

機械式時計は宇宙を再現する

日時計、水時計、月の観測、雄鶏のけたたましい時の声は、何世紀ものあいだ信仰生活で必要な時を刻む目的をはたしてきたものの、いずれも限界があった。何よりも明らかなのは、実用面での限界だ。太陽はつねに照りはしないし、月はしばしば雲隠れする。水時計は配管詰まりを起こし、年中見守り、維持管理しなければならない。香時計は、高い消耗品に頼るものだった。だが、こうした時計には知識面での限界も内在していた。夜空を写しとったものを手で回転させて使うアストロラーベは、宇宙の複雑さは明らかにしたが、それを動かす創造主の手を明らかにしてはいなかった。天体そのものの回転に合わせて、アストロラーベを動かしつづける神聖な原動力はなかったのだ。これらの時計は宇宙のように見えたが、そのように動きはしなかったのである。だが、一三世紀末に新しいタイプの時計が開発され、それまでにない新たなものが提供された。

ヨーロッパで開発された機械式時計は、重力で落下する錘によって駆動された一連の歯車を噛み合わせる形式を取っていた。これには目に見えるか音が鳴るかして、所有者に時間を読み取らせる何かしらの接続器《インターフェース》があり、一定の（または充分に一定に近い）速度で、回転するように調整されていた。これらの新たな機械式時計は、巻き上げて修正されつづける限り、昼夜の別なく進みつづけた。そして、これが実際になしていたことは、地球そのものの自転を模倣することだったのだ。太陽が毎日、見かけ上で天空を移動する動きに合わせたものである。

機械式時計がなぜ一三世紀末に開発されたかをめぐっては、何百年にもわたって論議がつづいているが、「これぞ」機械式時計と言えるものの発明について考えるのをやめて、代わりに二つの別々の発明があったのだと想像すれば、答えは見つかるかもしれない。一つのタイプの時計は比較的単純で、実際的な問題に答えるものだった。これらの時計は、キリスト教の修道院で礼拝時間を知らせる鐘や、前章で見たキオッジャの時計のような町や市の公共の鐘を、機械で鳴らすものだった。水時計はこの仕事を何世紀ものあいだそれなりにうまくこなしていたが、前述したように、実用面で限界があった。歯車を使った機械式時計は性能が上がっていた。

だが、天文時計と呼ばれるようになった別のタイプの時計は、それよりはるかに複雑なものだった。一三六四年に、キオッジャ生まれのジョヴァンニ・デ・ドンディが完成させたプラネタリウム時計は、キリスト教の日にちの定まった祭日だけでなく、移動祝日も含めた万年暦を含むものだった。この時計は太陽、月、惑星の動きも見せ、一巡するのに一八年かかる日蝕の周期すら示していた。これらのより珍しく、より複雑な時計を検討することで、機械式時計が登場するようになった理由に関する、別の理論を思いつく。人びとは宇宙そのものを機械で再現しようとしたのであり、歯車の回転は地球の回転だけでなく、すべての天体の回転を、地球から見えるように表現したのだ。彼らは天を動かす力を再現しようと試みていたのである。

一二七一年にフランスのモンペリエ大学の学生のために書いた文書のなかで天文学者のロベルトゥス・アングリクスは天の赤道の回転（実際には地球そのものの自転だが、当時の人びとはそのように物事を見てはいなかった）を思い浮かべ、ヨーロッパ各地で生じていた新しい展開に心を躍らせていた。

> 時計職人たちは、天の赤道にあるすべてのものを完璧に一つに公転させる歯車をつくろうとしているが、まだその仕事を成し遂げられていない。しかし、もしやり遂げられれば、それは本当に正確な時計となり、アストロラーベなどの時間を調べる天文機器の何にも増して価値あるものとなるだろう[*4]。

このように考える背景にあったアイデアは、宇宙が神のつくった原型であるというものだった。そこで問われている問題は次のようなものだった。人間はその原型を製作できるのか。そのようなメカニズムは、天体の動きを――正確に精密に――表わせる必要があるだけではなく、同じ速度で連続して動かす必要もある。

　こうなると、歯車による機械式時計にはできて、水時計にはできなかったものに思い当たる。機械式時計は一定の速度で、永久に動く宇宙の精密運動を再現する見通しを示していたのだ。そのような時計は神による完璧な原型を製作したものなのだ。それをつくりあげることに成功した時計職人にとっては、何という褒美になることか。職人たちは、自分自身の宇宙の創造主となれるのだ。そして、判明している限りでは、最初の機械式時計をつくるのに実際に成功したのは、ロベルトゥス・アングリクスが希望に満ちた見解を書いてからわずか四、五年後のことだった。

ヨーロッパの都市の天文時計

　時計で天体の動きを模倣したいという願望の根底には占星術があった。これは天体の動きが地球上の人びとの暮らしに影響するという考えで、中世ヨーロッパ社会にとっては何よりも重要なものだった。当時は誰もが星は地上の出来事に影響するのだと、ちょうど誰もが神を信じるように、信じていた。天体の動きを示す時計は、従うべきものとしてそこにあったのだ。そして、そのことは多くの意味をなしていた。「月が潮の干満に影響をおよぼしうるなら、恒星や惑星がなぜ独自の方法で自然界に影響しないはずがあろうか」と、歴史家のジョン・ノースは問う。[*5] デ・ドンディの時計仕掛けのプラネタリウムが一四世紀なかばに、最終的にミラノ公爵の宮廷に行き着いたとき、それが占星術において示唆することが政治的な関心の的となった。中世のヨーロッパ人にとって、占星術は心底から信仰の問題だったのである。

宇宙そのものが時計職人である神によって組み立てられた時計仕掛けなのだという考えに人びとの心をしっかりと向けたのは、一七世紀の科学革命だった。近代の科学的手法の導入に一役買った化学者で自然哲学者のロバート・ボイルは、一六八六年に宇宙は、「ストラスブールの時計のように珍しい時計」なのだと書いた。

> そこでは、すべてのものがじつに巧みに考案されているため、いったん動きだすと、あらゆるものが考案者の最初の設計に従って進み、特定の時間がくるとあれこれの動作をする小さな彫像たちは、（操り人形のごとく）考案者や雇われた代理人が特別に手だしをしなくても、機関全体の一般的かつ原始的な仕掛けのおかげで、特定の出来事が生じるたびにその役目をはたすのである。[*6]

一五七四年に製作されたストラスブール大聖堂のからくり付きの巨大な天文時計は、礼拝に集まる会衆に向けて、宗教上の教えや占星術による予言を驚くべき方法で視覚化してみせた。天球儀に暦、イースターの日付を計算する装置、曜日を表わすからくり人形、宇宙の創造・原罪・贖罪《しょくざい》・復活・最後の審判など、キリスト教の宗教場面を描いた絵画である。天使は砂時計を逆さにする。黄道十二宮の位置が示され、一日に一度、死神の前を人生の四つの時代〔を表わす像〕が通り過ぎる。死神そのものはグロテスクな骸骨《がいこつ》の像で、人間の脚の骨を撞木《しゅもく》にして正刻を知らせた。細部まで本物そっくりにつくられたからくり雄鶏が翼をはばたかせ、ペトロの否認を警告するために騒々しく鳴く。

敬虔《けいけん》なキリスト教徒にとっては、この畏れ多い見世物を日々眺めれば、神の力と地上におけるその圧倒的な存在感や、天体が自分たちの暮らしにおよぼす影響を味わわずにはいられなかっただろう。それこそが重要な点なのだ。信者たちは天空の動きを眺め、自分たちの信仰の物語が演じられるのを観ることで、信じることができたのである。となれば、ヨーロッパの都市でこの最新の宗教的技術を望まないところがあるだろうか？　自分たちの信徒集団に、神による完璧な宇宙をこれほど鮮やかに披露したくない権力者がどこにいるだろうか？　権力者の力は、会衆の従順さにもとづくものなのだ。教会はみな、信者たちを扉から招き入れ、驚嘆させながらそこに座らせる新しい方法を模索していたのだ。天の戒律は従うべきものであり、だからこそ世界各地に目を見張らせる時計が出現したのである。

＊

一二七五年ごろに最初の機械式時計が導入されてから一六〇〇年までに、スコットランドのアバディーンからスイスのチューリッヒまで、そのあいだにあるヨーロッパ各地の二〇〇ほどの町や市に公共の時計が設置された。多くは時刻を示し、正刻に鐘を鳴らすだけの単純な装置だったが、なかにはもっと複雑な天文時計もあり、ストラスブールの時計にあるようなからくり人形付きのものがよくあった。これらの機械仕掛けの逸品のうち、二つだけ訪ねてみることにしよう。

　ドイツのバルト海沿岸にあるリューベックは、ハンブルクの北東に位置し、一一五九年に街ができて以来、北ヨーロッパの海上貿易で繁栄してきた。同市の壮大な聖マリエン教会は、市内を見渡せる場所に位置する。一二五〇年から一三五〇年にわたって建設されたこの教会は、リューベックが中心を占めたハンザ同盟の都市の権力と地位、繁栄を天高く表現したものだった。これは壮大な規模のゴシック様式で新興の商人階級の信仰心を誇示していた。

　教会の権力者たちは、おそらく一三八四年にはすでに祭壇の背後に時計を設置していた。ただし、信頼

図2-2　リューベックの天文時計、1870年頃撮影

できる記録としては、時計が再建された一四〇五年という年代が伝わる。この当初の時計には複雑な万年暦盤《ダイアル》（カレンダリウム）は付いていたが、それ以外はかなり単純な装置だった。その後一世紀間に、二度の火災に遭ってこの時計はひどく損傷した。一五六一年に新しい時計が発注され、それははるかに手の込んだものだった。

　土台部分の窪みには、怒り、色欲、強欲、不貞、傲慢、怠惰という大罪を表わす人物像が彫られていた。その近くの銘文はこう主張した。

> 　天空に輝く太陽を見て、その後、月の光が決められた経路で輝くのを見れば、汝《なんじ》は目で時間がいかに飛ぶように過ぎ去り、少しの遅れも許さないかが見て取れる。鳴り響く鐘の旋律を聞くたびに、汝は星々を司る神のことを考える。そして同時に、神をたたえるのである。[*7]

　大罪を表わす像の上方には、当初の時計から移された巨大な万年暦盤があり、一六世紀用に改定されていた。万年暦盤からは曜日、月齢、祝日、日の出時刻、日付、日曜文字（かなり先の日曜日が何日に当たるかを計算するのに役立つもの）、黄金数（太陰周期で何年に当たるかを調べるのに役立つもの）、太陽周期における年、復活の主日《イースター・サンデー》の日付、さらにその年のクリスマスと告解火曜日のあいだの日数がわかった。万年暦盤の中央には、リューベックで見られる月蝕と日蝕の表があり、その枠の四隅には、伝道者マタイ、マルコ、ルカ、ヨハネの姿があった。万年暦盤の周囲には、黄道十二宮が金で描かれていた。

　その上にはアストロラーベ文字盤《ダイアル》、もしくはプラネタリウムがあった。これは目の眩《くら》むような複雑な天文学的表示が並ぶもので、太陽、月、惑星、黄道十二宮がいずれも指針にたいしてゆっくりと回転していた。その中央の、大地を表わす場所には、雲や光線に囲まれたキリストの姿があった。
　プラネタリウムの上には、リューベックの時計の目玉というべきものが教区民の頭上にそびえていた。天蓋《てんがい》の下には片手に地球をもつキリストが立っていた。その上には毎時を告げるこの時計の鐘が吊るされた鐘楼があった。右手には、時の翁《おきな》〔本書第3章参照〕の姿をしたからくりが撞木と砂時計をもっていた。その左では、松明《たいまつ》と頭骨を手にした人物が動いており、時間のはかない本質を示していた。鐘楼の上には双面神ヤーヌスの像があって、その背後に一四口《こう》の鐘からなるカリヨンがあった。近くには、太陽、月、アポローン、ディアーナ、メルクリウス、マルス、ユピテル、サトゥルヌスを表わす人物像があった。これではまだ感動が足りないかのように、正午の鐘を打ち終えたあと、からくりの人形が行列をなして次々にでてきて、それぞれキリストの前を通る際に祝福された。各人形が時計の内部へ戻ってゆくと、案内係がお辞儀をした。すると二人の天使がトランペットを口元に近づけ、ファンファーレが鳴ったが、その間もずっと音楽は奏でられつづけた。
　一九四二年三月二九日――棕櫚《シュロ》の主日――未明に、この教会と内部にあったものは、イギリスの爆撃機によって破壊された。一九五一年に時計の歴史を記録した時計学史家のジョン・カースルは、こう結んだ。「その損失を悔やむ気持ちを言い表わそうにも、ふさわしい言葉が見つからない」[*8]
　私たちの旅路における二つ目の時計には、もっと古い時代の紛争が関係していた。今日のチェコ共和国の首都プラハを訪れる旅行者は、旧市庁舎の南側の壁に設置された天文時計にまっしぐらに向かう。これは驚異的な機械創作物だ。その細部は輝く金と鮮やかな青で際立たせてあり、通りから三階の高さまでそびえている。この時計は一四〇二年に、時計職人のカダンのミクラシュと天文学者のヤン・シンデルによって最初に建造された。この繁栄したボヘミアの都市で武力衝突を引き起こした宗教上の大混乱の時期で、当時、プラハはヨーロッパ最大の都市の一つで、神聖ローマ帝国皇帝の宮廷がここに置かれていた。

ボヘミア宗教改革として知られるようになったこの動きは、ローマ教皇とローマ・カトリック教会の権威にたいする反動として一四世紀なかばに始まった。一三八九年のイースターに、プラハの聖職者たちが市内に住むユダヤ人社会にたいする大虐殺を扇動した。三〇〇〇人のユダヤ人が殺され、その住居は荒らされ、焼き払われた。宗教絡みの混乱はつづき、一三九八年にはプラハ大学で改革派の神学者ヤン・フスが教壇に立つようになった。当時、創立五〇周年だった同大学は、この市庁舎から徒歩数分の距離にあった。フスはその後一七年間、カトリック聖職者の汚職と行きすぎた行為を非難する説教をつづけた挙句に、一四一五年に異端として火《ひ》焙《あぶ》りの刑に処せられた。そこから、「フス派」とカトリック教会に忠誠を誓う勢力とのあいだで二五年におよぶ武力闘争へと発展した。

実際には、教会と国家権力は一体だったので、激しい宗教紛争のつづいたこの時期のプラハ市議会——市庁舎を議場としていた——がはたした役割は、過小評価してはならない。プラハはカトリック教義の中心にあり、その市長と市会議員は、フスが醸成した革命が生じれば、深刻な危機に陥ることを知っていた。最も人目に付く公共の場所——教会や大聖堂の内部ではなく、市庁舎の外壁——への精巧な天文時計の設置は、プラハの住民にたいする当局者の権力を力強く主張するものだった。自分たちの都市と宗教がどの方向に向かっているのか確信のもてなかった住民である。

一四一〇年になると、フスの教えが勢いを増したため、プラハの市議会はミクラシュによる当初の時計を改修させることにした。その年、市議会がだした手紙にはこう書かれていた。

〔ミクラシュが〕つくったアストロラーベでは、太陽は黄道と十二宮を通る真の経路を、天空と同様に通り、日々、太陽がどのように昇って沈むのかを示す。また、その時々の宮を示す球体があるほか、天空と同様に四週間ごとにいつ月が満ち欠けするかも示し、前面の輪には一年を通して聖人の日がすべて描かれている。[*9]

「真の道」を示すために天空と同時に回転するこの巨大な時計仕掛けのアストロラーベを設置することが、プラハの支配者層からその民衆にたいする明らかで象徴的な声明だったと推測するのは突飛なことではないかもしれない。すなわち、宇宙はこれまでどおり秩序立った方法で動くに任せ、自分より目上の者の権威に疑問を挟むな、というメッセージだ。

「時は金なり」が依拠するもの

天を機械で再現したかのように動き、神の力と宇宙の複雑さを主張する見事な天文時計は、もちろん珍しいものだった。私たちの町や市の塔のてっぺんに据え付けられ、鐘を鳴らす大きな時計もまた然りだった。これらの公共の時計は、ますます時計志向となる私たちの暮らしの背景をなしていたが、時計が告げる時間との最も親密な関係は職場や家庭で、首から下げたり、ポケットに入れて服にピンで留めたりするなどして出合う時計とのあいだで形づくられた。

落下する錘やきつく巻いたぜんまいによって駆動する小型の時計は、一五世紀に日々の暮らしに入り込み始めた。そして、身に着けて運べる携帯用の時計としての小型時計《ウォッチ》は一六世紀初めより登場し始めた。これらのハイテク機器がありふれたものになるには、というよりむしろ均等に行き渡るには長い時間がかかった。階級、社会的性差《ジェンダー》、地理のほか、いくつもの要因が相まって、個々の人が時計によって暮らすようになるかどうかは左右された。だが、時代を経るにつれ、またこれらの装置が社会のなかに徐々に入り込むにつれて、それらが告げる時間と人間の関係は変わった。時計による時間の意識は絶えず存在し、個人的なものとなった。それとともに、新しい考えが生まれてきた。つねに時計が視界に入るようになると、時間は無駄にされうるという考えが受け入れられ始めたのだ。

その少し前から重視されるようになってきたこの概念は、一六世紀、一七世紀のイギリスのピューリタンが敬虔な勤行の根本として労働倫理という考えを推し進め始めてから本格的に広まった。一七世紀のピューリタンの牧師であり、神学者でもあったリチャード・バクスターは、この問題に関する教えでは妥協しなかった。『時の贖罪』と題された小論のなかで、彼はこう問うた。「この世で怠けて暮らしたら、神は来世をお与えになるだろうか？　よく働かない者が、いつかその生活を再び改めるようになるだろうか？」『自己否定論』のなかで、彼は怠惰ほど憎むべき罪はないと主張した。時間を無駄にすることで、「神ご自身から略奪する罪を犯している」からだ、と。「労働は神にたいして負うものであり、怠惰は人を働かせている天の神にたいする背信なのである。人のために働いているときもつねに、究極的には神のために労働しなければならない[*10]」

この考えは信者の心を捉えるにつれて、時を刻む金属製品のなかに組み込まれてゆき始めた。「ピューリタン」時計の名で知られる、装飾のない質素な新式の懐中時計が開発されたのだ。当時、貴族向けの市場にあふれていた豪華絢爛《けんらん》な懐中時計とは好対照をなすべく意図されたものだ。怠惰の罪を思いださせるのに、これらの飾り気のない質素な装置に勝るものがあるだろうか？　一七八六年に大英博物館が最初に入手した懐中時計は、一六三五年ごろにつくられたピューリタン時計で、ほかでもないオリヴァー・クロムウェルの所持品だったとされる。みずからをピューリタンのモーセと考えていた人物である。

日常使われるこれらの品は、プロテスタントの労働倫理にとっては、理念化された規律という形態を取るようになった。二〇世紀に近代の年代記を書いたなかで、ルイス・マンフォードはこう指摘した。「時を刻むことは、時に従い、時を出納管理し、時を配分することに変わった[*11]」。神への服従というメッセージをもって大衆を規律に従わせたのは、説教する牧師たちと同じくらい、時計だったのである。

私たちが暮らしのなかにますます多く招き入れるようになった時計は、個人のものでも、家庭や職場のものでも、自分たちの監督官や家主、支配人、あるいは管理者になったのだ。そして、これは資本主義と同じくらい信仰の表現だったのである。私たちはまだその呪文をかけられたまま暮らしている。今日、私たちはこれまで以上に、時宜に適った行動をとる人間であることが道徳的で公正なことと同一視される世界に暮らしている。

「時は金なり」という語句は、アメリカの政治家で科学者のベンジャミン・フランクリンが一七四八年に「若い商人への助言」という手引書を書いたのちに、有名になった。

> 時は金なりということを、忘れてはいけない。労働によって一日一〇シリング稼げる人が、その半日を外出したり、家で無為に過ごしたりすれば、娯楽や怠けているあいだに六ペンスしか使わなかったとしても、それだけの出費と考えてはならない。実際にはそのほかに五シリングを使ったか、投げ捨てたのである。[*12]

こうした世俗の考えは長年のあいだに発達してきたものだが、フランクリンによって明確に書かれたこの考えは、時間は神の時間なのだという宗教概念に深く依拠するものなのだ。個人の所有する時計が中・

上流階級の日々の暮らしの一部となりつつあった時代に、初期のプロテスタントによって説教された考えである。まもなく、その考えは残りの人びとにも浸透し、今日の欧米社会では、時は金なり主義に従わない人はほとんどいない。

聖地に立つ世界最大の時計台

そうなのだ。両極端に分かれているのだ。一方には、今日の私たちを取り囲む無数のありふれた時計があって、神（または富）のために働き、それらの時計が告げる時間を無駄にするなと強く勧める。もう一方では、何世紀にもわたって、私たちはモスクや教会、公共の建物にあるからくり付きの壮大な天文時計に驚嘆し、畏怖のあまり息をのんできた。つまり、神の完璧な宇宙を機械で模倣したものである。これもまた、今日までつづく物語だ。

サウジアラビアのアブドラ王立科学技術大学は、メッカに近い紅海沿岸に位置し、スーダンとエジプトまでつづく広大な青緑色の海域を見下ろしている。私は真夜中に磨きあげられたシボレー・サバーバンＳＵＶで一時間のドライブをして、この大学キャンパスにたどり着いた。道中、地球上で最も暑い土地の一つであるジェッダ周辺の砂漠のような平原を通り抜けた。ほとんど車のいないハイウェイを走りながら、その晩はほぼ満月の月がじつにまばゆく輝いていたのが印象的だった。ロンドンに住む私は、暗い夜空では天体がいかに明るく鮮明に見えるかを忘れていた。やがて、スワル村でジェッダからの幹線道路を外れると、運転手は大学周辺にあるいくつもの検問所と交渉を始めた。キャンパスの中心部に近づくにつれて、大学の規模が明らかに、驚くべきものになってきた。ロンドンのシティの一二倍という三六〇〇ヘクタール以上の面積を占めているのだ。

この大学は、サウジアラビアの二一世紀における科学と技術革新《イノベーション》の取り組みの一環として二〇〇九年に創立され、私は時間の科学と技術に関する国際会議で発表するためにそこにいた。現地で私は、これまで遭遇したこともないテーマのさまざまな側面に深い洞察を示す世界各地からの専門家に囲まれていた。時間はじつに多くの学問分野の根底にあるので、学問の垣根を越えた学際的な会議にとっては恰好《かっこう》のテーマとなった。

会議の主眼は最先端の研究にあったが、キャンパスの中央にあるイスラーム科学技術博物館はこの地域におけるイノベーションが何ら目新しいものではないことを示す。七世紀以降、イスラーム文明は新しい発明、考え、理論、機械による大量生産《マニュファクチャー》の方法を生みだす坩堝となり、同博物館は数学、化学、生物学から、建築、天文学、測位、機械工学まで、今日の科学と技術にイスラーム圏がはたした多様な貢献を鮮やかに描きだしている。

自分の発表を終えたあと、私が時間の歴史家でありキュレーターであることを知った同館の広報担当であるアナ・カタリーナ・マティアスが、博物館の展示物を個人的に案内してもらえるよう手配してくれたのだ。私にはとりわけ見たい展示物が一つあった。少し前に一二〇六年に書かれた『独創的な機械式装置の知識の本』の英語版を読んだばかりで、はるか昔に喪失した城時計に関する彼の説明に魅了されていたためだ。そしてイスラームの聖地中の聖地であるメッカに近いこの博物館には、アル＝ジャザリーの時計を忠実に再現した動く複製があった。その鮮やかな色も、動く人形も、まばゆい照明もすべて揃《そろ》ったものだ。

これは五感に訴えるもので、中世イスラームの時計職人の作品を間違いなく身近なものに感じさせてくれた。職人たちがつくってきた驚異的な機械は、学校やモスク、宮殿で目にした人びとを大いに興奮させ畏怖させてきた。だが、複製した作品ではなく、オリジナルの工芸品を見ることに勝るものはない。大学キャンパスはメッカの大モスク（マスジド・ハラーム）から一二〇キロほどの距離にある。イスラームの信仰で最高の聖地である立方体をしたカアバが中央に位置する場所だ。私がこの国を訪れる旅で本当に見たかった時計は、メッカ・ロイヤル時計台《クロック・タワー》のてっぺんにあるもので、政府所有のアブラージュ・アル・ベイト・タワーズのホテルを含む超高層複合施設の一部として、このモスクのある場所を見下ろしている世界最大の時計なのだ。そして、これはまた地上から五〇〇メートル以上離れたところにあり、最も高い場所に設置された時計でもある。しかし、この聖地へはムスリム以外の出入りが禁じられているので、私は訪れることができなかった。

私にわかっているのは、メッカの時計が二〇一二年に完成し、ロンドンのビッグベンに驚くほど似ているが、はるかに大きいこと——ビッグベンの時計の文字盤はそれぞれ直径が七メートルあるが、メッカの時計は四三メートル——と、イスラームの建築様式で設計されていることだ。この時計が完成したとき、メッカの当局者が、現在はグリニッジを通る本初子午線をメッカの子午線に変えるロビー活動をしていたことも、私は知っている。「グリニッジ標準時の代わりに、メッカ時を設定すること、これが目標だ」と、ホテルのジェネラル・マネジャーであるモハメッド・アル゠アルクビはサウジの報道機関に語った[*13]。

これは天文時計ではないが、文字盤の裏のタワー内に天文学の展示室があり、時計室の上には月の観測所があって、断食月の始まりを記す月を観測するために使われる。礼拝への呼びかけ、つまりアザーンでは、毎日五回、時計塔にある二万一〇〇〇個の白と緑の明かりが灯《とも》り、三〇キロ先からも見ることができる。

この複合施設全体は、一八世紀にもともとメッカを侵略から守るために築かれた要塞が瓦解した跡地に

図2-3　メッカの大モスクを見下ろす、メッカ・ロイヤル・クロック・タワー、2012年撮影

建設されたのだが、要塞が立っていた丘ごと、二〇〇〇年代の初めにホテル群をつくるためにブルドーザーで整地された。

メッカはイスラームの宗教上の中心地だ。学者で評論家でもあるジアウディン・サルダールが書いたように、「同市〔メッカ市〕にたいし、またその市内で生じたことは、ほかの地域にいるムスリムにも深い影響をおよぼした」[*14]。何世紀ものあいだ、私たちはモスクや教会にある壮大な時計を畏敬の念をもって見あげてきた。見あげているうちに、これらの時計は私たちの宗教指導者の権威を強めてきたのだ。その意味で言えば、現代のメッカの時計は単に、一〇〇〇年前までさかのぼってこの役割を脈々とはたしてきた装置の最新版にすぎない。これはイスラーム世界にたいして、サウジアラビアにおける聖職者の権力と地位を伝えるメッセージなのだ。だが、それはまた植民地独立後の世界における、欧米へのメッセージでもある。ビッグベンのような時計は、国民としての自己認識《ナショナル・アイデンティティ》を具象化する。イスラームのビッグベンのように見えるが、その六倍は大きく、五〇〇メートルもの高さがある時計を建設することは、私たちに運は盛衰することを思い起こさせる。国の富や力は、増大しては減少する。ビッグベンは過去の時代のものだ。いまの世界を支配するのは誰なのだろうか？

第3章　美徳

一三三八年、シエナ、抑制を表わす砂時計

砂時計というシンボル

アンブロージョ・ロレンツェッティは、シエナの市庁舎であるパラッツォ・プッブリコの窓から創作のためのひらめきを求めて外を眺めた。一三三八年のことで、目の前に広がる光景は、分断され、問題をかかえた市街地だった。一方では、繁栄とイノベーションを示す証拠がそこかしこに見られる。銀行、金融、商業のさまざまな機関がそこにはあった。投資家はシエナの事業や住民に多額の投資をしていたし、はるか中国〔元朝〕にいたるまでの交易関係による利益が、市内に次々にもたらされていたのだ。石工たちは、シエナの増えつづける人口を受け入れるための建物を忙しく建てていた。市の城壁の外では、丹念に手入れをされた農地で食料やさまざまな原料が生産されていた。

だが、ロレンツェッティは危険も感じている。シエナは九人の僭主《シニョーリ・ノーヴェ》という、銀行家や交易商人による寡頭制で運営された自治共和国だった。シエナは近隣のフィレンツェとピサの共和国との激しい闘争に巻き込まれており、戦争の脅威につねにさらされていた。これはローマ教皇に代表されるローマ・カトリック教会と、北ヨーロッパを本拠地とする神聖ローマ帝国の皇帝とのあいだの、もっと広域におよぶ争いの一環だったのだ。ときには、この政治闘争は武力紛争にまで発展し、都市国家同士の戦いとなって、都市間

だけでなく、家族間でも、血なまぐさい亀裂をもたらしていた。だが、さらなる危機に瀕していたのは、共和政治という考えそのものなのだ。そんな考えは押しのけて、君主であれ独裁者であれ、一人の専制的支配者に権力を委ねたいと考える人びとがその前に立ちはだかったのだ。問われていたのは、ヨーロッパ各地の土地と人びとを支配する権利であり、戦争も決して遠い話ではなかった。同盟と派閥は年中入れ替わり、政治家にとってそれは、場所と時を間違えれば生死にかかわる問題となった。一四世紀シエナの市庁舎の会議室では、歴史上でとりわけ優れた政治思想が展開されていたのである。

この緊迫した政治的背景を念頭に、ロレンツェッティは自分が立っているパラッツォの評議場に注意を向けた。彼はこの評議場の壁面に、政治的美徳の物語を語る一連のフレスコ画の壁画を描く仕事を九人の僭主から委託されていた。僭主たちがそこで万人に見せようとしたのは、独自の政府のもとで繁栄するシエナの描写と、それとは対照的な光景、つまり一人の専制的支配者を人びとが代わりに支持したら、どういう事態になるかであった。これはただの抽象的な脅威ではない。イタリアでは専制的な地方支配が勢いを増しており、シエナは以前にもその影響をこうむったことがあった。九人が求めたのは、善と悪の、戦争と平和の、詳細にわたる力強い描写だった。これは大胆なプロパガンダ作品となるはずだったのだ。九人の政治綱領を鮮明に描きだし、かつシエナの市民の日々の体験に根ざしたものである。九人の僭主はシエナの人びとだけでなく、自分たちの同業者たちにも力強いメッセージを送っていたのであり、ロレンツェッティがその計画の実行担当者なのだった。

鮮やかに色づけされ、細部まで見事に描かれたこれらの壁画は一三三九年に完成し、いまもまだパラッツォで見ることができる。そしてそこへの旅は、あらゆる意味で啓示となる。私は二〇一九年に友人たちとともにここを訪れた。私たちは観光客の押しかける夏を避けて、冬のさなかに訪問することにした。それでも、外の通りは混み合っており、建物内に入るとようやく同市中心部のカンポ広場の雑踏を離れて一息つくことができた。パラッツォの内部の部屋はひんやりとして静かで、私たち一行はロレンツェッティの壁画がある、サラ・デイ・ノーヴェと呼ばれる評議場に向かった。途中、次々に大広間を通り抜けたが、どの広間にもかつて世界屈指の富裕な都市であったシエナの宝物が多数飾られていた。しまいに、低い入り口を抜けると、一続きのスリルに満ちた劇的な壁画がそこに現われた。高い装飾天井にまで達する壮麗な絵画だった。かつてこの商業の大都市を寡頭制で支配した交易商たちを見下ろしていた絵である。

　私はこの部屋で窓がある唯一の壁に背を向けて立ち、室内に並ぶ壁画をとくと眺めた。左手の壁には、悪政下における戦争の影響をロレンツェッティが表わしたパノラマ的景観があり、この部屋を訪れる人びとに暴君の支配のもとで直面することになる暴力と破壊、財産の喪失を示している〔《悪政の寓意》〕。暴君は怪物のような角の生えた寄り目の悪魔の姿で描かれていた。悪政は、公共の便益のためではなく、それ自体が独り歩きしていた。暴君の頭上には、貪欲《どんよく》、うぬぼれ、虚栄という悪徳を擬人化した姿と文字が脅すように浮かぶ。暴君の右手には同様に冷酷さ、裏切り、詐欺がそれぞれ腰を下ろす。左手には憤怒、分断、戦争がいる。正義は足元に鎖で縛られている。一人の女が兵士と商人によって襲われ引きずられてゆく。彼らの足元には死んでいるか瀕死の男が横たわり、その腹は切り裂かれ、内臓が地面に飛びだしている。建物は燃えている。都市はみずからと交戦中なのだ。市の城壁外には荒れ地が広がる。この場面には恐怖が蔓延《まんえん》している。

　今度は右手の、戦争と暴政の壁画の真向かいにある壁に私は目を向けた。そこにはさらに長いパノラマがあって、善政のもとにある平和の光景が描かれていた〔《善政の効果》〕。この場面では、共同体の人びとが社会全体をよくするために互いに尽くしていた。建物は建設中で、住民は自由に楽しげに商売をしている。結婚式の行列があり、人びとが踊っている。市の城壁外には、よく考えて丹念に配分され、豊かに実った青々とした農地が広がる。二分割されたこの場面は相互に協調し合っている。頭上には安全を表わす人物が落ち着いた様子で浮かんでいるが、彼女の手には木製のさらし台が握られ、絞首刑になった犯罪者の死体が吊られており、平和には代償を伴うことを鑑賞者に思い起こさせる。だが、この善政のために代償を払うことによって、シエナはこの場面では繁栄し、誰もがその恩恵を享受している。

　これら二つの壁画に描かれた政治的見解は明らかだった。善政と、それがシエナ市民に広くもたらす繁栄には、悪徳ではなく美徳が必要だということだ。富裕層からの一人が地元の独裁者となる暴政ではなく共和主義が、よい暮らしへの道だったのである。三番目のフレスコ画は、どうすればそれをなしえるかを示していた。二つの風景画の中央に位置し、評議場の窓に面しているため、明るい光を浴びているのは、シエナを支配する九人自身を象徴的に表現した絵画である〔《善政の寓意》〕。

　画面の中央付近には顎鬚《あごひげ》のある堂々とした人物がシエナの市政のために立っている。長椅子の左端に腰を下ろすのは「平和」を表わす人物で、オリーブの枝を手にしている。中央の人物の頭上には「信仰」、「慈愛」、「希望」という三つの宗教上の美徳がある。市民としての美徳である「正義」は、手には巨大な剣をもち、膝の上に処刑された犯罪者の首を載せて、長椅子の右端で周囲を見下ろす位置に座っている。これら三人のあいだに腰掛けているのは、市民として社会生活を送るうえでの残りの四つの美徳、「不屈」、「慎重」、「寛大」、「抑制」だった。合計五つの市民的美徳と三つの宗教的美徳、それに平和そのものが、シエナの政府を擬人化したものの周囲にすべて配置されているのだ。この部屋で会合し、ロレンツェッティに一連のこの驚異的な場面を描く作業を委託した九人の執政官をたたえる、九つの美徳を表わす人物である。シエナ統治の宣言書を鮮やかに表現した壁画は、息をのむような政治的美徳を具現化したものだった。これは共和制の自治政府の青写真だったのである。善と悪の攻防でもあった。そして、それは見逃しようのないものだった。

私がとりわけパラッツォまで——それどころかシエナまで——見にこなければならない人物が一人いた。大勢の人物が描かれたこの部屋のなかで、彼女の姿は見失いかねない。その他の美徳は見学者のほうを傲《ごう》然《ぜん》と見つめているが、彼女は目を逸《そ》らしており、壁の右端のほうに座っている。それでも、こうした諸々の状況にもかかわらず、私はすぐさま彼女を見つけた。「抑制」の美徳は、輝くような赤毛に、ハッとする深いピンク色と青のドレスを着ており、右手に奇妙な専門器具をもっている。首のところで合体させた二つの円錐形《えんすいけい》のガラス容器からなり、単純な木製枠の内側に固定されたものだ。実寸では、高さが四五センチ、横幅が二〇センチほどの大きさで、この混み合った画面のなかでひときわ目立っていることは注目に値する。「抑制」は、左手でこの器具を指し示し、懸念の表情を浮かべてそれを見下ろす。

「抑制」が手にした器具は、今日の私たちにはあまりにも見慣れたもので、そのため、ゆで卵をつくる時間を計るのに使われていた、安っぽいプラスチック商品しか思い浮かばないような代物だ。だが、一三三八年に、ロレンツェッティがこれらの場面を描き始めたころ、このような器具は時計学の最先端技術だったのであり、シエナのフレスコ画にこれが描かれたことによって、西洋文明の善悪、正誤の考え方だけでなく、人間の何よりも根本的な関心事である生と死についての考え方すら変わろうとしていた。人間の美徳が危機に瀕していたのであり、時を刻むこの器具はよりよい将来のシンボルとなるのだった。アンブロージョ・ロレンツェッティは、いま知られるなかでは最古の砂時計の描写をしていたのであり、「抑制」は時間の砂がなくなりつつあることを私たちに警告していた。

＊

いつ砂時計が発明されたかは誰も定かには知らない。古代のものという感覚があり、古代ギリシャで発明されたと主張する歴史家もいるが、証拠は乏しい。むしろ、これは中世のなかばになって導入されたようである。イスラーム学者のビールーニーは九世紀か一〇世紀には早くも、水の代わりに砂を使って時間を計る実験をしていたが、彼がつくった装置は砂時計ではなかったかもしれない。私たちが砂時計として知るものは、一一世紀か一二世紀にイスラームかヨーロッパで開発された可能性が高い。砂時計は機械式の歯車を使った時計よりも、それほど古くはないかもしれないのだ。機械式時計は一三世紀に最初に開発された。

単純な水時計が二五〇〇年以上にわたってすでに使われてきたのに、砂時計は技術の歴史においてなぜこうも遅れて登場したのだろうか？　表面的には、砂時計と水時計は同じ原理で動いている。一定の割合で小さな穴を抜けて流れる流動体が関係するものだ。だが、これら二つの技術には二つの重要な技法の違いがある。砂時計には透明な吹きガラスが必要であり、これは古代の水時計の石をくり貫《ぬ》いた容器よりもつくるのが難しく、ガラスを吹く技法のほうがのちに開発された。より決定的なのは、砂時計の砂が理解するのも製造するのも一筋縄では行かないもので、その砂がガラスの全行程を滑らかに流れ、二つの容器のあいだの穴を詰まらせたり、そこに張りついたりしないためには、入念に加工する必要があったことだった。一三九〇年代にフランスで書かれたある製造方法は、この技法の難儀さをこう説明した。

> 黒大理石の大きな墓石を削った際にでる石粉から脂を除き、肉の塊のごとくそれをワインで煮て、浮

図3-1　砂時計をもつ「抑制」、アンブロージョ・ロレンツェッティ画、1338年

遊膜を除いてから、広げて日を当てて乾かす。それから煮て、膜を除き、乾かす作業を九回やる。そうすれば、よいものになるだろう[*1]。

いったん開発されると、砂時計には多くの用途が生まれた。船の航海士たちは当直時間を計るのにも、速度や位置を推測するのにも砂時計を使った。初期の時代には、これが船の時計と呼ばれたこともあった。法律家や政治家は討論や法廷での主張の時間を計るのに砂時計を使った。説教師は説教時間を、教師は授業時間を計った。修道士は祈禱《きとう》を捧げる合間を計ることができただろう。家庭ではさまざまな家事に使うことができた。水車場や工場などでは、量産の調整をしていた。天体観測所では、天体が別の天体の前面を通過する時間を計っていたし、医者の手のなかでは患者の脈を測ることができた。砂時計は、鐘楼の時計そのものがあまりにも不正確であるか故障している場合には、手動で鐘を鳴らす時刻を計るためにすら使うことができた。ときには一時間砂が落ちるものもあり、そのためこれは英語では一般にアワーグラス〔時間ガラス〕と呼ばれている。大半は砂が落ちる時間がそれよりも長いか短い――二四時間から数秒まで――ため、英語ではサンドグラス〔砂ガラス〕とも呼ばれる。もっとも、大半の砂時計は、砂を使わないので、これもまた誤解を招く名称である。卵のゆで時間を計るのは、そのいちばんささやかな用途だったが、今日、砂時計と言えば、私たちが真っ先に思い浮かべるのはそれだ。時計としては、砂時計はずっと安価で気兼ねのないものでありつづけた。

一八三六年に小説『衣装哲学』のなかで、トマス・カーライルはこう書いた。「したがって象徴《シンボル》によって、人は導かれ、命じられ、幸せにもなれば、惨めにもなる[*2]」。砂時計を、時間の経過をたどる単純でありふれた機器だと考えることは、それが歴史のなかで占めてきた広範囲の重要性を見逃すことになる。一三三八年にアンブロージョ・ロレンツェッティがシエナのパラッツォ・プッブリコの壁面に描いた「抑制」の絵を調べることで、砂時計に付与された象徴的な意味を理解できるようになる。そして、この象徴的意味こそ砂時計が文明にもたらした最大の影響だったのである。シエナでもどこでも、視覚的芸術はつねづね人びとに多大な力を発揮してきた。芸術に描かれたシンボルは、それを見た人びとの人生と心に、目に見える実質的な影響をおよぼしてきたのだ。シンボルは人間の文明を変えてきたのである。その意味を理解するためには、誰が、なぜそのような描写をしたのかを理解しなければならない。そして、砂時計の場合、その答えには歴史上できわめて重大な考えが関与している。

中世の「抑制」の美徳

砂時計を手にした「抑制」の姿を見るとき、私たちは中世イタリアの政治理論家の一派の世界観を目にしていたのだが、これらの理論家たちもまたローマの一連の著述家からその考えを汲んでいた。これらの著述家たちが検討していたのは、人生はどう生きるべきか——というよりむしろ、文明はどう動かされるべきかという問題だった。そして、その根底に抑制と時間の双方があるというのが、ローマ人たちの考えたことだった。

紀元前四四年、フォルム・ロマヌムに最初の公共の日時計がやってきてから二世紀のちに、ローマの哲学者マルクス・トゥッリウス・キケロがこう書いた。抑制ある行動——自制と中庸——はちょうど時間そのもののようなもので、ゆっくり動きすぎることでもなければ、速く動きすぎることでもない、と。キケロの同時代人であるマルクス・テレンティウス・ワッロはさらに踏み込んで、抑制と時間（ラテン語ではテンペランティアとテンプス）は互いに似ているだけでなく、同じものなのだと主張した。「太陽と月の抑制された動きから、時間そのものは名づけられたのである」と、彼は述べた。[3] 中世ヨーロッパまで一気に時代を進めると、一二世紀のフランスではキケロに感化された作者不詳の『道徳的な問いにたいする哲学者の教え』が、抑制こそ時宜を得ていることの本質であると読者に教えている。

だが、こうしたローマ時代の理論を集めて知識を集大成させ、抑制の美徳は時間そのものに具現化されていると主張したのは、一二六〇年代のイタリアの思想家ブルネット・ラティーニだった。

それは複雑にかかわり合った観念で、メッセージとして伝えるのは容易ではなかった。自制と中庸にもとづく抑制された暮らしは、思う存分に生きる暮らしと比べると、魅力的な選択肢には聞こえないかもしれない。実際、ロレンツェッティがシエナの場面に砂時計のシンボルを掲げる以前は、あらゆる美徳のなかで、抑制はいちばん重要ではないと見なされていた。だが、一四世紀に入ると、ヨーロッパ最高の思想家のなかには、人間が従うべきあらゆる美徳のうちで、抑制が最も重要だという見解に同意し始める人もでてきた。不屈、慎重、寛大、正義よりも優れたものなのだ。希望よりも、慈愛よりも優れているのだ。おそらくは信仰にすら勝るもので、それどころか、その他の美徳はすべて抑制のなかに含まれているのだった。抑制された生活を送れば、人は自動的にその他すべての美徳にも従って生きることになるのである。

中世の理論家たちのこの考えは、さらに掘り下げられた。一三三四年ごろ、今日のドイツに住んでいた修道士ハインリヒ・ゾイゼが『知恵の時計』という本を書いた。二〇〇年にわたって北ヨーロッパで最も広く読まれた本の一つとなった宗教書だ。同書のなかで、題名にもある「知恵」は二つの別々の顔を隠している。知恵は抑制として語り、イエス・キリストとしても語るのである。ゾイゼは自分の書を目覚まし時計のように、「居眠りした者を無頓着な眠りから、用心深い美徳へと目覚めさせる」ものにしたいのだと主張した。[4]

そして、この言葉とともに、彼はある大胆な主張を掲げていた。抑制は美徳のなかで最高位に格上げされただけではない。キリストその人と同一視されていたのだ。キリストこそが抑制だったのである。

これは私たちの道徳規範の驚くべき変容であり、多くの人は今日もまだそれに従っている。中庸と自制という、やや冴《さ》えないが必要なメッセージであった抑制こそが、ヨーロッパの最も影響力のある思想家の目には、最も有徳の、神のような存在を定義するものとなったのだ。抑制されていることは、イエス・キリストのごとく行動することになったのである。

神を畏れる中世のヨーロッパ人にとって、これは影響力のあるメッセージだった。そしてアンブロージョ・ロレンツェッティが最新の砂時計を手にする「抑制」を描いたのは、ゾイゼの書が最初に発表されてからわずか四年後のことだった。

あたかも一二六〇年代のブルネット・ラティーニの政治見解からひらめきを得て、ロレンツェッティが一三三八年に壁画を描いたようだが、これは何世紀も前からの理論が驚異的な形で新たに認識されたということなのである。長い年月をかけてその基礎固めがなされ、時代とともに抑制は究極的な美徳として位置づけられ、時間と関連づけられるようになったのだ。次の段階は、時間に象徴的な形を与えることで、それこそ砂時計が提供したものだった。ロレンツェッティのフレスコ画は、砂時計がこの意味で用いられた最初の事例だったのである。そして、この新しい技術を手にすることで、「抑制」は私たちに明らかなメッセージを伝えていた。与えられた時間を注意深く計り、使うことで——規律を守り、行き過ぎを抑えることで——私たちは徳の高い暮らしを送ることになる、というものだ。「抑制」が手にした砂時計は、抑制のある人生がよりよい人生なのだと私たちに教えていた。

それこそ、私がシエナまで見に行ったものなのである。時間の歴史家として、私は知られるなかで最古の砂時計の描写を見て、深い感動を覚えた。しかも、これはただ一般的な意味で描かれたわけではない。ロンドン科学博物館のジュニア・キュレーターだったころ、私は砂時計の歴史的名品コレクションの仕事をしたことがあり、キュレーターとしての最初の仕事の一つが、その歴史を研究することだった。それはほんの二日間ほどの仕事だった――それに関連した問い合わせがきて、コレクションの一部について私が学ぶよい方法になると考えたシニア・キュレーターが、その仕事を私に回したのだ――が、私はそれ以来、砂時計に関心をもってきた。そのような機会は些《さ》細《さい》なことに思われるかもしれないが、長く印象を残しうるものだ。その砂時計コレクションを研究したことが、日常生活におけるありふれた技術について、私がこれほど気にするようになった理由の一つだと思う。それが私の世界の見方と、歴史の書き方を教えてくれたのである。シエナのフレスコ画は砂時計の創世記の物語のようなもので、それを見ることは研究生活における一つのハイライトだった。

だが、私を本当に感動させたのは、歴史上の大きなテーマが積極的に展開されていた部屋に、自分が身を置いているという感覚だった。私はただ絵を見ていたのではなく、ただ砂時計を見ていたわけでもなかった。代わりに、私はハインリヒ・ゾイゼが「居眠りした者を無頓着な眠りから、用心深い美徳へと目覚めさせる」計画について書いたとき、意図していたことを感じられたのである。パラッツォ・プッブリコのなかで、砂時計を見る「抑制」を眺めて立つうちに、私はなぜか自分がよりよい人間になったように感じた。そして、それは私たちが人生を送るやり方そのものを変えようとした一三世紀の政治理論家の一団から、影響を受けていたからなのだった。

砂時計の新たな役割

「抑制」はさほど長いあいだ砂時計を掲げてはいなかった。一四〇〇年ごろ、ロレンツェッティがシエナのフレスコ画を描いてからわずか六〇年後に、ヴェネチア生まれの政治思想家クリスティーヌ・ド・ピザンが、挿画をふんだんに盛り込んだ国政術と有徳の人格に関する論文、『オテアの書簡』を書いた。この本は中世ヨーロッパ各国の君主や貴族の手に行き渡り、そのうちの一冊はイギリスのヘンリー四世に捧げられた。これは知恵に関する書で、なかのページには女神のような「抑制」の空想上の姿が描かれている。ところが、この「抑制」は砂時計をもっていない。彼女は代わりに、てっぺんに鐘の付いた大きな歯車のある機械式時計を調節する姿で描かれている。大小の歯車が装飾のある金属枠の内部に収められており、そこから時計を駆動する錘が吊るされていた。

この絵に添えられた文章のなかで、ド・ピザンはこう説明した。

> 私たちの人体は多くの部分からできており、理性によって調整すべきものであるため、これはいくつかの歯車と錘のある時計として表わせるかもしれない。そして、ちょうど調整されていなければ時計に何の価値もないように、人体も「抑制」の指図に従わなければ働かない。[*5]

機械式時計は単に、抑制のよりよいシンボルだったのだ。〔人手で〕巻きつづけられたこれらの装置は、きちんと手入れをし、調整される限り動くことができた。この規則正しさという意味と筐体《ボディ》ゆえに、機械式時計は抑制のメッセージを説くまたとない技術となり、ピザンの書は時間の象徴的意味における転機となったのである。それ以降は、砂時計ではなく機械式時計が、抑制された暮らしのシンボルとして使われるようになり、わずか五〇年でヨーロッパ人の想像に根づくようになった。

それを例証するのに選べる候補はいろいろあるが、なかでも異彩を放つ例が一つある。一五世紀における技術的進歩の熱気や、当時の社会が機械装置を道徳面でいかに格上げしたかを理解したければ、ハインリヒ・ゾイゼの『知恵の時計』に戻る必要がある。抑制を知恵とイエス・キリスト自身と同一視して、多大な影響力をおよぼしたあの道徳書である。一五世紀なかばには、ゾイゼの死後八〇年あまりが経過していたが、彼の著作は写本されつづけた。そして、一四五〇年の少し前に発表されたフランス語版のある挿絵はじつに息をのませるものなのだ。

そこには、ちょうど一四〇〇年にクリスティーヌ・ド・ピザンの女神がやっていたように、「知恵」、すなわち「抑制」が機械式時計を調節する様子が示されている。だが、ゾイゼの挿絵画家のほうが、はるかに踏み込んでいた。ここでは「抑制」は、複雑な模様の床と上等な壁紙で飾られ、時計学のさまざまな技術が壮麗な部屋の随所に描かれている。これは時を刻む技術の極上の展示のようであり、現代の博物館に置いても場違いには見えないだろう。

「抑制」が調節する時計は非常に細部にまでわたる印象的なもので、二四時間の文字盤があり、鐘を鳴らすための紐《ひも》が屋根までつづいている。時計の台座からは、大きな真鍮のアストロラーベが吊るされている。夜空を複雑な平面模型で表わすタイプで、そのころには一〇〇〇年にわたって世界各地のさまざまな文明で使われてきたものである。「抑制」の背後には、さらに大きな時計仕掛けがあり、自動の警鐘か五口の鐘のカリヨンが室内にうっとりする音色を響かせている。さらに、鐘鳴らし機の横にテーブルがあり、その上に四種類の日時計と、ぜんまい駆動の携帯用時計、つまり懐中時計の走りと思われるものが置かれている。時間に関連するそうした一連の驚くべき宝物を賢い「抑制」から提供されれば、一五世紀なかばの読者はどうして、「無頓着な眠りから、用心深い美徳へと」目覚めさせるゾイゼの熱心な教えに抗《あらが》えただ

図3-2　時計仕掛けの技術に囲まれた「抑制」、ハインリヒ・ゾイゼ著『知恵の時計』の挿絵、1450年頃

ろうか？　これらの時計は人びとを改善した。よりよい文明を築いたのである。

＊

「抑制」の手から解放されると、砂時計はつかの間で有限というその特徴ゆえに、新たな役割を担うための申し分ない候補となった。時宜を得ることの美徳を表わす代わりに、砂時計は時間そのものの経過のシンボルとなり始めたのだ。

　イタリアの詩人ペトラルカが一四世紀に書いた作品、「時の勝利」は、人の生涯など取るに足らないものであることを、よく考えるよう誘いかけるものだった。

　われらの人生など、たとえ美しく見えても、
　いかほどのものか？
　曇っていて寒く短く、悲しみに満ちた、
　何の価値もない一日と比べて。
［……］そして時はこのように去って、世界

を回す。
休むことも、止まることもなく、
汝を少しばかりの塵《ちり》に化すまで、時は再び回ることもない。[*6]

ペトラルカは名声と虚栄がもたらす危険を戒め、誰一人——金持ちや有名人ですら——自分の人生がいつ終わるかはわからず、私たちはみなただ少しばかりの塵となって終わることを、読者に思いださせた。

流れでる時の砂を下側の容器が受け止め、あとにはただ塵だけが残る砂時計は、ペトラルカのメッセージを象徴するために天から贈られたものだった。ペトラルカ自身は時を擬人化したものを私たちに与えなかったが、一五世紀に彼の作品には夥しい数で何度も挿絵が描かれた。ほどなく彼の生き生きとした言葉は画家たちによって血の通った描写で視覚化され、ヨーロッパ文化の新しいキャラクターとなった。今日、私たちにもお馴染《なじ》みのものだ。老人として擬人化された「時」の姿、つまり「時の翁」で、翼があり、顎鬚をたくわえ、砂時計をかかえている。

一五世紀の「時の勝利」の挿絵画家たちによって導入されたのち何百年ものあいだ、砂時計をもった「時」のシンボルは、西洋の芸術に浸透した。時の破壊的な影響力を表わす寓意が必要な場面ではいつも、翼のある顎鬚の人物が近くに登場した。砂時計は完璧なシンボルだったのだ。一見すると、これは寿命を表わしていた。どれだけの時間がすでに過ぎ、あとどれだけが残されているのか。これは人生が有限であることを避けがたく描くものだった。したがって、「時の勝利」の詩に「時」が登場してからすぐに、砂時計に別の象徴的役割が加わったのは驚くべきことではない。そしてこれはそうしたすべてを終わらせるシンボル、つまり「死」そのものの象徴だったのである。

砂時計を携えた骸骨たち

年は一七七六年、パリのノートルダム大聖堂で悪夢のような恐ろしい光景が展開する。高い台座の上に、アンリ＝クロード・ダルクールの霊廟《れいびょう》がある。その七年前に死去したフランス陸軍中将である。霊廟の手前には、彼の輝かしい経歴を表わす品々がある。剣、盾、兜《かぶと》。折り畳まれたぼろぼろの軍旗。一方には松明をもち翼のある少年、すなわち主人を見守る守護天使がいる。この場面の前に立ち、高いところに安置された棺《ひつぎ》を見あげながら、喜びにあふれて両手を握り締め、顔に恍惚《こうこつ》とした表情を浮かべているのは、マリー＝マグドレーヌ・ティベール・デ・マルトレ、ダルクールの寡婦である。

彼女が見守るなか、そこにあるのは死によって痩せ衰えた亡夫が、墓から這いだそうとする不気味な姿だった。だが、それが何よりも衝撃的な光景ではなかった。なにしろ、恐怖で顔を引きつらせながら、もがく死体の背後に不気味に立ちはだかるのは、マントをはおった「死」の骸骨なのだ。大鎌をもった最も不気味な刈り手〔として表わされる死に神〕である。そして、「死」の右手には、マリー＝マグドレーヌが何としても聞きたいと願っていたメッセージがしっかりと握られている。最後の時がやってきて、夫と妻は再び結ばれるのだ、と。「死」が振りかざしているのは、ただの砂時計だ。

フランスの彫刻家、ジャン＝バティスト・ピガルの卓越した腕前で白い大理石に彫刻されたこの場面は、「貞女は二夫にまみえず」の記念碑として、ダルクールの嘆き哀しむ寡婦によって制作依頼され、五年がかりで完成したものだった。一七七六年に、この墓が最終的に公開されたころには、骸骨姿の「死」が手に砂時計をもちながら忍び寄るようになって、すでに三〇〇年の歳月が経っていた。一五世紀末に芸術家たちの想像のなかで両者が結びついて以来のことだ。砂時計は、かつては抑制を奨励するシンボルだったが、死を免れない人の運命の象徴となったのである。

その時分には、砂時計を誇らしげに高々と掲げる「死」はどこにでも見られるようになった。ノートルダムにあるダルクールの墓の彫刻はとりわけ優れた事例だが、いつ終わりがきてもいいように有徳の人生を送る必要を思いださせる象徴で死者を記念したのは、高貴な生まれの人だけではない。一六世紀から一八世紀まで、霊廟の彫刻だけでなく、ヨーロッパ各地にある無数の質素な墓石にいたるまで、頭骨、棺、鐘など、死を表わすその他のシンボルとともに砂時計のイメージが彫られるようになった。風の吹きすさぶスコットランドやアイルランドの墓地を今日訪れれば、おそらく砂時計が一つは見つかるだろう。

砂時計は美徳のシンボルとしてのみ使われたわけではない。一八世紀の公海上には海賊がはびこっていた。私たちは昔からドクロと交差した骨を海賊船の旗に付けられたシンボルだと考えているが、こうしたならず者たちの航海にも砂時計はしばしば同行した。一七二四年に海賊の歴史を記録した一冊の本は、とりわけ悪名を馳《は》せたある海賊船の旗をこう説明した。「そこには〈死〉がいて、片手に砂時計を、もう一方にはぶっちがいの骨をもち、近くには投げ矢があり、心臓の下に血が三滴落ちている」[*7]。その不気味なシンボルが見えてきたとき、商船の乗組員はどんな恐怖感に襲われたことだろうか。

だが、砂時計をもつ「死」の姿がその存在を最も痛感させたのは、絵画においてだった。ダンス・マカーブル、「死の舞踏」とよく呼ばれる一種の寓話的場面はこのころ登場し、たとえ誰であっても、社会のなかでどれだけの地位を占めようと、最後には死が訪れることを見る者に思いださせた。どこにでもいて、ほとんど楽しげに、にやりと笑う骸骨である「死」の骨ばった手のなかに、砂時計をしっかりと押しつけたのは、一五二五年ごろに描かれ、〔木版画に彫られて画集として〕一五三八年に出版されたハンス・ホルバインの卓越した描写だった。やがて、ホルバインの版画が出版されてから二五年ほどのちに、それらの絵

図3-3　《死の勝利》、ピーテル・ブリューゲル（父）画、1562年頃

を熟知していたピーテル・ブリューゲル（父）が美術史上でも極めつけの地獄絵の一つに数えられるに違いない光景を描いた。

《死の勝利》は一五六〇年代に制作された、鮮やかな色調の油絵の大作だが、これはじつに恐ろしい光景だ。現在はマドリードのプラド美術館のコレクションとなっている。この絵には墓から蘇った死の舞踏の骸骨の軍団が、行く先々で出会うすべての人を苦しめ、殺す様子が描かれている。ブリューゲルの胸の悪くなる光景で展開される大量殺戮から逃れるすべはない。骸骨たちは犠牲者の一部を絞首台から吊るし、その他は斬首する。骸骨は人びとの喉を切り裂き、群衆をなぎ倒して進み、人間を生きたまま突き刺して焼く。骸骨は、すでに殺された人の肉を食べるよう、人びとに強要する。ある骸骨は犠牲者の顔を頭骨から剝《は》いで自分がかぶっているが、その眼窩《がんか》の虚《うつ》ろさは忘れられない。骸骨は棺の蓋を盾にして、腐りかけた馬に乗って、大虐殺から逃れようとする人びとを追う。むごたらしい光景の中央では、死者と死にかけた犠牲者の山が増え、近くの池では膨れあがった死体が浮いており、さらに多くの遺体が投げ込まれてその輪に加わる。水面には、切断され、投げ入れられた頭部からどくどくと流れでた濃い赤の血が滑らかに広がる。

　画面の左には、人目を引く二体の骸骨がいる。一体は倒れた皇帝の後ろに座る。まだ鎧《よろい》に上等の衣装を身に着けているが、重傷を負っているのは明らかだ。おそらく骸骨は皇帝を後ろ向きに引きずっているのだろう。絵の前面にいるもう一人の注目に値する骸骨は、ゆっくりと画面中央に馬で進んでいるが、痩せ衰えたその馬は人間の頭骨を満載した荷車を引いており、その車輪は下に巻き込まれた不運な犠牲者の四肢や上体を踏みつけ、粉々にしている。嬉々として人を殺しつづけるこれらの不快な骸骨たちはそれぞれの手に砂時計をもっている。

　砂時計を携える死は、この光景に忍び寄るのではなく、群がっている。老いも若きも、富める者も貧しい者も、男も女も、敬虔な者も世俗の者も、国中の、あらゆる立場の人びとが死んでおり、それぞれの人生の時間は嘲るような骸骨の姿をした「死」によって暴力的に冷酷に終わりを遂げていた。

死の空虚さ

　何世紀を経ても、「死」と砂時計から逃れる手立てはほとんどなかった。一六世紀、一七世紀のオランダなどの家庭では、壁にヴァニタス〔空虚〕画と呼ばれる静物画が掛けられていた。通常、上等の衣服や服飾品から装身具に美術品まで、この世の美しい宝が、頭骨、腐った果物、消された蠟燭《ろうそく》、そしてもちろん砂時計とともに描かれた。だが、ある彫刻家はこのテーマをさらに感情に訴える露骨な方法で表現することにした。ロンドン科学博物館のコレクションには、蠟で実物大にかたどられた人間の頭部がある。一八世紀のものと推測されるこの作品は、見る人の左側からも右側からも眺めることができる。

左側からは美しい女性の顔が見える。肌の色は明るい乳白色で、髪は柔らかい巻毛、摘んだばかりの花束をもつ優雅な手が、背後からその肩にかかる。だが、右側から見ると、彼女の肌は腐ってなくなり、おぞましく笑う頭骨が現われている。眼窩からは巨大な蠕虫《ぜんちゅう》が這いだし、大きな虫も逃げだしている。腐りかけた髪の残りには蛆虫《うじむし》がたかっている。首のあたりにはカエルとカタツムリがいて、背後から彼女をつかむのはいまや骨だけとなった死の手である。ここには砂時計はない——肉体を蝕《むしば》む生物の山のほかにほとんど場所がない——が、彫刻の前面の銘板には、〔旧約聖書の〕「コヘレトの言葉」一章二節からの次のような言葉が、ぞんざいに書かれている。

「なんという空しさ、すべては空しい」〔『聖書』新共同訳、日本聖書協会〕

第4章　市場

一六一一年、アムステルダム、証券取引所の時計

近代資本主義の誕生を知らせる鐘の音

オメル・アガは総勢一九人の顧問、通訳、主催者からなる一団に囲まれてアムステルダムのダム広場の真ん中に立ち、この広場のすぐ南を流れる広いロキン運河にまたがる形で建設された、広大な新しい取引所のほうを眺めた。一六一四年のこの年、アガはオスマン帝国からのいちばん新しい外国使節として、事実確認の任務を帯びていた。外せない視察箇所としてリストの最初にあったのが、三年前に完成したばかりのこの大胆な新しい建物だった。広さはサッカー場ほどもあって、縦六〇メートル、横三五メートルの囲まれた中庭に何千人もの商人を収容できたため、見逃しようはなかったが、アガが本当に気づいたのは、広大な構造物と周囲一帯の通りと運河を見下ろすようにそびえる四面の時計台と、正時を告げる際に鳴り響く鐘の音、そして正午にはその鐘が数分間、繰り返し鳴らされたのちに静寂が訪れることだった。オメル・アガはほとんど気づいていなかったが、一行が耳にしていたのはそれまでに製作されたなかでも屈指の重要な時計の音だった。これは世界最初の証券取引所に据えつけられたもので、近代の資本主義の誕生を知らせていたのだ。

取引所の時計と仲介業者

一六一一年八月にアムステルダムの証券取引所の建物がその扉を最初に開いた瞬間から、商人たちは市内のその他の場所では取引を禁じられた。だが、取引所は売買のできる空間に制限を設けただけではなかった。商人たちは一定の時間内に取引を集中させられることになったのだ。新しい施設が開業する数日前、市議会は取引ができるのは月曜から土曜の午前一一時から正午までと定める規約を発表していた。正午になると、取引所の建物の上にそびえる塔に設置された時計が七分半にわたって鳴り響く。商人がまだ取引をつづけていたり、近くの通りにいたりすれば、罰金を科せられた。五月から八月までの夏の期間は、夕方の六時半から七時半までのあいだも取引が許可され、冬の夕暮れの取引は市の城門の鐘の音を合図に、三〇分間行なわれた。夕暮れの取引が終わると、取引所の鐘が再び七分半鳴り渡り、鐘の音が静まったあともまだ取引をしているところを見つかれば、罰金が科された。

アムステルダムの取引所では、なぜこれほど厳しい制限が取引に課されたのだろうか？　理由はいくつかあった。一つは賑わった都心で取引にかかわっている人にはお馴染みの実際的な問題だった。時間制限を設けることで、近くの通りでの混雑や混乱が軽減されたのだ。もう一つは時計によって取引の効率が上がることだった。定められた短い取引時間は、売り手と買い手をともに集中させ、互いに充分な数の相手を容易に探しだせるようにしたのだ。それによって取引量が増え、商人にとっても、商取引が成立するごとに税金を徴収できる市議会にとっても好ましいことだったのである。だが、時計はまた、市場の仲買の役割をはたす人びとを規制するためにも使えたため、価格を公正なものにする一助にもなった。

このように、中世、およびその直後の時代に、町や都市で機械式時計が使われたことに触れたごく初期の記録のいくつかは、市場の規制に関連するものだった。最初の都市の市場は、食品や布などの生産者を、

図4-1　アムステルダム証券取引所、1612年の銅版画

それらの商品の消費者とじかに結びつけるものだった。だが、町や都市が拡大するにつれて、このモデルは崩れ始めた。田舎に住むすべての生産者がはるばる町中まででてくるのは、意味をなさなくなったのだ。そこで「仲買取引」が登場した。そこでは第三者が町はずれに点在するいくつかの小さな生産者から商品を買いあげ、それらを市場まで運んで自分たちで売るようになった。まもなく、あらゆる領域にまたがる仲買の役割が出現した。卸売業者、貿易商人、商店主、行商人がその一部だが、仲買人には資金を前払いする金融業者や、（不作など、予測不能の事態による）リスクの相殺を期待して投機的な先物取引をし、さらに金儲けをする人まで含まれるようになった。一つ以上の役割を担う人も、なかにはでてきた。

　人口が増え、町や都市に移り住む人がど

んどん増えるにつれて、市場はさらに多くの産物を売るようになり、市場を基盤とした取引における仲買人の役割は否応なく増し、商品を生産もしなければ消費もせず、ただ売買、投機、仲介、買いだめ、転売、融資する新しい階層を生みだした。市場の当局者のなかには、仲買人が価格の吊り上げや、供給の制限をすることを案じて、時計を使って仲買人の関与を規制する人もいた。時計による制限は、市場でさまざまな集団にさまざまな方法で対処できることを意味したのである。たとえば、一六世紀の穀物市場では、取引の最初の数時間は住民だけに限定され、その後、パン職人が入場できるようになり、それから菓子職人が入れるようになった。何時間かがたったのちにようやく、卸売業者などの仲介業者は入場を許可された。しかし、社会と市場取引がさらに複雑になると、ブローカーや金融業者のような仲介業者の役割は取引を滞りなくつづけるためにますます重要になっていった。そして、まもなく、金融はそれ自体が取引できるものとなり、時計は規制面で新たな役割を担うようになったのである。

アムステルダムのこの施設は、最初の取引所ではなかった。アントワープとロンドンでは一六世紀から商品と通貨・為替が取引されていたが、アムステルダムは新しいタイプの最初の取引所だった。塩や皮革などの物質を取引する場所であるだけでなく、人びとは金融資産も売り買いすることができた。この取引所は、オランダ東インド会社の株——初期の株式会社で、自由に売り買いできる最初の株式であった——を売買する場所として始まったが、すぐにその他の会社の株や先物契約、保険証券を取引するのにも使われたほか、市場の状況に関する情報を収集するための場所にもなった。金融市場が到来したのだが、その産物と、そのために支払われる対価は、時間に左右されるものだった。それぞれの証券取引がなされた、もしくは将来になされる時刻が、この新しいタイプの取引にとってきわめて重要だったのだ。公正に仕事をするには、いまが何時であるか誰もが合意できなければならなかった。言葉を換えれば、取引に時刻の刻印《タイムスタンプ》が必要となったのであり、そこで取引所の時計が真価を発揮するようになった。時計はもはや市場から仲介業者を除外するためのものではなくなった。新しい取引所では、仲介業者こそが市場だったのであり、時計はその一部始終を注意深く見守っていた。

市場と時計のネットワーク

私は二〇二〇年に、時計仲間とともにアムステルダムを訪ねた。二〇一八年にキオッジャへ、二〇一九年にシエナへ行ったのと同じグループである。今回、私たちはダム広場に立ち、ちょうどオスマンの使節オメル・アガが四世紀前に外交団とともに訪問した際にやったように、古いロキン運河を眺めた。当初の取引所の建物はとうになくなっている。この建物は一六六八年に拡張され、時計台は取り壊された。そして建物は一八三六年には地盤沈下して、維持に費用がかかりすぎたために、全体が解体された。かつては取引所の下を流れていたロキン運河の水面すらもう見ることはできない。この水路は一九三〇年代に埋め立てられ、いまではその上が商店街になっているからだ。それでも、友人たちと私は昔の取引所の場所周辺の通りと建物を探索し、アムステルダム市の古地図と景観を綿密に調べ、頭のなかで建物を思い浮かべてみた。頭上に時計台がそびえていた光景や、その大きな鐘が鳴り響く音、あるいは取引所に出入りして、日々の取引で資産を増やしては減らすトレーダーたちの叫び声や喧騒《けんそう》を私たちは想像した。

　だが、私たちがここを訪ねた理由はほかにもあった。一六一一年当時の初代の時計が——近代の資本主義を始動させ、誕生してから一世紀間、世界最初の証券取引所を定刻で動かしつづけた時計が——まだ残っているかもしれないという噂を聞きつけたのだ。一六六八年に建物の拡張工事が行なわれたとき、取引所には新しい時計が設置され、古い機械装置は一キロ半ほど東に運ばれ、ちょうど建設が予定されていた同市の新しいオーステルケルク、つまり東方教会に設置されることになった。この教会はその三年後に竣工した。そして、私が友人たちと次に歩いて向かったのは、そこだった。

私たちは現地で、オランダの時計専門家のロブ・メメルと教会の理事長ヘンク・ファーフーフに迎えられた。彼らの案内で私たちはどんどん傾斜を増す階段を次々に上り、梯子《はしご》まで登って教会の塔のてっぺんにたどり着き、広々とした屋根裏部屋に足を踏み入れた。その部屋の奥の隅の暗がりに、アムステルダムの証券取引所の時計の残骸《ざんがい》があった。

一六一四年にこの時計を見たオメル・アガが、二〇二〇年に私たちが受けたほどの感銘を覚えなかったとは想像し難い。この歴史的な機械装置は巨大な木製架台の上に二メートルの高さで立っている。その大小の歯車やレバーは、当時、世界最高の錬鉄を生産していたスウェーデンから輸入された太い柱に囲まれたなかに取りつけられている。この時計は明らかにその規模と、設計および建造の質ゆえに、訪れる人びとを感服させるべくつくられていた。当時、イギリスで製造されたこれに相当する時計よりも、はるかに上等のものだ。これは時計学の最先端のものであり、近代世界を変えることになる建物にまさにふさわしいものだった。この時計はもはやオーステルケルクの文字盤には接続されていないし、一七世紀に鋳造され、いまもアムステルダム中で聞くことのできる巨大な鐘にもつながっていない。現代の時計仕掛けに取って代わられているのであり、その過程で当初の時計の部品も一部は失われた。だが、一六一一年から一六六八年まで、もともとアムステルダム証券取引所の鐘を日々鳴らして商人たちを呼び集め、その商売を規制していた部分は、この広い屋根裏部屋に残っている。その古い歯車の内部に資本主義のパイオニア精神を秘めた技術的な偉業である。

＊

今日、金融市場について語る場合、通常は抽象概念を指している。人びとが顔を突き合わせて交渉する物理的な実在の場所を、もはや意味していない。その代わりに、地球全体に分散して、物としてはほとんど把握できない、何十億回もの取引がくる日もくる日も行なわれる金融システムのことを、私たちは意味する。市場経済はグローバル資本主義システムの基本だ。だが、この目に見えない存在は、実在する物理的な市場から出現し、時計によって指示された時間によって規制されていた。市場が世界規模のコンピューターと通信のネットワークによって成り立つ現在では、穀物から石油、見慣れない金融商品まであらゆるものの売り買いの注文が、光ファイバーケーブルによって光速で世界を駆けめぐっており、実際の時計はもはや必要がないと結論づけるのは容易い。そう考えるのは容易いが、間違っている。市場も、その時計も、同じくらい実在しており、ただしより分散し、高速で、はるかに複雑なのである。

市場がグローバル資本主義の鍵となるメカニズムなのだとすれば、時計は市場の鍵となる機械だ。資本主義は、タイミングを狙う軍拡競争であり、時計はかつてないほどいまや市場を動かしている。だが、今日、私たちがいる地点までは長い道のりがあった。時計はつねづね金融の殿堂に大きくそびえてきた。高い塔上の時計、銀行や立会場の壁の上方にある時計、チクタク進み鐘を鳴らし、いつも視界に入り、聞こえる場所にある時計。時計は商取引ごとにタイムスタンプを押し、トレーダーを呼び集める。

ロンドンの最初の取引所の建物である王立取引所は、一五六〇年代に建てられた。そこに集まる商人の大半は、乱暴な振る舞いで締めだされるまでの、少なくともしばらくの時代は商品を売っていたが、金融のトレーダーもそこに集まっており、のちにこの場所は保険証券を売買する場所となった。王立取引所の歴史を通じて、私たちは時を刻む技術がいかに金融市場の拡大と足並みを揃えていたかを見てとることができる。当初の王立取引所には通りから高くそびえる塔があり、そのてっぺんには、融資した貿易商人トマス・グレシャムの紋章である巨大なバッタを頂いていた。塔の内部には時計があり、正午と夕方の六時に鐘を鳴らして商人たちを集めていた。数年後に書かれた報告書によると、時計はいつも故障していた。一つには急いで建てられたために、取引所の建物がきちんと建設されていなかったせいだった。じつは当初の取引所は一六六六年のロンドンの大火で全焼している。

その後に再建されたときには、市場を効率よく運営するためにタイミングが本当に重要であることがより理解されていた。新しい時計は、一七世紀を代表する科学者の一人で、精密な時計学の先駆者であるロバート・フックの監督のもとに設置された。これは初代の時計よりずっと性能がよく、一日四回、曜日ごとに異なる旋律を奏でていた。あいにく一八三八年に、この建物も火事に見舞われた。炎がどんどん上へと広がるなかで、フックの時計は一八世紀に親しまれたスコットランドの調べ「ゼアズ・ネイ・ラック・アブート・ザ・フーズ」をちょうど奏で終えたところで、八口の鐘が大音響を立てて構造物内を崩れ落ち、取引所の建物の入り口のアーチを破壊したのである。当時、この建物はロンドンの保険引受業者〔およびブローカーからなる保険市場〕、ロイズの本拠地となっていたため、その晩に多額の資金が失われた。新しい取引所は一八四四年に完成し、今回、その時計は王立天文台長によって設計され、一秒以内の誤差で時を刻むようになった。一八五九年にロンドンにビッグベンが鳴り響くまでは、王立取引所の時計が現存するなかで最高の公共時計の一つであると考えられていた。この時計は二一種類の調べを奏でたので、気づかずにはいられないものだった。鐘の音は数キロ四方にわたって聞こえた。

史料に描かれた証券取引所や銀行——絵画、版画、あるいは写真——で、時計が目につく場所にないも

図4-2　1800年頃のロンドン証券取引所の立会場と時計、1878年頃の木口木版

のを探すのは難しい。だが、これらの時計の本質は時代とともに変わった。電信、蒸気船、コンピューターなど、その他の技術が取引の速度を上げていったためである。取引速度が上がれば上がるほど、売買を記録するためにより精度の高いタイムスタンプが必要になった。

一八八六年に、正確な時報を電信で売るロンドンの会社、スタンダード・タイム・カンパニー（ＳＴＣ）が受信契約者のリストを発表した。これらは正しい時刻を知ることで事業が成り立つ人びとで、シティ内のすべての金融機関が含まれていた。電気時報はロンドン証券取引所にも手形交換所にも、保険市場のロイズにも、羊毛取引所にも、バルチック海運取引所にも、ロンドン穀物取引協会にも、ナショナル・ライフ・オフィスにも、ノーザン・アシュアランス・カンパニーにも、今日のＨＳＢＣ、ロイヤル・バンク・オヴ・スコットランド、ナットウェスト、バークレイズ、ロイズなどの一二行の銀行本店にも届いていた。それぞれの受信契約者は――多数の部屋がある大きな建物では何百台にものぼる――時計のネットワークを動かしており、いずれも電信によって相互に接続されていた。

ロンドン証券取引所はその好例で、自動修正された時計の一台がロンドンの私設時計博物館に残っている。これは一九世紀初期に有名な時計製造業者であるスウェイツ・アンド・リードによって見事につくられた特大の機械式時計なので、一八八〇年代にＳＴＣの同期装置が取りつけられたころには、すでに何十年も稼働していたものだ。それ以来、毎時、電気信号がこの時報サービス会社から受信されると、回路内のすべての時計に取りつけられた同様の装置にそれが瞬時に伝わり、自動的に時計を正しい時刻に修正するようになった。これは現存する機材で実施した実験によると、イギリスの公式時間であるグリニッジ標準時と約一秒以内の誤差だった。

ＳＴＣの時計同期サービスの受信契約は安くはなく、このハイテク・ネットワークは故障しやすく脆弱《ぜいじゃく》であり、その維持管理は厄介だった。それでも、大小を問わず、何百社もがわざわざその時報を受信していたのであり、その多くは金融部門の会社だった。正確な時刻はますます貴重になり、企業は金儲けの野心を手助けする最新の時計学の技術を求めたのである。

ＳＴＣがロンドンのシティ一帯の時計を同期し始めたころには、金融市場はもはや、アムステルダムなどの初期の取引所のように時と場所を固定された一つの位置を意味するものではなくなっていた。市場は地理的にも（それゆえに）時間的にも分散していたのだ。市場での取引は、人や金融機関、技術を世界規模で関与させることを意味していたのである。

夏時間《サマータイム》の概念（夏季に時計を一時間前にずらすこと）が二〇世紀の冒頭に最初に実施されたとき、ロンドン証券取引所とリヴァプール綿花市場――イギリスの最初の先物市場――は提案されたこの計画に懸念を示した。夏時間は市場の時間的性質にとって問題となったのだ。これらのイギリスの市場はどちらも、一部には慣習から午後四時には閉まっていた。ロンドンの場合は、日々の取引の記録となっていた何千通もの書簡と覚書を処理する夕方の郵便の集荷に間に合わせるためでもあった。

日々の取引の相当数はニューヨークの証券取引所とのやりとりで、こちらは午後三時に閉まった。イギリスとニューヨーク間の時差は五時間あり、それはつまり双方の地域が同時に開いているのは日々、一時間しかないことを意味した。それがイギリス時間では午後三時から四時に当たり、ニューヨークでは午前一〇時から一一時に相当した。そのわずか一時間の日々の取引は、商談中のあるブローカーの言葉を借りれば、「途方もない」[*1]ものだった。イギリスの時計が夏に一時間前に進めば、その時間帯は完全になくなることになり、イギリスのブローカーはニューヨーク時間にうまく合わせられる別の国際的な市場に取引が流れてゆくのではないかと恐れた。もちろん、ロンドンの市場を遅くまで開けることは可能だったが、そうなれば毎晩、郵便の集荷に間に合わなくなり、効率が下がるため、取引は散漫になるだろう。そして、どちらの取引所も一時間遅く始めることはできなかった。両者とも一日のその時間は、世界各地の別の時間帯と結びついていたからだ。そうなると、就業時間を増やすしかなく、そうなれば事務員やトレーダーが転職してしまうだろう。代案として、ニューヨーク時間を変えることもできたが、それもまた崩壊しそうなインフラに縛られていた。

リヴァプール綿花取引所が一九〇七年に新しい常設の建物に移転したとき、ブローカーたちは立会場とその周囲の事務室に張り巡らされた、同期する電気時計設備に囲まれるようになった。リヴァプールの報道によれば、「商取引における意見の混乱と食い違いを未然に防ぐため」に設計されたものである[*2]。それから一世紀と少し経たのちに、同期した時計のネットワークはいくらか進歩した。一七四八年に「時は金なり」と言ったとき、ベンジャミン・フランクリンはよく働き、倹約するように勧めた自分の格言が、何世紀ものちに新たな意味をもつようになるとは想像できなかっただろう[*3]。今日の金融市場は、一日当たり総計すると何千億ドルもを取引しており、一億分の一秒単位で正確な時計を必要とする。

金融市場のタイムスタンプ

大まかに言うと、今日、金融商品（株や先物など）を売り買いする方法は三種類ある。まずは人手による取引で、オンラインや電話で人が――実際に人間が――特定量の特定の商品を売り買いする注文をだすものだ。これはマウスをクリックする人間の指や、電話で注文を叫ぶ人間の声であり、技術的なことは別として、一六一一年にアムステルダムの取引所で物事が進んでいたのと同じ方法である。指示をだすと、その注文はほかのすべての人からの注文とも相並ぶことになる。今日もまだこうした取引が行なわれているというのは嬉しい。これを伝統的な取引のように考えてみてほしい。

金融市場で取引する二つ目の方法は、コンピューターを使って複雑に組み合わされた指示をだすこと、つまりアルゴリズムを実行するものだ。これらのアルゴリズム、〔または英語では略して〕アルゴは、あらかじめプログラムされた規則に従って、自動的に売り買いの注文をだす。たとえば、この株の価格がこのレベルより下がったら、これだけ買うといったものだ。この会社が四半期決算で損失を報告したら、持ち株の何パーセントを売る。そのような類いの指示だ。一九九〇年代に活用が始まったアルゴリズム取引は、人間が反応するよりも素早く行なえるので、いまや一大産業となっている。そして、忘れてはならない。これはタイミングの軍拡競争なのだ。

だが、従来のアルゴリズム取引は、金融市場における第三の売買方法に比べると、カタツムリのような速度で進む。高頻度取引（ＨＦＴ）と呼ばれるアルゴリズム取引技法の一種は、二〇〇〇年代に登場して以来、アメリカでは株式取引の五〇パーセント以上を占めるようになり、イギリスでもややそれを下回る程度だ。名称が示唆するように、高頻度取引はスピードがすべてであり、毎秒、膨大な数の取引を行なっている。個々の取引は通常ごく小規模で、それぞれの利益はわずかだ。しかし、ひとえにその量ゆえに、利益は相当な額にまで積みあがりうる。高頻度取引のトレーダーたちは、日々の取引が終了したときに手持ちの資産が何も残らないことを目指す。その日買ったすべてのものを売るのだ。これは株式ポートフォリオを構築したり、数週間先、数カ月先の先物契約をしたりするのとは異なり、売買そのものの摩擦がお金を生みだすことになるのである。高頻度取引のトレーダーは売買する資産には何の関心もない。それは会社の株でも、国内の抵当証券でも、耳慣れない金融派生商品でも構わない。重要なのは、コンピューターがわずかな利益を生むチャンス――一秒の何万分の一しかつづかないようなチャンス――を見つけだすことであり、そうなるとコンピューターは光速でそれに飛びつく。

　時計はそのどこにかかわってくるのか？　まずは取引が行なわれるコンピューター・ネットワークの技術的な同期においてであり、これは後述するように、きちんと動かすには正確な時計に大きく依存するものだ。だが、高頻度取引とアルゴリズム取引の時代に時計が重要になってきた二点目は、いろいろな意味で一六一一年にアムステルダムで使われていたのと同様のものだった。そこでは、時計はただ売り手と買い手を一堂に会させるだけでなく、金融取引成立にタイムスタンプを刻印して、すべてが公式に、公明正大に行なわれたことを請け合っていた。時計のある物理的な市場は、調整官《レギュレーター》——アムステルダムの場合は市議会——による監視を受け入れていた。規則を破れば誰でも罰金を科せられた。今日の金融市場も同様だ。時計は規制を可能にしているのだ。

　今日のリスクは、ほとんど光速でコンピューター取引をする会社が、競争相手よりも何万分の一秒か早く金融市場を「見る」ことができるかもしれず、そのわずかな時間帯で見た情報から利益を得られる可能性が生じるということだ。これは場合によっては違法となる。そこで調整官に必要なのは、すべての取引の順番とすべてのデータフィード〔構造化された情報として別のシステムに送られたもの〕を読んで、誰かが規則を破って不正に列に割り込んでいないかどうか確認できることになる。市場にいるすべての人がいまの時刻について同意しているとすれば、取引とデータフィードにはタイムスタンプを押せる。そうなれば何がいつ生じたのかは明らかになり、何が先で何があとに起きたかがわかる。それはすなわち、調整官は市場の振る舞いに目を光らせつづけられることを意味する。

　そう言うのは簡単だが、現実には、三つの問題がある。一つ目は時間の尺度に合意を得ることだ。私たちには原子時計から得られる国際原子時（ＴＡＩ）と、地球の自転から得られる世界時（ＵＴ１）、さらに両者を掛け合わせた協定世界時（ＵＴＣ）があるが、ほかにも世界のどこにいるかしだいで、七五種類ものごくわずかに異なる尺度がある。あるいはＧＰＳ時間や、ＧＬＯＮＡＳＳ《グロナス》、北斗衛星導航系統（BeiDou）、ガリレオなど、その他の衛星測位システムからの時間を選ぶこともできる。さらには無線局からの時間も、インターネット時刻供給サービスや携帯電話のプロバイダー、放送局などからの時間もある。どの時間の尺度こそが唯一無二の時間かを決めるのは、簡単には解決できない問題だ。

　金融市場でタイムスタンプを押すうえでの二つ目の問題は、ハードウェアの問題だ。どの時間の尺度を使うべきかが決まったあと、どうやってすべての市場の参加者がその時間の尺度を手に入れ、それによってタイムスタンプがいずれも互いに食い違わないようにするのか。人間のトレーダーにとっては、証券取引所の壁の時計から時刻を読み取るのは充分に簡単だが、世界各地で高頻度取引に従事している何千台ものコンピューター・サーバーであればどうだろうか。それぞれのサーバーも、それぞれの超小型演算装置《マイクロプロセッサー》も、それぞれのネットワークのスイッチも、どうにかして同じ時計にアクセスできる必要がある。これもまた、控えめに言っても簡単なことではない。

　三つ目の問題は、ある意味では最も難題となる。〇・五秒間隔で二つの金融取引の注文がだされたと想像してみよう。タイムスタンプを押す時計が、多くの時計と同様に、一秒ごとにチクタク進めば、どちらの取引もまったく同じ時刻が刻印されることになり、誰もどちらが先であったかわからない（またはあとで調べられない）ため、そのシステムは悪用されることになる。したがって、タイミングに関する三つ目の問題は、タイムスタンプを押す時計の精密さ――刻印間隔がどれだけ狭いか――と正確さになる。タイムスタンプがより精密で、より正確であれば、取引の秩序はきちんと保たれるようになる。だが、もちろん精密さと正確さを改善するのは容易ではないし、ネットワーク全体に徹底するのはさらに難しい。

ここで何が必要とされているのか、明らかにするのは重要だ。二〇一八年一月に発効した欧州指針、第二次金融商品市場指令（ＭｉＦＩＤ Ⅱ）は、ＵＴＣを時間の尺度として選択し、人手を介した売買には一秒までの精密なタイムスタンプを要求し、コンピューターによる通常のアルゴリズム取引では一〇〇〇分の一秒となった。だが、高頻度取引では、タイムスタンプは本当のＵＴＣから一〇〇マイクロ秒（マイクロ秒は一〇〇万分の一秒）以上ずれてはならず、精密さ――連続する二回のスタンプの間隔――は一〇〇万分の一秒以下でなければならないとする。別の言い方をすれば、毎秒一回刻印する代わりに、ＭｉＦＩＤ Ⅱに準拠したタイムスタンプは毎秒一〇〇万回刻印するのだ。そしてこれらのタイムスタンプは、ヨーロッパの金融市場全体のすべての取引で使われる、すべてのコンピューター・サーバーに含まれるすべてのチップに刻印されなければならない。

一瞬、その状況を考えてみよう。ヨーロッパ中で金融取引にかかわっているすべてのコンピューターが、互いに一万分の一秒単位で同じ時刻を表示しなければならないのだ。一つのデータセンターだけでも、そのようなコンピューターは何千台もある。記録はネットワーク内のすべての箇所で、すべての瞬間のタイムスタンプを、将来の監査のために残しつづけなければならない。少なくとも五年間は保管する必要があるのだ。優良の時刻供給会社であれば、七年間は保管する。七年間には二億二一〇〇万秒ある。一秒当たり一〇〇万個のタイムスタンプだ。これは一日二四時間、調整官が何かを調べたい場合に備えて数年にわたって記録される、最も驚くべき正確さと精密さの、信頼できる時間のための必須条件なのだ。そして、準拠しない会社は、世界市場におけるその収益の一〇％が罰金として科せられる。利益ではなく、収益の一〇％である。

正確さが指数関数的に増していく

一六一一年に製造されたアムステルダム証券取引所の時計の正確さは、一日当たり三〇分以下の誤差だっただろう。この時計は、まず一方向に動いては、もう一方向に戻る水平方向の棒状の歯車〔ラック〕を使って時を刻んでいた。これは落下する錘によって動かされ、日時計を使った管理人によって定期的に修正されていた。一六五〇年代に、時計学に新しい技術が登場した。時を刻む時計の機能を制御するために、振り子が初めて使われるようになったのだ。旧式の時計とは異なり、予測可能な周波数で振動するため、振り子時計は正確さが格段に改善した。そして時計製造業界はこの機に飛びつき、振り子を開発し洗練させた。一九二〇年代には、最高の機械式振り子時計は、〔太陽の南中時刻から〕時刻を決める国立の天文台の天文学者が測定する真太陽時と比較して、二、三カ月に一秒進むか遅れるかする程度の正確さにまで達していた。

その後、電子工学の技術者がクオーツ時計をつくり始めた。クオーツ時計は、鈴のように振動する水晶の断片を使うもので、振動の周波数は電子機器で測定できるため、時計として利用することができた。これらは振り子時計よりもずっと正確で、当初から三〇年間に一秒程度の誤差であり、すぐさま大幅に改善がなされた。

だが、事態が本当に変わり始めたのは一九五五年からだった。この年、イギリスのテディントンにある国立物理学研究所（ＮＰＬ）が世界最初の原子時計の製作に成功した。原子の根本的で普遍の性質をその時間基準に使った時計だ。世界最高の時計は、もはや振り子や水晶片など、物理的な――それゆえに時を刻む品質に実際的な限界をもたらす――振動子の形状や大きさをもとに、時を計ることはなくなった。原子時計とともに、測定できる正確さと精密さはほとんど無限になった。そしてその先駆けとなったＮＰＬ

の時計が一九五五年に最初に時を刻みだして以来、物理学者が次々に世界に送りだした時計は指数関数的にその正確さを増している。

一九五五年の原子時計は、三〇〇年間に一秒の誤差がでる程度の正確なものだった。一九八〇年代には、ＮＰＬの原子時計は三〇万年間に一秒の誤差という正確さで時を刻んでいた。現生人類のホモ・サピエンスは、約三〇万年前に出現した。一秒以内の誤差で時を刻むには、これは長い時間だが、今日の原子時計はそれよりはるかに正確だ。ＮＰＬで現在、時を刻んでいる時計は、セシウム・ファウンテンとして知られ、一億五八〇〇万年間に一秒しか誤差がでない。だが、これらの時計ですら、科学者や技術者が開発中の次世代の原子時計と比べれば精度が劣る。次世代のものは三〇〇億年にプラスまたはマイナス一秒の誤差という正確さなのである。そうなると、宇宙の年齢の二倍以上だ。あるいは、別の言い方をすれば、これらの時計のいずれかがどうにかしてビッグ・バン――宇宙全体どころか、時間そのものも誕生させた爆発――で動きだしたとしても、現在〇・五秒以内の誤差しかでていないことになる。

ところで、私たちの時計はどうやって正しく合わせているのだろうか？　ＮＰＬはじつはただ時を刻むだけではない。時を配信もする。ＮＰＬの時計はラジオの時報やインターネット時刻サービスに配信しており、私たちはそれによってＮＰＬが管理する時刻を知ることができる。だが、一〇〇万分の一秒ごとのタイムスタンプを要求するＭｉＦＩＤ Ⅱにとっては、これらのいずれも充分に正確で、精密で、安定しているわけではない。テディントンにある時計はそれよりはるかに正確だが、その時刻を外の世界に送信するハードウェアがそれに対処できない。ＧＰＳ衛星からの時報が一つの代案となり、一部の金融会社はタイムスタンプにＧＰＳ時間を使うが、この信号は技術的に脆弱だ。ＭｉＦＩＤ Ⅱが発せられて、金融セクターがそれに準拠したシステムを急いで構築するなかで、ＮＰＬは市場に隙間が生じているのを見つけた。NPLの事業開発部長のレオン・ロボは近年こう述べた。「マイクロ秒レベルで言えば、ロンドンのシティでは誰一人として同じ時間を共有していないと私は思う[*4]」。彼の仕事は、その時刻を金融業界に売ることなのだ。

超正確かつ超精密な時間を供給する

最初に気づかされるのは、騒音だ。コンピューター・サーバーがぎっしりと並ぶ、高さ二メートルの黒く塗装された鋼鉄メッシュのキャビネットは雑音ではなく轟音《ごうおん》を立てている。サーバーの周囲にはこの装置を冷やすためにファンや空調の装置が据えられ、そのあまりの騒音に会話をするには叫ばなければならない。これらの施設を訪ねる大半の人は、そこに雑談をしにくるわけではないが。テレハウス・ノースは、ロンドンのタワー・ハムレッツ区にある昔の東インド会社の船のための埠頭《ふとう》の近くに一九九〇年に創業した。ここはヨーロッパで最初の専用のデータセンターで、近くのカナリーワーフにある企業などがコンピューター・サーバーを、顧客や関連企業、取引所、世界各地にある施設への超高速接続のサーバーと同じ建物内に置けるように便宜を図るものだった。いまではこの地域は窓のない巨大な構造物が立ち並び、レーザーワイヤー・フェンスと監視カメラがそこらじゅうにある、殺伐とした都市の一角になっている。

これらの構造物を区切っている通りの下方では、光ファイバーケーブル網が縦横に走って近くの金融企業に昼夜を問わず、現代の融資の脈の指令を光速で送っている。だが、テレハウス・ノースから走る二本のファイバーケーブルは、カナリーワーフよりさらに先まで伸びており、より注目する価値がある。それどころか、この二本は二四キロ南西のテディントンにあるNPLまでずっとつづいているのだ。

私はNPLの科学者、アリ・アシュカシとともにテレハウス・ノースにいた。この光ファイバー時刻供給サービスを運営する小さなチームの一人である。一六一一年にアムステルダムの証券取引所にあった時計の現代版がどのようなものか、見てみたかったのだ。クラウド・コンピューティングや電子金融取引といった、現代の時報はどこかしら仮想のものだと思い込むのは容易い。これらがすべてサイバースペースと呼ばれるもののなかに存在し、物質的な形態などまるでないかのように想定することだ。だが、現実はそれとはかなり異なる。これは大型で重量のある騒々しい機械の世界なのであり、大量の電気を使い、産業規模の冷却装置を必要とし、何ヘクタールにもわたって都市の貴重な不動産を埋め尽くす巨大な建物を占有している。これは鋼鉄とコンクリート、レンガとモルタル、警備員に社員食堂からなる世界なのである。テレハウスにアシュカシを訪ねるなかで私がまざまざと悟ったように、彼の仕事日の大半は、書類に書き込み、許可証や鍵を借りるために署名し、駐車できる場所を探すことで費やされている。エレベーターはラザーニャのにおいがする。サイバースペースとそれが使うサービスは、圧倒的に現実のもので、仮想ではない。そして、今日の金融市場を調整する時計もまた然りなのである。

テディントンのＮＰＬから伸びるわずか二本の光ファイバーケーブルは、ロンドンの中心街を抜けてテレハウス・ノースまで、七四キロの遠回りのルートをたどる。二〇一四年に初めて敷設されたこれらのケーブルでは、時間以外には何も送られていない。テディントン側では、それぞれ小型の家庭用冷蔵庫ほどの大きさの二台の水素メーザー時計から、グランド・マスターと呼ばれる二台の時計（一台が主時計で、もう一台が予備）にさらに時刻が供給される。メーザー時計もまた、ＮＰＬの超正確な原子時計の集合体の一部をなしており、それらが一緒になってＵＴＣのイギリス版を形成している（これは月に一度、フランスのパリ近郊にある研究所でその他すべての国のＵＴＣと照合してずれがないか確認される）。グランド・マスターはその時刻をファイバー・リンクに供給する。ロンドン東部のドックランズ側では、時報は

図4-3　ロンドンのテレハウス・データセンター・コンプレックス、2020年撮影

テレハウスのデータセンターに設置されたNPLの鋼鉄キャビネット内にあるそっくりな二台の時計に送り込まれ、それもまた時刻供給サービスに契約する顧客すべてのグランド・マスターとなる。

契約している各企業には、グランド・マスターによって正しく調整された独自の時計があり、その時計がそれぞれの取引ネットワークにタイムスタンプを刻印するのである。これらはいずれも現実の時計だ。その装置はマイクロチップ社やマインバーグ社のような会社で製造されている。知名度のある会社とはとうてい言えないが、私たちの暮らしのどれだけ多くをこれらの会社が支配しているかを考えれば、もっと熟知すべき存在だ。これらの時計は多数あり、私たちの周囲のどこにでも——文字どおり、周囲の景観のいたるところにある無名の建物内や制御ボックスのなかにも——あるのだが、アムステルダムの最初の証券取引所の時計台とは異なり、決して目にすることはない。巨額の資金がこれらの時計に依存している。それらが市場を動かし、資本主義は市場の上に築かれているからだ。

MiFID Ⅱに準拠した一〇〇万分の一秒ごとのタイム

スタンプは、すでに時代遅れになっている。ＮＰＬのアリ・アシュカシは私に、必要とあれば、彼の時間システムは、コンピューター・ネットワーク内の時計を一〇〇〇万分の一秒単位で同期させることができるのだと語った。一部の企業は現在、ナノ秒〔一〇億分の一秒〕の速度で金融市場で取引をしているからだ。

第5章　知識

一七三二－三五年、ジャイプル、サムラート・ヤントラ

国際的な天文学ネットワークへの野心

一七三二年、インドのジャイプル市では、この新しい首都が形をなし、拡大しつづけるにつれて、大規模な建築プロジェクトに付きもののざわめきや金槌《かなづち》を振るう音、命令する大声がどこでも聞こえてきた。この都市の建設開始の記念式が行なわれたのは五年前のことで、それ以来ここは急速に発展していった。この巨大な建設プロジェクトは、すでにアーメールの丘の下方にあるかつての氾濫原《はんらんげん》を、活気あふれる都市の定住地に変えていた。だが建設工事の騒音も、市の広大な新しい宮殿群沿いの中庭ではほとんど聞こえなかった。この二ヘクタールの空間は、低い壁に囲まれて外の通りの喧騒から守られており、静寂なオアシスになっていた。そこは考えるには理想的な場所だった。

その日は、ジャイプルの都市開発プロジェクトにおける重要な節目だった。ジャイプル藩王国の支配者であるマハラジャー・サワーイ・ジャイ・シング二世は、信頼を置く建設管理者で都市設計者であるヴィドヤーダルとともに立っていた。この新首都を一から建設するために必要な労働力、資材、専門知識などの膨大な資源を集結させる任務を帯びた人物である。新都市の地理的・文化的中心にある、ジャイ・シングの四八ヘクタール以上におよぶ宮殿群の工事は順調に進んでいた。だが、藩王の贅《ぜい》を凝らした居城は、

その日、ヴィドヤーダルがいちばん関心をいだいていたことではなかった。二人が立っている壁に囲まれた中庭には天文台があり、彼は建設工事の次なる段階について、このヒンドゥーの支配者と話し合うためにそこにいた。隔離された静かな囲い地の平穏は、乱されようとしていた。

藩王の手には、細かく彫刻が施された蠟製の模型があった。これをヴィドヤーダルに手渡しながら、藩王はそれを建設工事に携わる人びとに見せて、直面している難題の途方もない規模を把握させるようにヴィドヤーダルに指示した。ジャイ・シングが蠟でミニチュア模型をつくらせたものは、実際には石と漆喰《しっくい》で築いた大きな三角形の壁をなしている巨大な建造物となった。完全に南北方向に設置し、その上部表面がジャイプルの緯度とちょうど同じ角度をなすようにすることで、地軸の傾きと平行にしたものである。これは底面積が四〇メートル×四四メートルを占めるものとなり、地中に三メートル以上掘り下げ、上方には二三メートル（一世紀ほどのちに建設が始まったロンドンのビッグベンの塔の、四分の一）の高さでそびえる予定だった。藩王は壁のてっぺんに屋根付きの東屋《あずまや》を設置するように求め、観測者がそこでジャイプルの暑い陽射しから守られながら作業ができるようにした。三角形の壁の上部には頂上までつづく長い階段を設けることが明記され、ジャイ・シング自身を含めた天文学者が入念な観測ができるようにした。そして敷地中央に斜めに位置するこの巨大な「グノモン」、つまりその影を指針とするものの傍らには、四分儀と呼ばれる二つの低い構造物が設置された。その湾曲した表面には二秒間隔で細かく目盛りが刻まれ、指針の影がそこに落ちることになっていた。実際の難題は、わずか数ミリメートルの公差でこれを完壁に配置し、それによって二秒以内の誤差で時を刻めるようにすることだった。ヴィドヤーダルの建設チームがジャイ・シングの「サムラート・ヤントラ」、すなわち「至高の機器」を建設するには三年の歳月がかかった。これは今日も世界最大の日時計でありつづけている。

図5-1　ジャイ・シングのジャイプル天文台にあるサムラート・ヤントラ日時計、1915年撮影

＊

ジャイプルの天文台群の建設は一七二〇年代に始まり、その年代の終わりには六基以上の巨大な石造りの機器が完成していた。一部は〔南中時刻から〕時刻を決めるためのもので、その他は恒星などの天体を観測するためのものだった。だが、いずれもジャイ・シングが長年構想を温めてきた、中心でそびえる日時計の規模と、それが文化面におよぼした影響に匹敵するものではなかった。一七三五年に竣工したときには、サムラート・ヤントラは無視できないものになっていた。

ジャイプルから北に数キロ行ったところに、アーメールの古い都市があった。そこから商人たちは新首都の南にあるサンガネールの産業地区まで旅をしてから、物資を買い込んで戻って行った。同時に、ジャイプルの東二二五キロに位置するアーグラ市からの巡礼は、西方にあるアジュメールの聖地に向けて長旅をする際に、天文台施設を囲む壁から一キロ弱の地点を通過するルートをたどった。新興の首都に建築されたばかりの大胆な構造物は、これらすべての旅行者からよく見える場所にあった。この都市の住民も、従来の雑多な人びとではない。大半は通商や金融に従事しており、新しい首都を金融の中心地にしようとするジャイ・シングの野望を叶えるのに一役買っていた。

　これらの影響力のある旅行者や商人、巡礼だけでなく、住民にとっても、ジャイ・シングの新しい宮殿が誇示した富と権力の象徴は印象的ではあったが、意表を突くものではなかっただろう。だが、中央に巨大な日時計がある広さ二ヘクタールの天文台となると、まったく別問題だった。一八世紀なかばのある訪問者はサムラート・ヤントラを「驚くべき」ところだと描写し、その頂上には「展望塔があって町全体が見渡せ、そのあまりの高さにめまいを起こさずにはいられない」と述べた。[*1]

　ここはジャイ・シングの最初の天文台ではなかった。一七二一年に、ジャイプルの新首都の建設に乗りだす前に、彼は当時拠点としていたデリーから一二キロ前後離れた場所に、観測施設を建設したことがあった。のちに、彼は規模を縮小した石造りの天文台を、デリーのおよそ一四〇キロ南にあるマトゥラーと、六六〇キロほど南東のヴァーラーナシー、六二〇キロほど南のウッジャインにも建設した。ジャイ・シングにとって、天文学はなぜそれほど重要だったのだろうか？　多くの支配者は、権力を掌握すると、自分の治世の年月にもとづいた暦と天文表を手に入れて、自分の地位を歴史に記すこと――正統な君主であることを証明すること――を望んだ。それによって、自分たちはその地に降り立ったのだと、そしてすべてを掌握しているのだと示したのだ。だが、ほとんどの支配者がやったことは、時代を数世紀さかのぼって、既存の天文表を更新する程度だった。五カ所に壮大な国立の天文台を設立し、最初から測定をやり直したのは、最も野心的な支配者だけであった。そして、ジャイ・シングは野心家以外の何者でもなかった。彼は自分が宇宙の中心にいるのだと世の人びとに見せたかったのである。

*

天文学は国際的な科学だ。今日、世界で最も重要な天文台を見てみよう。こうした天文台には世界各地からの研究者が集まり、ともに共通の取り組みに専念している。ヨーロッパの一六カ国の共同体が、チリに設営された一連の高性能の望遠鏡を使用するヨーロッパ南天天文台はその好例だ。さらなる共同事業ではヨーロッパとチリは、カナダ、日本、韓国、台湾、アメリカと提携している〔アルマ望遠鏡〕。あるいは、スローン・デジタル・スカイサーベイを考えてみてほしい。このプロジェクトの望遠鏡はアメリカのニューメキシコ州にあるが、提携機関は東アジア、南アメリカ、オーストラリア、ヨーロッパにまたがる一四カ国で成り立っている。インド宇宙物理学研究所は、カルナータカ州に本部を置き、タミル・ナードゥ州とラダック地方に望遠鏡があり、さらにブラジルとアフリカの島国〔マダガスカル島の東の沖合〕であるモーリシャスという海外拠点もあって、いずれも世界各地から天文学の関係者がひっきりなしに訪れている。

だが、これは二一世紀だけの現象ではない。天文台からもたらされるデータの質は、つねに機器を操作する天文学者の技能と専門知識に左右されてきた。多方面からのアプローチ——多様な世界観——はよりよい科学へとつながる。そしてみずからも優れた数学者で、観測者でもあったジャイ・シングは、このことを誰にも増してよく知っていた。

一八世紀の天文学は、イスラーム、ヒンドゥー、キリスト教という三つの主要な文化で実践されており、それは当時のインド社会を反映していた。ジャイ・シングはヒンドゥーの藩王だったが、彼の藩王国はイスラームのムガル帝国によって支配されていた。これは中央アジアのティムール帝国の末裔《まつえい》が興した帝国で、当時の皇帝はムハンマド・シャーだった。インドには当時、キリスト教徒も、ヨーロッパ人を中心に数多く存在していた。歴史学者のヴィレンドラ・ナット・シャルマはこう述べた。

> ジャイ・シングが天文学における野心的なプログラムを構想していたころ、ヨーロッパ人は国内のどこにでもいた。ヨーロッパの旅行者、傭兵《ようへい》、起業家、偽医者、宣教師、貿易商は日常的に見られた。ヨーロッパの商館、交易所、居留地は国中いたるところに点在していた。[*2]

ジャイ・シングのジャイプル天文台にはもともと、ヒンドゥーとイスラームの天文学から選ばれた専門家が勤務していた。だが、これでもまだ〔知識の〕隙間は埋められなかった。自分の施設に世界からの選りすぐりの天文学者を配置させることは、ジャイ・シングの成功に欠かせないことだった。他国の天文学者たちが、天文学の知識の限界を押し広げる新しい大胆な研究プログラムに乗りだしていることを藩王は知っていたからだ。ヒンドゥーとムスリムの学者は揃っていた。完全な知識を手に入れるのに必要なのは、キリスト教徒の天文学者だった。そこで、彼はインドの藩王としての自身の名声を全面的に利用して、何人かの学者を呼び寄せるための交渉団を派遣した。

ヨーロッパの学者を自国の研究チームに勧誘する考えをジャイ・シングが思いついたのは一七二〇年代で、デリーにある施設で数年間観測をしたのちのことだった。「外国では観測所が建設されて、その国の学者がこの重要な任務を遂行するために雇われている」とそこで聞いたのだと、のちに藩王は書いた。[*3] 彼が入手していたのは、一六六〇年代に創設されたパリの天文台で実践されていた研究だった。なかでも重要なのは、一七世紀後半に天文学者のフィリップ・ド・ラ・イールによって作成された天文表で、一七〇二年にラテン語で発行されたものだった。

自分の外交手腕を発揮する機会であるとともに、みずからの研究に新たな視点を取り入れるチャンスであることに気づいたジャイ・シングは、一七二七年に近くのアーグラで勤務していたポルトガルの司祭、マヌエル・デ・フィゲレドにヨーロッパへの調査旅行を率いる任務を託した。

二年後の一七二九年一月に、デ・フィゲレドは二人の同行者、インド生まれでゴアに住むキリスト教徒の天文学者ペドロ・ダ・シルヴァと、（おそらく）インド生まれのムスリムの天文学者で、すでにジャイ・シングの観測所で働いていたシェイク・アサドゥラー・ナジューミーとともにリスボンに到着した。ポルトガル国王のジョアン五世と宮廷の数学者にまず謁見《えつけん》したあと、この一行がヨーロッパへの二年間の旅で経た行程の記録は残されていないが、一七三一年の夏に、ジャイプルの新首都と壮大な天文台の建設工事も順調に進んでいたころ、彼らはジャイ・シングのもとに帰国し、調査結果を報告している。

ラ・イールの天文表の写しを手渡されたとき、ジャイ・シングが最初に気づいたのは、自分がかかえている天文学者たちのために、それをラテン語からサンスクリット語とペルシャ語に翻訳する必要があるということだった。その仕事を、彼はインド在住のフランスの医師、ジョゼフ・デュ・ボワに委託した。だが、問題が起こった。一七三一年にデュ・ボワが翻訳した最初の原稿を見るとすぐに、ジャイ・シングはそこに含まれたデータも、別途入手した表のデータも、彼自身の観測結果とは合致しないことを発見したのだ。そのころには、ロンドンに近いグリニッジに建設された王立天文台に勤務した最初の天文学者、ジョン・フラムスティードの研究報告も目にしていた。フラムスティードは一七一九年に死去していたが、彼の全天星図は出版条件をめぐる一連の争議ゆえに、一七二九年にようやく発行された。

遣欧使節から受け取った天文表に苛立《いらだ》ち、ヨーロッパの天文台から発表される最新の研究について、もっと多くの情報を得たいと考えたジャイ・シングはデュ・ボワに、「パリとロンドンに誰かを遣わして、天文学を源泉で飲ませたい」のだと語った。[*4] 彼は二度目の使節を派遣することにした。今回はジャイプルの南東一二九〇キロ弱のところにあるシャンデルナゴル〔チョンドンノゴル〕に勤務する二人のフランス人司祭、ジャン・ポンスとクロード・ブディエを頼り、ラ・イールの数字がなぜ自身の数字と一致しないのか助言を求めた。

一八世紀の天文学者のあいだでは、時間は明らかにゆっくりと流れていた。すでにデ・フィゲレドらの一行がヨーロッパから帰国するまでの四年の歳月によって阻まれていたジャイ・シングは、ポンスとブディエがシャンデルナゴルから一七三四年にジャイプルにやってくるまで、さらに三年間待つことを余儀なくされた。だが、司祭たちが到着してみると、ジャイ・シングとはそりが合わなかった。その時分には、ジャイ・シングはフラムスティードの星図を自分用に購入しており、サムラート・ヤントラの巨大な日時計の建設工事が進むなかで、最新のイギリスの天文学的知識は手に入れていたのである。そして、ジャイプルで彼が雇用した天文学者は二〇人以上に膨れあがっていた。

それでも、ジャイ・シングはヨーロッパの学者を誘致して、ジャイプルの現場で働かせるという野望を捨ててはいなかった。一七三七年には、藩王は三度目の働きかけをし、今回は数学の教育を受けてゴアで勤務するバイエルンの二人の宣教師、アントン・ガベルスペルガーとアンドレアス・シュトローブルを宮殿に招いた。これもまた同じくらい不運な旅で、二人の数学者がジャイプルにやってくるまでには三年を要し、一七四〇年まで待たされることになった。一七二〇年代以来、求めつづけてきたヨーロッパの才能を誘致するのにとうとう成功したと、ジャイ・シングは感じたかもしれないが、事態はたちまち元の木阿《もくあ》弥《み》になった。ジャイプルに到着したちょうど一年後に、ガベルスペルガーが死去したのである。その二年後には、ジャイ・シング自身も五四歳でこの世を去った。藩王とともに、国内五カ所の天文台における国際的な天文学プログラムへの支援も途絶えた。

だが、おそらく彼の壮大な観測機器はすでにその目的をはたしていたのだろう。天文台建設プログラムによって、ジャイ・シングは偉大な支配者の殿堂入りをはたしていた。そして、これは国際的で、多文化であることを主張する殿堂だった。

この一八世紀のネットワークは、いかにも現代的に聞こえる。イスラーム、ヒンドゥー、キリスト教の各伝統文化から天文学者を集めることで、ジャイ・シングは自分の知識の質を高めることを願ったばかりでなく、世界的なネットワークの中心にいるみずからの立場を示したかったのである。多文化的な学者の村をジャイプルに設立することで、ジャイ・シングは身近に科学分野の専門家や顧問を置きたかったのであり、また専門家同士も互いの天文学の伝統から学ぶことを願っていたのだ。そして、天文台そのものと同様に、学者たちのキャンパスもまた、影響力をもつ目に見える力の誇示だったのである。

ジャイ・シングはきわめて野心的な支配者であって、その治世の最初の二〇年間は権力を掌握し、領土を拡張するために、近隣諸国との軍事紛争に費やしていた。ジャイプルに新首都を一から建設することは、それ自体が前代未聞の行動だった。五カ所に大天文台を建設することによって、ジャイ・シングは自分の野心の本当の範囲を示していた。時間と天文学は、天空の秘密を握るものだったのだ。これらの秘密の知識は、神聖な宇宙の支配権力を表わし、未来を予言できるものだと考えられていたため、考えうる限り最高の地位を授けてくれるものだったのだ。ジャイ・シングは自分が太陽そのものの子孫であると主張した。彼の装置は、世界最大の日時計を含めて、自身を太陽神として君臨させる手段だったのである。彼は歴史のなかでみずからの立場を権威づけ、確固たるものにして、政治的な生き残りを確実にするだけでなく、自分自身とその統治を宇宙の中心に位置づけていたのだ。そして、野心的な支配者としてそれを成し遂げたのは、彼が最初ではなかった。

知識は力である

西洋では、モンゴルの支配者フレグ〔フラグ〕・カンは、モンゴル帝国の創始者で彼の祖父に当たるチンギスほど有名ではないかもしれない。あるいは、サミュエル・テイラー・コールリッジが一七九七年に書いた有名な詩によって不朽の名声を得た兄のクビライほど知られてはいないかもしれない。だが、中東ではフレグの残虐行為はまだ深く記憶に留められている。一二五八年に、彼はバグダードの略奪と破壊の先頭に立ち、いわゆるイスラームの黄金時代を終わらせたと多くの人が見なす大虐殺を引き起こしたうえに、彼の率いる軍勢はさらにシリアも侵略し占領した。二〇〇二年に、イラク戦争の前段階で、アルカーイダの首謀者ウサーマ・ビン・ラーディンは、アメリカの指導者が「モンゴルのフレグ以上にバグダードで殺戮と破壊を繰り広げた」と主張する声明を放送した[*5]。

だが、バグダード包囲後に生じた一族内部の後継者争いの展開によってフレグ・カンの権力は脅威にさらされ、彼は世の中——および他の支配者——に自分は一目置かれて然るべき支配者なのだと示す必要があると感じた。時計は一つの答えをだしていた。包囲から一年後の一二五九年に、彼は今日のイラン領の東アーゼルバーイジャーン州に、マラーゲ天文台を建設した。ここは、何世紀ものあいだ最先端の天文学を生みだしつづけた。

マラーゲ天文台は、まず前例を見ない規模で建設された。建造物は一五〇メートル×三五〇メートルの敷地にまたがり、中央には直径二二メートルの円形の観測台があったほか、小さな建物が近くに多数あった。ここには観測機器が潤沢に揃っており、四〇万冊の蔵書のある図書館も併設されていた。星の位置を測定し時間の経過をたどるための装置である四分儀が、ここでは壁に埋め込まれており、半径が四〇メートルはあったと言われている。頑丈な石造りの天文台は、永久不変であることを力強く主張したもので、文字どおりマラーゲの地面に根を張り、地元の人びとには数キロ四方先からも見えるものとなった。何よりも重要なことに、この天文台にはペルシャ、シリア、アナトリア半島、中国など広域から集まった最高の天文学者のチームが勤務していた。

マラーゲで実践された正確な時刻測定と星の観測にもとづいて発表された天文表は、何世紀ものあいだ世界各地で使われた。天文学の知識は自然と未来の双方を掌握することを示唆していた。天空を自在に扱えれば、地上ではライバルに勝る力をもつことになると、フレグは考えたのだ。一二七六年に、兄のクビライ・カアンが前王朝である宋を壊滅させるべく奮闘するなかで、中国の登封《とうほう》の近くに天文台を設立し、時間を計って星の位置を観測し、元朝の創始者としてのみずからの地位を固めていた。一三世紀のアジアでは、天文学は一族内の関心事だったのだ。

フレグは長期的な傾向を生みだしていた。マラーゲから一六〇〇キロ以上東に、今日のウズベキスタンのサマルカンド市がある。一四二〇年代初めに、ティムール帝国の創始者の孫、ウルグ・ベクがサマルカンドに天文台を創設した。イスラームの世界で最も称賛された、影響力のある科学機関となったものだ。これはウルグ・ベクが子供のころに訪れたマラーゲの天文台にもとづいたものだった。父のシャー・ルフは一四〇五年にティムールが死去したのちに、ティムール朝における自分の支配力を固めようとして、今日のイランと中央アジアの広大な範囲にまたがって一族を移動させていたためだ。

若いウルグ・ベクは、かつてのフレグ・カンのように、紛争と王位継承をめぐる身内同士の戦争に明け暮れる世界で育った。権力を手にすることと、失うことが何を意味するのか、彼は知っていた。知識がもつ力も彼は理解していた。サマルカンドに彼が建てた天文台は、巨大な石造りの構造物によって動きや振動を減らし、天文機器に精密な目盛りが刻めるようにしたマラーゲの前例に倣うもので、時間を計り、星の位置を観測するために使われた。マラーゲと同様に、サマルカンドの天文用四分儀も巨大なものだった。地上から四〇メートルの高さにそびえる三階建ての構造物によって支えられ、化粧張りされた白い大理石の厚板には、一ミリ間隔の細かい目盛りが刻まれていた。

　アジア各地から集められたサマルカンドの天文学者たちが生みだすデータは、数多くの言語に翻訳されて、世界中に伝えられた。ラテン語版は一七世紀になってからイギリスで発行され、当時ヨーロッパ各地に建設されたばかりの天文台で学者たちが使えるものとなっていた。グリニッジではジョン・フラムスティードが、ウルグ・ベクはヨーロッパの同時代人と比肩しても何ら遜色なく、ニコラウス・コペルニクスやレギオモンタヌスにも匹敵するという見解を述べた。フラムスティードは、自分専用のウルグ・ベクの天文表を大いに活用していた。

　ここに一つのパターンが形成されつつあるのが見てとれる。広域にまたがる二つの巨大な帝国——モンゴルとティムールだ。野心的ながら、敵も多い二人の指導者である。フレグ・カンとウルグ・ベクはなぜ、すぐ手の届くところで最新の天文学的観測を実践したかったのだろうか。一つの重要な答えは、天文観測の予測という性質——非常に大まかに言えば占星術——が、領土を征服し、継承戦争を戦うための軍事戦略の根幹にあったことである。フレグ・カンがマラーゲを一三世紀の科学知識の中心地にしたのは、それによって権力を得られたからだ。ウルグ・ベクは一五世紀にサマルカンドで同じ理由から同様のことを行なった。

そして、これは歴史を通じてたびたび繰り返されたことだった。一一世紀に中国〔北宋〕の開封《かいほう》では、入念な天文観測にもとづいて調整される贅を凝らした天文時計〔水運儀象台〕が、新たに即位した皇帝〔哲宗〕が中国の支配層と覇権争いをするうえで、かざすことのできる強力な道具となった。それが象徴する意味は明らかだった。皇帝を中心にして帝国は回っているのだと。一六世紀のオスマン帝国では、戴冠したばかりの支配者《スルタン》〔ムラト三世〕が今日のトルコのイスタンブルに天文台を建設し、科学プログラムを実施した。強大な権力と豊かな人脈をもつスルタン以外に、誰がそれほど野心的な企てを成功させる資金を用意——最高の頭脳を結集——できただろうか。近隣諸国とは残虐な戦争がつづいた。これは版図拡大にしっかりと狙いを定めた皇帝だったからだ。

帝国はいずこも同じだった。イスタンブルの施設が創立してから九〇年弱を経た一六六五年に、パリに天文台をつくるロビー活動をしていた天文学者たちが、二六歳のフランス国王、ルイ一四世に陳情書を書いた。「ヨーロッパで最強の君主」は自国を、当時、最も驚異的な天文学の研究を実践していた「外国人に屈する」がままにすべきではないと訴えるものだった。「陛下の栄光とフランスの評判」は偉大な天文台の建設にかかっているのだと、彼らは言った[*6]。二年後、パリ天文台が建設された。フランスの首都の中心に建てられた宮殿のような建物である。

ルイ一四世は、彼以前のあらゆる天文学好きの皇帝と同様に、熾烈な戦いに巻き込まれた時代に天文台を建設した。天文台が建てられたのと同年に、自身の統治の権限は神授のものであると考えていたフランス王は、ヨーロッパのほかの列強にたいする半世紀にわたる非情な軍事作戦に乗りだした。ルイ一四世は、これまたかつての君主たちのように、自国外から天文学の最高の専門知識を集めることでもたらされる名声を望んでいた。振り子時計を発明したオランダの天文学者クリスティアーン・ホイヘンス、デンマークのオーレ・レーマー、イタリアの天文学者ジョヴァンニ・ドメニコ・カッシーニはみなパリの天文台で研究しないかと勧誘された。一六六九年にカッシーニは天文台長に任命されて、その後四三年にわたって、ルイ一四世付きの天文学者兼占星術師となった。

支配者間の競争意識は、有名なグリニッジ天文台の創設にもつながった。イギリスのチャールズ二世は一六七四年に、フランスの天文学者が天文観測を用いて海上でも安全に測位できる絶対確実な方法を開発したらしいという噂を耳にし、パリ天文台に匹敵する自国の天文台を大急ぎで建設させた。この天文台は、ヘンリー八世、メアリー一世、エリザベス一世が生まれ育ったグリニッジ宮殿の敷地内の城跡に翌年建設された。天文台は急勾配の丘の上にあり、海洋帝国の船舶がひしめき合うテムズ川を見下ろしていた。それは、科学の知識と帝国の国力の力強い主張として数キロ四方先から見える光景だった。

知識は力なのだ。フランシス・ベーコンが一五九七年にそう述べたが、これはそれよりはるか以前からよく知られた格言だった。旧約聖書の「箴言《しんげん》」は、読者にこう告げる。「知恵ある男は勇敢にふるまい、知識ある男は力を発揮する」〔『聖書』新共同訳、日本聖書協会〕。同様の言葉は、『雄弁の道』でイマーム・アリーによって表明されている。となるとこれは、ジャイ・シングがデリーとジャイプルで一七二〇年代から一七四三年に死去するまでやっていたことの背景を、何かしら説明するものとなる。国立の天文台を設立し、国際的な人材と最高の機材を揃えることは、時代と空間、文化をまたがり、何世紀にもわたって野心的な支配者がやってきたことなのである。そして、今日もそれは変わらない。

宇宙時代もつづく天文学の政治

二〇一九年に、イギリスのジョドレルバンク電波天文台はユネスコ世界遺産に認定され、登封、グリニッジ、ジャイプル、マラーゲ、サマルカンドの天文台と同等に位置づけられることになった。その一〇年前、私に時計職人名誉組合の世話役の順番が回ってきたころ、チェシャー州にあるこの天文台の舞台裏ツアーに四〇人の時計学専門家とともに参加した。私たちがそこで見たものは日時計ではなく、時計でもなかった。それは時間の機械《マシン》だった。

マンチェスターとストーク・オン・トレントの中間地点の静かな田舎にあるジョドレルバンク天文台は、第二次世界大戦後の一九四五年に、戦時中のレーダー技術を使って新たな知識を探るために建設された。ラヴェル望遠鏡と呼ばれる象徴的な電波望遠鏡は、一九五七年の夏に稼働し始め、いまでは天文台として一般に知られるイメージそのものとなっている。その巨大な円形の皿は直径が七六メートルあり、重量は三二〇〇トンと途方もないが、円形の軌道の上を走らせて操作することができ、体操選手のような角度で傾けられ、寝静まったかのような周囲の上に大きくそびえ立つ。

時計学の現地調査旅行で、巨大海獣《リヴァイアサン》のような天文台の影に参加者とともに立ったことは、参加した誰にとっても忘れられない経験となった。私たちはみな、天文台が宇宙における私たちの居場所について貴重な知識を与えてくれることは知っていた。だが、あれほど巨大で場違いの構造物を間近に見ることにはそれ以上のものが――本能に訴える何かが――あった。その力を私たちは感じることができたのだ。

それ以前の輝かしい著名な天文台と同様に、ジョドレルバンク天文台は宇宙を最も深く科学的に理解するための場所となっている。ここでは、それ以前の天文台のように時間の経過を計りはしない。その仕事は、現在では別のところで行なわれている。ジョドレルバンクは代わりに、宇宙のはるか彼方にある天体から発せられた、じつにかすかな電波信号を捉えることで、時間をさかのぼっているのだ。こうした信号は何十億年も前にその長い旅を始めたものだ。ということは、私たちが「見ている」のは、遠い過去の星の姿なのである。

だが、ジョドレルバンクには世俗的な目的もあった。昔の天文台と同様に、ここも戦争を背景に建設され、運営されていた。天文台を建設することになった世界大戦の恐怖が、ソ連と西側諸国のあいだの冷戦という不安と疑心暗鬼に取って代わると、ジョドレルバンクは二〇世紀後半をつくり変えることになる出来事に巻き込まれていった。天文台が稼働してからわずか数日後に、ラヴェル望遠鏡を操作していた天文学者がそのレーダーを、一九五七年一〇月にソ連のスプートニク衛星を宇宙空間に打ち上げたロケットの軌道を追うために利用した。これは世界初の人工衛星で、宇宙時代の幕を開けた出来事だった。

スプートニクは冷戦における強力な武器で、ソ連の科学と技術が至高のもので、宇宙に到達できることを世界に示していた。イギリスでは世界を変えたこの出来事で、ジョドレルバンクが世論の関心の的となった。天文台長のバーナード・ラヴェルはのちに、「私には世界中の耳目がジョドレルバンクに注がれているように思われた」と述べた。[7] スプートニクは核ミサイルではないかと世界各地で深刻に懸念されていたのだ。

スプートニク騒動が収まり、忘れ去られたのち、ジョドレルバンクは天体観測プログラムに専念するようになり、今日もそれがつづいている。そして二〇〇九年に時計職人たちとこの地を訪問した際に、そのプログラムについて私はあれこれと学んだ。だが、スプートニクの打ち上げから一五年経っても、この天文台は二重の使命をはたしつづけ、冷戦の両陣営にミサイルと宇宙船追跡サービスを提供していた。そして、その需要は大いにあった。

一九五八年に打ち上げが計画されたエイブル1号〔月探査機パイオニア0号〕のための地上追跡基地として、アメリカ空軍の弾道ミサイル部門がこの敷地の一部を引き継いだ。米軍はジョドレルバンクを一九五八年、

図5-2　ジョドレルバンク天文台のラヴェル望遠鏡、1957年6月撮影

一九五九年のパイオニア号による月探査ミッションを追跡するために利用し、一九六〇年にはパイオニア5号の月探査ミッションにここから制御コマンドを送信した。一九六〇年代初め、ノース・ヨーク・ムーアズ国立公園の奥地にあるイギリス空軍のファイリングデールズ基地でアメリカの弾道ミサイル早期警戒システムが建設されていた期間に、ジョドレルバンクの電波望遠鏡はソ連の核攻撃を探知するために備えた暫定的な追跡設備として使われていた。一九六二年には、この天文台の望遠鏡はアメリカ空軍によって、韓国と日本の北東に位置するカムチャッカ半島の核実験場を含む、ソ連の戦略的な軍事基地から発せられるレ

ーダー信号を追うために使われていた。その二一年後に、大韓航空００７便が破壊され、乗客と乗員全員が死亡することになった場所である。

ソ連自体も、一九五九年の月探査機ルナ2号とルナ3号から、一九六〇年代の金星と火星の探査機、および一九七〇年代のロボットによる月着陸船まで、ジョドレルバンクのレーダー追跡能力を活用していた。チェシャー州のこの戦後の有名な天文台を、純粋に科学研究のための場所だと見なすのは容易だが、もちろんそれはつくり話だ。ソ連の宇宙プログラムの知識を集めることに関しては、多くの政治的資本が得られた（し、いまもそう見なされている）。ジョドレルバンクの一九五七年秋の活動は、二〇世紀なかばに宇宙競争が繰り広げられるなかで決定的な役割を演じた。人間を宇宙に送りだすことは、もちろん、並外れた探検行為だった。人間のブーツで月面を踏むことは、一九六七年の宇宙条約が何と言おうと、植民地主義的な侵略行為だったのだ。宇宙競争が地球の上空で代理戦争をする二つの超大国間で、どちらが最強かを証明するための壮大な戦いの一環だったとすれば、一九五七年にチェシャー州のこの天文台は、一〇八六年に開封の天文台が、あるいは一二五九年にマラーゲで、一四二五年にサマルカンドで、一五七七年にイスタンブルで、一六六七年にパリで、一六七五年にグリニッジで、一七三五年にジャイプルでそれぞれの天文台がはたしたように、帝国のパワーポリティックスにおいて際立った役割を演じたのである。

グリニッジ天文台はなぜ有名か

天文学は純粋な科学ではない。純粋な科学的活動などはない。グリニッジに話を戻そう。一六七五年にチャールズ二世によって創設された天文台であり、今日、世界で最も有名な天文台の一つでもある。ここはなぜそれほど有名なのだろうか？　一八八四年にワシントンＤＣで開かれた外交会議で、グリニッジで時刻を決めている主要な望遠鏡を通過する子午線が、世界の本初子午線に指定された。ここは経度測定の起点となり、世界の時間制度の起点となったのである。グリニッジ標準時（ＧＭＴ）は世界の本初時となったのだ。グリニッジ天文台は自称「時間の本拠地」になったのである。ここはなぜその地位に選ばれたのか？　それは帝国の力ゆえなのだ。

　つまるところ、グリニッジが世界の時間と空間の起点になったのは、大英帝国が世界の大部分を植民地化し、海軍力を用いてそれを成し遂げたからなのである。海を支配した国は、世界を支配できるのであり、それは安全な測位ができるかどうかにかかっていた。次章で述べるように、それは経度の問題を解決することを意味していた。だからこそチャールズ二世はそもそもグリニッジ天文台を設立したのだ。一六七二年、彼の新しい天文台の礎石が据え置かれるわずか三年前に、チャールズはイギリスの王立アフリカ会社を創設し、相当な資金を融資した。弟のジェームズがその代表で筆頭株主だった。同社の役割は西アフリカとカリブ海域、および北アメリカ間で金と奴隷の海洋貿易を行なうことだった。そしてこの会社は、アフリカ北西岸のモロッコのサレ市からアフリカ大陸南端の喜望峰にいたるまで、交易所を設ける独占権を握っていたのである。

　だが、これは単にお金や貿易に関する以上のことなのだ。チャールズ二世が王立アフリカ会社を設立したのは、君主制の崩壊を目の当たりにしたイングランド内戦を経たのちに王位を回復してからわずか一二年後のことだ。一六四九年に父王が処刑された当時、チャールズはまだ一八歳だった。イングランドの王位を取り戻したチャールズが、お抱えの天文学者たちに経度問題の解決を命じたのは驚くに値しない。アフリカだけでなく、そのはるか先まで目指した彼の野心は、地球規模のものだったからだ。彼は栄光を求めたのだ。イギリスの世界征服を目論んでいたのである。

第6章　帝国

一八三三年、ケープタウン、天文台の報時球

大英帝国と喜望峰

それは毎晩、時計仕掛けのように定期的に行なわれていた。一八三三年のことで、トマス・ヘンダーソンはアフリカ南端にあるテーブル湾を見下ろす喜望峰天文台で、イギリスの公務員の天文学者として勤務していた。その職に就いたのは九カ月前のことで、すでに現地での暮らしに嫌気がさしていた。外海に面したアフリカのこの海岸線では、天候は厳しく予測不能だった。ヘンダーソンの健康状態は思わしくなく、天文学の助手にも、政府の監督官たちにも失望させられていたのだ。恐ろしいヘビにも対処しなければならないし、アフリカ人を「野蛮」[*1]だと考えていた彼は、天文台で現地の使用人を雇わなければならないことを嫌悪していた。前任者と同様に、ヘンダーソンは奴隷制を支持していた。

だが、彼には毎晩やらねばならない職務があり、いまも銃をもちだす時間だった。夜も更けてきた暗がりのなかで、ヘンダーソンは天文台の建物の屋根まで上り、天文観察によってぴったりの時刻に合わせた精密なクロノメーターをポケットから取りだした。もう一方の手には真鍮製の大ぶりの銃身の拳銃が握られており、腰を下ろしてクロノメーターの針が告知した時刻に刻々と近づくのを見守った。下方の海岸に近い場所では、助手のウィリアム・メドウズが報時球の横で辛抱強く待っていた。木製のマストのてっぺ

んに掲げられた大きな球体で、近くの湾に錨泊《びょうはく》している船の乗組員たちからも見えるものだった。メドウズは報時球を上部で固定する掛け金につながれたロープの輪に片足を通し、小型の懐中望遠鏡を使ってヘンダーソンをじっと見守っていた。

ついに、その瞬間がやってきた。時計の秒針が一二時の位置までくるや否や、ヘンダーソンは空に向けて銃を撃ち、火薬を爆発させて閃光《せんこう》を発した。望遠鏡でそれをしかと見て取ると、メドウズは足で報時球をすぐさま落下させた。下方のテーブル湾では、それぞれの船の甲板から一心に見つめていた航海長たちが、この政府発表の時報を受けて、自船の測位機器〔クロノメーター〕を正しい時刻に合わせ、出航の準備をした。こうしたことが毎晩かならず行なわれていた。故郷を追われ、自由と人間性を奪われたアフリカの人びとの頭越しに帝国が放った時を刻むための一発である。だがトマス・ヘンダーソンは、たとえ孤立したような喜望峰を嫌悪し、数カ月後にはイギリスに帰国したにせよ、イギリスの一層の繁栄に一役買っていることは誇りに感じていた。時計と銃を使うことで、彼は大英帝国の船舶が世界の海を果敢に自由に動きまわれるように手を貸していたのである。

時報とクロノメーターが帝国を動かす

経済学者のアダム・スミスは、ヨーロッパとアジアを結ぶ喜望峰経由の航路の発見は、「人類の歴史に記録された出来事のなかで最も偉大かつ重要な」二大出来事のうちの一つだと言った（もう一方は、いわゆる「アメリカの発見」である）[*2]。彼は国を豊かにするものについて書いており、著書の『国富論』は一七七六年三月九日に出版された。その一五日後に、航海用クロノメーターを発明したジョン・ハリソンが永眠した。

南アフリカは、西洋の数々の帝国による海洋進出が痛烈かつ暴力的に繰り返し感じられた数多くの場所の一つだった。一四八八年にアフリカ大陸の西南端に住むコイコイ人、サン人、バントゥ人のもとにポルトガルの入植者が訪れ、そこを「嵐の岬」と名づけた。だが後日、この地はヨーロッパの交易にとってアジアの富をもたらすものになると楽観視したポルトガル王〔ジョアン二世〕によって「希望の岬」〔喜望峰〕と改名された。喜望峰に定住した最初の外国人は、一六五二年に補給基地を求めてやってきて、しまいに植民地を築いたオランダ船員たちだった。イギリス人は一七九五年に、当時、交戦中のフランスへの対抗手段としてここを侵略し、一八〇三年に返還したが、一八〇六年に再度侵略した。そのころには、現地のアフリカ人は大量に殺され、土地や財産を奪われ、故郷を追われていた。今日、ケープタウンのテーブル湾は、ネルソン・マンデラが一九六四年から二七年にわたって収監された歳月のうち、一八年間を過ごしたロベン島収容所で最もよく知られる。イギリス政府が一八〇六年に植民地を占拠した時代には、テーブル湾は地球上で戦略的に最も重要な場所の一つとなっていた。どの帝国の船も、アフリカを回る長い航海のさなかに物資の補給のために寄航し、帝国の拡大から得た富を売買していたからだ。

　だが、テーブル湾は安全な港ではなかった。風雨を避けるものがほとんどなく、真西側は荒れた南大西洋に面しており、この海域は猛烈な嵐と厄介な海流で波立っていたうえに水面下には岩礁があり、多くの不注意または不運な船乗りたちを座礁させていた。一八〇四年のある記録は、ここで生じうることを次のように描写した。

> テーブル湾の入り口に到達し、投錨《とうびょう》しようとしたところで、ケープタウンの上の丘陵から突如として南東の暴風が吹き下ろし、船をほとんど水没させた。船はたちまち横転し、後甲板《こうかんぱん》の大砲は荒々しく

船外に放りだされ、帆は一瞬にしてズタズタに引き裂かれた[*3]。

それでも、代替港はなかった。アフリカの南の海岸線は港にふさわしい場所に事欠いていたからだ。

アフリカ大陸を回って安全に測位・航行するには、何よりも高度な技能と最高の技術が必要であり、イギリスの国旗がケープ植民地に立てられたころには、最高の測位技術とは航海用クロノメーターを意味していた。これは一七五〇年代にジョン・ハリソンが最初に発明したきわめて正確な時計のことで、それによって一定の時間基準が与えられるため、海上でもそれをもとに経度の計算ができるようになった。クロノメーターを使った測位プロセスに欠かせないのは、寄港中に正確な時報を受けられ、それによって航海長が船載のクロノメーターに誤差がないかどうか確認できることだった。無線が登場する以前の時代においては、こうした沿岸での時報そのものも近くの天文台から正確な時刻を入手する必要があったのだ。一八四〇年代以降に電信網が築かれ始めると、ほかの地にある天文台とつないだ電信による時刻供給サービスからも時報は得られるようになった。時報とクロノメーターが帝国を動かしつづけたのである。

ケープタウンの最初の定時の時報は、テーブル湾の海岸沿いに一七世紀のオランダの入植者たちが植民地を守るために建てた城の砲台から、毎日正午に大砲を撃って知らせていた。一八〇六年にイギリス軍がケープ植民地を占拠すると、新たにやってきた工兵が最新で最強の大砲をこの城に設置した。同年に始まった正午の空砲は、測位用の実際的な時報であるのと同じくらい、軍事力の表明でもあった。もっとも、双方の目的がつまるところ同じことを意味していたと主張するのは容易いだろう。だが、大砲が毎日、合図していた時刻はそもそも充分に正確ではなかった。

ケープ植民地は一八一四年に正式にオランダからイギリスに譲渡されたが、大英帝国が拡大するなかで、テーブル湾を見渡す恒久的な天文台と時報局を建設する考えを経度委員会が思いついたのは、一八二〇年になってからだった。そうすれば、船乗りは出航する前により正しい時刻を知って、クロノメーターを調整できるようになる。新しい王立天文台のために選ばれた用地はテーブル山の北東の高台にあり、湾が一望できたほか、植民地の大部分を覆い尽くす雲や砂塵《さじん》の被害をさほど受けない場所だったが、新任の天文学者フィアロン・ファローズにとっては厳しい環境となった。ファローズはカンブリア州とケンブリッジという、かなり快適な環境で育った人だったのだ。「ファローズの時代には、この場所はアザミで覆われ、ヘビがうようよといるむきだしの岩場の一部だった［……］夜間には周辺でジャッカルが陰気に遠吠えをし、備品や機材を盗難から守るには衛兵を配備しなければならなかった」[*4]。ここはまた奴隷となった人びとの埋葬地でもあり、ときには風が強すぎて馬から乗り手が吹き飛ばされることもあった。

恒久的な天文台の建物が完成するまでには数年がかかったが、町で借りた別荘の庭に仮設の小屋を建て、そこで観測をつづけている期間にも、ファローズはテーブル湾にいる船に時報を提供し始めていた。一八二一年から、彼は助手のジェームズ・フェイラーに正しい時刻に合わせた時計をもたせて波止場まで行かせ、自船のクロノメーターが正しいかどうか船長たちが確かめられるようにしていた。二年後、ファローズは定時に天文台を閉める前に、毎晩、海に向かって明るいオイルランプを照らし始めた。ファローズは一八三一年に死去し、トマス・ヘンダーソンが後任に就いた。彼が二年後に、新しい天文台の屋根から拳銃の閃光を合図にした報時球のサービスをテーブル湾で始めたのである。拳銃による時刻供給サービスを始めてからまもなく天文台長の職を辞したとき、ヘンダーソンは故郷イギリスの友人たちに、「奴隷と野蛮人に囲まれた陰鬱な湿地にある私の住居についてすべてを」語ると約束していた[*5]。

〔前任者の〕フィアロン・ファローズはケープ植民地に赴任してすぐに、奴隷制を利用して新設の天文台を建てていた。一八二二年に彼はイギリス政府の監督官らに、ある「実験」について自慢した。奴隷少年たちを対象に彼が実施し、観測技能を訓練する予定のもので、最終的には「つねに絶対的な指揮のもとに置かれた天文学助手の一団を築きあげることになるだろう」という内容のものだ。[6] 一八二五年に、天文台の建設工事が始まると、建築請負人は「王立天文台で作業する六〇人の腕利きの石工と、同じだけの数の作業員、それと同様に、毎月三〇人の屈強な奴隷少年」を募集した。[7] ファローズは天文台でかつて奴隷となっていた人びとも使用人として雇用したが、可能であれば奴隷として直接所有することを好んだ。一八三一年にトマス・ヘンダーソンはこう述べている。「もちろん、ある程度の数の使用人は不可欠である。だが、すでに経験したことから言えば、奴隷をすぐさま購入することで、多大なる困難と苛立ちが回避されるであろう」。[8] ファローズは当初、奴隷労働者を地下の貯蔵室で寝泊まりさせていたが、のちに渋々と機器保管室を宿泊設備に改造した。

　奴隷制は一八三四年に廃止されたが、天文学者が先住のコイコイ人を使用人として搾取する事態はつづいた。天文台の助手として一八三五年にケープ植民地にやってきたチャールズ・ピアッツィ・スマイスは後年こう主張した。「この地の現地使用人の劣悪さと、高額で稀少なことは、ケープでの暮らしの主たる難題の一つだ」。[9] 地元の労働者に科せられた処罰をスマイスが記録した本は、文字どおり「ブラック・リスト」と名づけられていた。[10]

　一八三六年に、ヘンダーソンの後任のトマス・マクリアが、天文台の敷地の只中《ただなか》に報時球を設置して拳銃による合図を廃止した。のちに、一八五〇年代になって、テーブル湾から離れられない船乗りからもよく見えるように、ケープタウンの波止場に新たな報時球が設置されたほか、フォールス湾を見渡せるケープ半島のサイモンズ・タウンと、喜望峰東部のポートエリザベスとイーストロンドンに時報用の円盤〔フ

図6-1　報時球がマストに掲げられたケープ天文台、木口木版、1857年

ラップとも呼ばれる〕が設置された。一八六一年からは、かつてケープタウンの城から銃によって合図がなされていたように、天文台からの電気信号によってすべての報時球と円盤が操作されるようになった。電気信号は天文台の木製小屋の砲台から発信された。イーストロンドンはケープタウンから九六五キロ離れている。一八九三年には、ポートエリザベスとイーストロンドンの中間にあるポートアルフレッドに報時球が設置され、ケープタウンの波止場にあるハーバータワーには、電気で制御された時計が設置され、天文台の時刻を秒単位まで正しく伝えていた。翌年、新しい報時球が近くの海岸沿いに建てられ、いまもそこに現存している。これらのインフラはみな天文台から、湾内にいる各船舶に搭載されたクロノメーターに正確な時刻を伝えるためだけに建てられていた。南アフリカの海岸では、時間は大きな価値があったに違いない。

海上での測位問題

地球は毎日一回、地軸上で回転する。時計と貿易帝国はそれゆえに切り離すことができない。貿易は旅を意味する。

海外への旅を。海を越えることを。問題は、もはや陸地が見えなくなったときに生じる。自分はどこにいるのか？　目指すべき場所はどこにあるのか？　いまいる場所と目的地のあいだにどんな危険が待ち受けるのか？　ヨーロッパに拠点を置き、海外貿易によって築かれた海洋世界帝国は、一五世紀に拡大し始めた。ポルトガルは一四一五年に民と土地を占領し始めた。スペインは一四九二年に、やがてフランスが一五三四年ごろからそれにつづき、オランダは一五四三年前後に帝国を形成し始めた。イギリスは遅れて参加し、一五八三年に土地を占拠し始めたが、本格的に乗りだしたのはその二〇年後だった。イギリスの政治家で植民地開拓者のウォルター・ローリーは、一六一五年ごろにこう語った。「海を制する者は誰であれ交易を制する。世界の交易を制する者は誰であれ世界の富を制するのであり、よって世界そのものを制する」[*11]

船乗りは長期の遠洋航海で自船位置を測位することに驚くほど熟達していった。太陽や恒星の高度を測定すれば緯度が、つまり南北のどの位置にいるかがわかった。羅針盤は、地磁気を利用して方向を教えてくれた。測程線——一定間隔で結び目がある縄で船側《せんそく》に繰りだすもの——を砂時計とともに使用すると、速度がほぼ推測できた。海水の塩分濃度、タイプの異なる植物相や動物相、海流と風の方向、海岸線近くの水深、正確な海図に入念に記録をつけること、こうしたことはいずれも問題を解決するのに役立った。しかし、大きな問題がまだ残っていた。経度を測るための信頼に足る方法、つまり船が東西のどの位置にあるかを知ることだ。経度がわからなければ、船乗りは岩礁に乗り上げる危険があったし、同じくらい致命的なことに、陸地が思っていた以上に遠く、食料や水が尽きてしまうこともあった。たいていは、それはただ船旅が効率の悪いものになることを意味し、必要以上にゆっくりと航行し、安全に到達するために遠回りする結果となった。

一八世紀の伝説、「さまよえるオランダ人《フライング・ダッチマン》」は、荒天時に喜望峰に出没した幽霊船について語る。港に避難することができず、永遠に海をさまよう運命となった船だ。この伝説は、インドと東南アジアに向かう途中アフリカを回って航海中の一七世紀のオランダ東インド会社の船に由来する。

ヨーロッパからの航海は通常、南緯三四度に到達したことが航海士の器械〔六分儀など〕でわかるまで大西洋の真っ只中をまっすぐ南下し、その後東に方向転換して、数日ほど進めば陸地が見えてくることを期待する方法がとられた。一六五二年にオランダの入植者はこうして最初にケープ植民地にやってきた。だが、船はしばしば目的地点を見逃して通り過ぎてしまい、そうなると、アフリカの南東の海岸が見えてくるまで北に向かい、そこからテーブル湾が見えるまで海岸線沿いをゆっくりと戻ることになった。とりわけ運の悪い航海では、荒天のなかで港に避難しようとして、往《ゆ》きつ戻りつを繰り返すことになり、その過程で多くの日数と食料と飲み水を失うことになった。船員が病気になり飢えてくるにつれて、最終的に船は操縦不能になって遭難し、最後に死んだ者たちの亡骸《なきがら》だけを運ぶようになる。そうなれば、アフリカ周辺の海域にまたもや幽霊船が出没することになる。

だが、ヨーロッパの海洋帝国はさらに拡大して野心的になり、利益をださなければならないため、遠回りをする時間はなかった。海での人命の損失は残念なことだったが、貴重な積荷の損失は利益に打撃を与えることになる。そのため、問題解決の背後の本当の動機は（もちろん）お金だったのである。経度の問題への答えは、一六世紀なかばには誰もが知っていたように、時計だった。地球は毎日一回、地軸上で回転するからだ。

正確な時刻をいかに伝えるか

ケープタウンで太陽によって決まる地方時《ローカルタイム》は、ムンバイで測定した地方時と三時間三七分異なる。時差はそれぞれの場所の経度の違いとちょうど同じであり、一時間は一五度分の経度に等しい。となると、ケープタウンとムンバイは経度で五四・四度ほど離れていることになる。出発地などの特定の場所にたいして、自分が海上でどれだけ離れた経度にいるかを知るのに必要なのは、出発地と現在位置それぞれの現地時刻が同時にわかることだけなのである。

海の真っ只中の船上でその地点の現地時刻を知るのは、かなり単純なことだった。太陽の高度がいちばん高くなれば、それがその場所の正午だからだ。角度を測る装置があれば、これは解決された。直角儀、後方棒《バックスタッフ》、六分儀などである。厄介なのは、自分があとにしたばかりの発地の現在の時刻を調べることだった。いまなら当然、港の時間（ケープタウンとしておこう）に合わせた時計を持参すれば事足りるように思われる。実際、一五三〇年には早くもそのことは知られていたが、当時は何カ月もの遠洋航海のあいだ時刻を正確に、精密に、安定して刻める時計が地球上には存在しなかった。船は激しく揺れ動くし、気温は極端に変わり、湿った潮風による被害もある。これは時計職人にとっては問題だった。

しかし、地球の上方にある時計が、その時間さえ読めれば、代わりに仕事をしてくれたのだ。一五一四年には早くも専門家が、空の月と星を巨大な天空の時計の針のごとく使う計画を立て始めた。いくつかの星から月までの夜毎《よごと》の角距離を使えば、船乗りが地球上の所定の場所の時刻を知ることができたために、これは月距法《げっきょほう》と呼ばれていた。問題は、これを実用に供せられるほど系統的に描かれた星図がなかったことだ。いずれにせよ角度を充分正確に測定できる手軽な機器もまだ考案されていなかった。これは天文学者と機器製造業者が直面していた問題だった。

機械式時計と月距法はどちらも、出発地の港の時刻を船乗りに伝えるものだが、いずれもまだ可能ではなかった。そのため海洋大国は問題を解決するために大金を投じ始めた。一五六七年に、スペインのフェリペ二世は経度を測る実際的な計画のために報奨金をだし、彼の後継者のフェリペ三世も一五九八年に奨励金をだした。だが、成功には至らなかった。一六〇〇年にオランダ政府は経度褒賞計画を立てた。多くの提案がだされたが、いずれも功を奏さなかった。一六六七年に、フランス政府は、貿易を増やして海洋帝国を築くための財務総監の計画の一環としてパリ天文台を設立した。天文学的な解決策がすぐにでてくることを期待したものだったが、そうはならなかった。一六七五年に、イギリス政府もそれに倣い、グリニッジ王立天文台を設立して、〔より多くの〕星の位置を星図に描き入れ、問題を解決することにした。数々の価値ある研究が実施されたが、解決策はまだ生まれてこなかった。

時が過ぎ、ますます多くの船が失われた。一七〇七年にイギリスの南西海岸沖のシリー諸島で艦隊が難破した際には、二〇〇〇名が命を落とした。これはイギリスで最大級の海難事故だった。タイタニック号で死亡したよりも多くの人命がその晩に失われたのだ。これを最後に、海上での測位問題を解決すべきだという圧力が貿易商からも大臣からも、船長からも大衆からも、あらゆる方面からそれまでになく高まっていた。海で容赦なく人命を損失することで、家族が大勢失われていたのだ。

一七一四年三月、イギリス議会の開会式での演説のなかで、アン女王はこう力説した。「この国は貿易によってのみ繁栄できるのです。そして、わが国の海軍力を適切に行使することで最強となるでしょう」[*12]。翌月、貿易商と船長の一団が嘆願書をもって女王の呼びかけに応えた。そこにはこう述べられていた。

国内でも海外でも、海上における経度の発見以上に、貿易と測位に共通の利益となるものはありません。これは多年にわたり虚しく切望されてきたものであり、それがないゆえに数々の船と人命が失われて参りました[*13]。

答えは褒賞計画にあると貿易商らは言った。そのわずか三カ月後に、政府は経度委員会法を制定し、この問題を〇・五度の誤差で解決できた人には、誰にでも二万ポンドが提供されることになった。イギリスの賞金基金が実を結ぶまでに半世紀がかかったが、実を結んだ暁には二重に報われることになった。一七五〇年代末には、ジョン・ハリソンが報奨金を勝ち取るのに充分なほど正確に時を刻み、海上の過酷な条件にも対応する機械式時計（のちにクロノメーターと呼ばれるようになる）を完成していたのである。同じころ、天文学者と機器製作者からなる組合が、月距法が実用化できるほどの星図を作成し、六分儀と航海暦を開発していた。

これらの二つの手法が経度を知るための常套《じょうとう》手段となるまでには、数十年の歳月がかかった。月距法を利用するには毎晩、相当な苦労を強いられたが、人びとは機械式時計に自分たちの命を預けることには、当然ながら懸念をいだいていた。クロノメーターが出費に値するものだとなかなか納得しない船長もいたが、一七七〇年代以降クロノメーターによる航海を先駆けた船長や高級船員は、その長所をたたえることが多くなった。クロノメーターを本格的に使用した最初の船長は、一七七九年にインド向けの東インド会社の貿易船を指揮したジェームズ・ダンダスだった。船が喜望峰を回って進むなかで、ダンダスはクロノメーターを使って計算した経度がぴったりと言えるほど正確だったことを知り、その後の航海でもこの機器を大いに利用するようになったのである。

ゆっくりながら着実に、クロノメーターの供給量が増えて値段は下がり、拡大する世界市場での利益の

図6-2　グリニッジ王立天文台、クロノメーター検査室、1897年頃撮影

追求は容赦なく高まったため、新しい技術への抵抗も減っていった。一九世紀の初めには、クロノメーターと月距法がどちらも広く普及するようになり、測位方法は様変わりしていた。そして一八三七年にヴィクトリア女王が即位すると、海洋国家が最大の世界帝国を築くべく争うなかで、覇権をめぐる競争が始まった。

*

グリニッジ王立天文台は、イギリス海軍が使うすべてのクロノメーターを生産ラインからでてきた段階で、もしくは船から船へ譲り渡す際に検査する責任を負うことになった。この天文台では常時、五〇〇台の機器を検査しており、そのすべてが小さなアパートほどの広さの部屋に並べられていた。「このアパートには、われらが海運国の力を証明する何と素晴らしい実例があることか!」と、一八六二年に天文学者のエドウィン・ダンキンは叫んだ。「訪問者は入ってくると、ほとんど蜂の巣のブンブン唸《うな》る羽音にも聞こえる一斉の機械音に驚かされる[*14]」

この部屋は、今日もまだその魔法のような存在でありつづける。私が二〇〇〇年代に計時部門のキュレーターとして天文台に勤めていたころ、大英帝国で使われていたイギリス海軍のすべてのクロノメーターが〔製作から〕一世紀を超過していたため、大々的な検査が行なわれていた。何という驚異的な一世紀だろうか。私にはこれらの時計が立てる規則正しく、忠実で、静かなチクタク音の残響が聞こえるようだった。そして、クロノメーターが何を可能にしたのかを、もう少しで忘れるところだった。

天文台は、クロノメーターが潮の満ち干《ひ》のように流入しては流出する多くの場所の一つに過ぎなかった。クロノメーター職人自身も長い人生のあいだに、補修や分解修理のために何度も自分の製品を受け取っていた。職人にとっては、製作する機器が秒単位で正確に時を刻むようにするために、工房の時計が正確な時刻を表示していることが不可欠だった。船乗りたちの命と、帝国の繁栄がそこにかかっていたのだ。

一八七〇年代以降に電気が街角にまで時報をもたらす以前は、クロノメーター職人が自分たちのニーズに見合うほど正確な時刻を知る唯一の方法は、トランシットと呼ばれる時刻を決めるための小型望遠鏡を使って自分たちで時間を計る――ただし、現実には操作は難しかった――か、助手に懐中時計をもたせて最寄りの天文台まで行かせ、何時か教えてもらうしかなかった。最高のクロノメーター職人でも、トランシットを使うよりは、毎週、天文台を訪問するほうを選びがちだった。だが、一八二〇年代以降、クロノメーターが広く普及したために、時計を持参して何時か聞く人びとによってひっきりなしに邪魔が入ることが、天文台にとって悩みの種となり始めた。

グリニッジでは、問題は物事の順序を逆にすることで対処された。一八三六年からはクロノメーター職人が訪問してくるのを待つ代わりに、天文台の助手、ジョン・ベルヴィルが正しく調節した懐中時計をもってロンドンの職人たちのもとを訪ねて回り、一〇分の一秒単位で正確な時計をもって毎週訪ねるサービスの年間登録料を請求するようになったのである。一八五六年に彼が死去すると、妻のマリアがその仕事を引き継ぎ、一八九二年に彼女が引退すると、この夫婦の娘のルース・ベルヴィルが一九四〇年まで毎週の訪問をつづけた。折しもロンドンは第二次世界大戦の真っ只中にあった。

クロノメーターが製作されていたリヴァプール、パリ、ハンブルク、コペンハーゲンなど、世界各地のほかの場所でも、似たようなネットワークはおそらく存在しただろうが、それらの都市の物語はまだ全容が解明されていない。だが、大都市に正確な時刻を配給するのと、帝国の首都から遠く離れた、テーブル湾のような場所に停泊している無数の船舶すべてに時刻を伝えて、出航する前に船載のクロノメーターを正しく合わせられるようにするのとでは、話がまるで別だった。世界の海岸線沿いに備えられた時報は、帝国の辺境にいる歩兵だったのである。

「帝国の中心」の世界時計

一九〇八年に、イギリス海軍が実施した調査から、世界中の港や海岸線で見られる合計で二〇〇カ所の時報——通常は報時球だったが、ときには報時砲や円盤、旗のこともあった——が列挙された。そしてこの記録は、ヨーロッパの海運国の驚くべき活動範囲を明らかにする。だが、これはまた世界の地政学上の移動砂〔のようなつかみどころのない変化〕についても多くを語る。

イギリス本国の海岸には、北はエディンバラから南はファルマスまで二〇カ所に時報設備があり、そのころにはイギリスの海外植民地の五一カ所にも、さらに設置されていた。インド、シンガポール、アフリカ、オーストラリア、ニュージーランド、カナダ、マルタ、ジブラルタル、モーリシャス、西インド諸島などである。これは群を抜いて世界最大の時報局網だったが、一九〇八年にはアメリカが世界大国として急速に追いついており、自国領土の沿岸に二二カ所に時報設備を設けたほか、フィリピンで支配下に置いていた港湾二カ所にも設置していた。

ノルウェー、デンマーク、スウェーデンの三国には、合わせて二三カ所の時報局があったが、危険なまでに入り組んだ海岸線の周辺だけにしかなかった。ドイツ、フランス、ロシアはそれぞれ一九〇八年のリストには一〇カ所の時報設備が掲載されているが、海外領土に設置されているのはそのうちの四カ所だけだった。一つは、中国の青島《チンタオ》にあったドイツの帝国海軍基地にあり、三つはアフリカのフランス領にあった。この時分には、オランダの海洋帝国はインドネシアに集中しており、その二カ所に時報設備を設けていたほか、南アメリカの北東岸にあるスリナムにも円盤型の時報装置があった。さらにベネズエラ沖にあるキュラソー島でも時報は得られた。オランダ本国の海岸線沿いには、四カ所に時報設備が建てられていた。

ヨーロッパのその他の大帝国はどうだったのだろうか。一九〇八年には、ポルトガルの海外領土は縮小しており、アフリカの植民地とアゾレス諸島に四カ所だけ時報を発している場所があったほかは、リスボンに一カ所あるのみだった。スペインは、かつては世界最大の超大国だったが、一八九八年から九九年にかけての米西戦争で残っていた最後の領土の大半を失ったばかりで、一九〇八年には本国のビーゴとカディスの港でのみ時報装置を稼働させていた。オーストリア＝ハンガリー帝国は、今日のクロアチアとイタリア領に当たる場所四カ所に時報設備を建てていた。一方、イタリアは海外領土争奪戦にはずっと遅れて参戦したが、もちろんすでに多年にわたって海洋国家であることを誇りにしていた。一九〇八年には、海外領土の時報局はなかったが、本国の長い海岸線沿いには八カ所に時報ネットワークが築かれていた。その一つはシチリア島の都市カターニアの報時球と報時砲だった。二〇〇〇年以上昔の古代ローマに最初の公共時計を提供した都市だ。残りの二一カ所の時報局は、中国、日本、エジプト、キューバ、ハワイの海岸線に点在し、さらに南アメリカにも五カ所存在した。

それでも、時報のこの地政学図は、二〇世紀への変わり目で海洋帝国に見られた移動砂的な状況に光明を投じるうえでは役立つものの、そこから全体像が見えてくることは決してない。ベルギーでは一九〇八年に一カ所だけ、アントワープ港にある庁舎の塔に設置された四枚の円盤からなる時報設備が報告されていた。もっとも、ベルギーはそれまでの四半世紀以上にわたって、アフリカの中心部でどこにも増して悪質な帝国主義を実践していたのだが。ただし、その年まで、この領地は国営ではなく、私営の植民地だった。一八七〇年代から八〇年代まで、ベルギーのレオポルド二世がイギリスの植民地主義者、ヘンリー・モートン・スタンリーと手を組んで、今日のコンゴ民主共和国を個人的に占領していたのである。二五年にわたって、レオポルド二世は自分の領地から採取したゴム、象牙、鉱物によって個人的な財産を築いた。だが、国王の代理人たちがこの地域の人びとにしでかした胸の悪くなるような残忍な仕打ちは、国際社会にとって見逃せないものになっていた。残虐行為の規模を裏づける証拠が積み重なるにつれて、政府は渋々国王の私的資産を引き継いで、ベルギーとして初めて海外の主要な植民地を所有するようになった。それでも、こうした事実はアントワープに一カ所だけあった時報局しか見ないと、見逃されてしまう。

とはいえ、それぞれの帝国の歴史がどうであれ、測位のために設けられたこの世界的インフラは、二〇世紀が始まろうとする時代の帝国建設プロジェクトの全容をありありと感じさせてくれる。これらの時報設備はいずれも実際的で合法の主要事業であり、そのためには複雑な工学のほか、科学研究、技術的進歩、土地取得、労働者の募集、法的交渉、契約、協定、維持管理、記録、天文観測、機器製作、そしてさらに何十年、何百年ものあいだに発達したかなり途方もない量の専門知識を必要とするものだった。そのどれもが多額の投資と長期の法的責任を伴うもので、そもそも時刻を決めていた天文台は言うにおよばず、時報設備がつくられた目的である何万台もの船載クロノメーターや、クロノメーター検査場、製作者、小売業者、補給基地の世界的ネットワークを併せて考えると、そこに時間——何らかの形態の時計——の驚くべき世界的インフラがあり、それが忘れられたも同然になっていることに気づくだろう。これらの時報設備とクロノメーターをすべて世界地図に描いてみれば、時計がいかに帝国を可能にしたかが見えてくる。

もっとよいのは、帝国を誇示した時計を、かつて目にした人びとを驚嘆させた、そしていまも驚嘆させつづけている時計を見ることだ。二〇二〇年に、私はロンドンのピカデリーサーカス地下鉄駅にあって、通常は完全に鍵をかけられた扉の向こうを見る特別な機会に恵まれた。カンブリア・クロック社を経営し、イギリスの最も重要な公共時計の何台かを管理するキース・スコビー＝ヤングズが、駅コンコースの窮屈な棚に隠された初期の電気時計メカニズムの修復作業を依頼されていて、それを見学しないかと誘ってくれたのだ。私はすぐさま誘いに応じた。狭い空間にスコビー＝ヤングズとともに入ると、そこにはヒース・ロビンソン〔単純な作業をこなす珍妙な機械を描いた風刺画家〕ばりの大小の歯車、レバー、モーター、ワイヤー、電気コイルの寄せ集めがあり、子供が夢見るメカノ〔金属製組立玩具の老舗〕の世界そのもののように見えた。だが、どれが何で、どの部分がどの仕組みにつながっているのかがわかり始めると、それが別の種類の夢であることに気づいた。それは駅の世界時計を駆動する複雑な装置なのだ。赤道上に明るく照らされた水平の帯がある世界地図で、帯には時刻を示す数字が刻まれていて、昼夜を問わずゆっくりと回転する。今日では、乗客はさらに地下にあるプラットフォームや、その先の目的地に着くことに必死で、この時計に気づかずに急いで通り過ぎてしまう。だが、一九二九年四月に初めて動きだしたときには、この時計は世界帝国の夢を示しており、見物人に取り囲まれていたのだ。

図6-3　ピカデリーサーカス駅の世界時計の実演、1929年

このような世界時計は、地球上のどこの地域の時間も示す。必要なことは、地図上で自分の居場所を探し、照らしだされた赤道上の帯まで垂直に指でたどるだけだ。そこにある数字が、現地時刻を教えてくれる。だが、この世界時計はそれ以上のものも示していた。一九二〇年代のロンドン地下鉄の管理者たちが、とくに注目すべき場所として六カ所を選びだしていたためだ。六カ所にはそれぞれ豆電球が付けられ、先端が矢のように尖ったピカピカの金属棒が時間の帯まで伸びていた。だが、これはまた同じくらい、地球にしっかりと打ち込まれ占領と所有を表わした杭《くい》のようにも見えただろう。一九二八年のある報道記事は、新しくできたピカデリーサーカスの地下鉄駅を「帝国の中心《ハブ》」として描き、新設のエスカレーターで上ってくる乗客は、イギリスを中心に据えた世界の大きな壁画で迎えられると説明していた。[*15] 駅の円形のコンコー

スに設置された世界地図は、大英帝国の成功の図のように見えたはずだ。だが、民衆の関心を集めるために選ばれた六つの場所を注意深く見ると、帝国主義の夢が悪夢に変わるのが見えてくる。

グリニッジはもちろん、そのど真ん中に位置する。この一七世紀の天文台は、アフリカの奴隷貿易に弟とともに携わる国王によって、拡大する帝国を支えるために創設された。グリニッジは、二〇世紀には時間と空間のまさしく中心となっていた。だが、明かりに照らされたその他の五都市はどうだったのか？

世界時計上で電球と金属杭で目印をつけられた次の場所はニューヨークだ。ここは奴隷を貿易する国王とその弟が、グリニッジに天文台を建てる数年前に獲得した領地だったが、一世紀後にはじつに決然とイギリスの支配から脱却していた。その近くには、カナダのブリティッシュ・コロンビア州にあるヴィクトリア市を指すランプと杭がある。同市は一九世紀にここを植民地化した女王にちなんで名づけられたが、一九二〇年代にはほぼイギリスの支配から脱していた。地図上の照らしだされた赤道の下方でも、似たような状況だった。四つ目のランプはオーストラリアのシドニーで、カナダと同様に、最終的にはイギリスから脱却した土地だ。アルゼンチンのラ・プラタが五つ目のランプだ。ここはイギリスの元植民地ではないが、一九二〇年代にはアルゼンチンとイギリスのあいだで激しい通商外交の焦点となっていた。このランプは古い世界ではなく、新しい世界を好む新しい帝国が形成されつつあることの象徴だったのである。そして、六つ目のランプはどうか？　それはケープタウンであり、ここもまたついにイギリスの帝国主義者たちのくびきを払いのけつつあった。

一九二〇年代なかばには、世界の力関係を示す帝国の地図は急速に変わりつつあった。アメリカの経済と海軍力が上昇していた。日本、イタリア、ドイツはいずれも本格的に動きだしていた。対照的に、イギリスは一九二二年にエジプトとアイルランド共和国双方の支配を失っていた。さらに一九二六年のバルフォア宣言で、イギリスの自治領すべてにたいする支配も弱まった。一九三〇年代には、南アフリカが完全に支配を脱却し、インドは独立に向けて動き始めていた。だが、一九二九年にピカデリーサーカスの地下鉄駅にいた群衆はそうしたことは何一つ見ていなかった。豪華な青銅製の固定具に縁取られ、大理石の壁にこれ見よがしに取りつけられたこの明るい電気時計に、行き交う大衆はイギリスを、というよりはむしろロンドンを、世界の中心として見ていたのであり、帝国の所有権を表わす先の尖った金属製の杭がアフリカや、南北アメリカ大陸や、オーストラリアに揺るぎなく断固として打ち込まれているところを眺めていたのだ。当時はもうそのすべてが虚構だったが、それはまだ多くの人びとが信じていた虚構だった。ピカデリーサーカスで起きたことは、一九二〇年代の大英帝国の別の中心地でも壮大な規模で生じていた。時計とともに、イギリスの優位を表わすメッセージは地下鉄の駅だけでなく、世界中に伝えられていたのだ。そして、このメッセージはウォリックシャー州の人里離れた野原から発せられていた。

いまだに残る帝国の影

一九一〇年代には、それ以前は奇跡のように思われたことを新しい技術が提供するようになっていた。電線を使わない長距離通信である。無線が使えるようになれば、誰が日々の時報を港で待つ必要があるだろうか？　船乗りは海にでているあいだも毎日、クロノメーターを確かめることができた。それはつまり測位がより正確になったために、速度を上げられることを意味していた。

無線による最初の国際的な時報は、一九一二年にパリのエッフェル塔から発信された。一〇年後には世界各地に五〇カ所の送信所のネットワークができ、海上にいる船舶に日々時報を供給するようになった。主要な海洋帝国はいずれも恩恵を受けた。イギリス領インドにも、オランダ領東インド諸島にも、フランス領インドシナにも、ポルトガル領東アフリカにも、その他多数の国々と同様に無線局があったが、イギリス本国には一カ所もなく、無線協会の会長で主要な電気時計の製造業者だったフランク・ホープ゠ジョーンズはひどく狼狽《ろうばい》して、一九二三年に次のように語った。「イギリス人はグリニッジ時をイギリス特有のものと見なしていたが、ここ一〇年間はその時間を隣国の天文台から知る割合がどんどん高まっている」[*16]。だが、この間違いを正すための計画が着手されていた。

一九二六年には郵政省によってラグビー無線局が、イギリスの帝国無線通信網の一環として開設された。第一次世界大戦後に、大英帝国の全領土を無線通信網で結ぶために始められたプロジェクトである。これは長波の伝送に特化したもので、電波を直線的に発して宇宙空間にまで放出してしまう代わりに、地球の湾曲に沿って進ませて、非常に長距離にわたって届けることができた。しかも、はるかカナダ、インド、南アフリカ、オーストラリアまでイギリスからじかに到達するため、イギリス海軍全艦隊と一度に連絡を取れるように設計されていた。その最初の仕事の一つは、「ＧＢＲ」〔イギリスの国名コード〕という呼び出し符号《コールサイン》で、一日に二度、測位用の時報を発することだった。

郵政省のラグビー無線局を通信と測位の問題への技術的解決策と考えるのは容易い。だが、これはそれよりはるかに多くのことを意味していた。大英帝国が急速に分裂するなかで、ラグビーは帝国としてのイギリスの自尊心を高めるための、政府の広報キャンペーンの一環として建設されたのであり、一九三〇年代には郵政省はとうてい無視できない存在だった。同省の撮影隊は全国の映画館のために独特の斬新なプログラムを作成した。電話によるしゃべる時計〔音声時刻案内〕などの宣伝サービスが開発された。交換台や電話局、無線局が開設されるたびに、ニュース映画のカメラが招かれた。だが、郵政省が本当に行なっていたのは、統一された大英帝国の概念自体を、あるいはむしろ、イギリスらしさそのものの梃《てこ》入れを試みることだった。

一九三二年に郵政省は、パセ・ニュース会社がラグビーを訪ねて、「世界最高の無線局」を撮影するのを歓迎した。ある場面では、モールス信号音が鳴りつづけて、そのメッセージが印字された紙テープに流れだす。

> われわれがここにいるあいだに、この送信機は七つの海すべての定期船にニュースを送りだしています。ＧＢＲにアクセスできない場所はありません。モールス信号を読めない人には、この機械は郵政省ラグビー局が世界最強であることを示しているのです。

この場面が本当に示していたのは、大英帝国がまだ自国を世界最強であると考えているということだった。無線局の送信機は単なる帝国の代理に過ぎず、ニュース映画はイギリス国民に決起を促すスローガンとして製作されたのだった。だが、すでに手遅れだった。第二次世界大戦の終結後、アメリカとソ連が世界の超大国になり、それぞれが冷戦に向けて準備をするなかで、イギリスは疲弊していた。イギリスのかつての領土は一つずつ本国との絆《きずな》を絶っており、一九四七年のインドの独立はとりわけ、イギリスの帝国主義者にとっては打撃となった。だが、大英帝国は長い影を落としつづけ、私たちは今日もまだその影とともに暮らしている。

グリニッジ天文台にもともと一九二七年に設置され、ラグビーに時刻を送信して大英帝国中に広く発信させた時計は、「自由振り子」時計とよばれるタイプで、実際には二つの装置で構成されていた。一方は「主人《マスター》」〔親時計〕、もう一方は「奴隷《スレーブ》」〔子時計〕と名づけられていた。マスター時計は自由でほとんど仕事はしなかった。スレーブ時計は主人の振動に合わせて進まされ、無線送信機へ時刻配信する作業をすべて担っていた。スレーブ時計という用語は一九〇四年にイギリスのある公務員の天文学者によって付けられたが、グリニッジ勤務の人ではなかった。[*17] 勤務先はアフリカの喜望峰、時代は西洋の帝国がアフリカ大陸とその民を分割するための争奪戦が最高潮に達していたころだった。ある政府機関に勤め、奴隷にされた人びとによって建てられた壁の内側にいたイギリスの白人の役人が、時計そのものも奴隷にしようと考えたのだ。それから一世紀以上を経ても、工学や時計学の分野でマスター・スレーブ方式という人種主義的な用語はまだ日常的に使われている。だが、そこにはアフリカで生まれた帝国の過去からの暴力的な重みがある。

　一九四九年に、ラグビーからの当初のＧＢＲ時報に、ＭＳＦと呼ばれる別の時報が加わった。ＭＳＦ信号は今日もまだ送信されているが、無線送信機は二〇〇七年にラグビーからカンブリアに移転した。グリニッジの国立海洋博物館で計時部門のキュレーターをしていたとき、私は送信サービスが移転する直前に、ラグビーの最後のＭＳＦ時計を保守管理する手伝いをした。この時計は一九九〇年代というごく最近に組み立てられたもので、衣装簞笥《だんす》を四棹《さお》並べたほどの大きさの電子機器の棚があって、そこに独立した三つのサブ時計があり、それぞれに送信機につながる独自の駆動電気回路のチェーンがあった。一つはセシウム原子時計で、二つ目はルビジウム原子時計、三つ目はＧＰＳ衛星によって修正された時計である。三つの独立した駆動チェーンは信頼性を高め、三つの時計を互いに比較させ、より正確なものにしていた。

　そのうちの一つには、「赤駆動チェーン」と名づけられた大きなプレートが取りつけられていた。もう一つは「白駆動チェーン」と書かれていた。三つ目には「青駆動チェーン」の言葉が記されていた。赤、白、青。白のチェーンには別の標識もあり、それを「マスター」と指定していた。

　作家のジョン・アガードは一九四九年に当時は英領ギアナと呼ばれたカリブ海の国で生まれた。ここは一九六六年まで大英帝国の一部だったが、この年に独立を勝ち取り、ガイアナという国名になった。アガードは一九七〇年代にイギリスに移住してきた。二〇〇七年に彼は海洋博物館にライター・イン・レジデンス〔研究機関で作家が自分の創作活動の傍ら、講演や指導に当たり、滞在費を負担してもらうプログラム〕として働いており、私は入手したばかりのラグビーMSF時計を彼に見せた。数日後、彼は「ラグビー時計」と題した詩を書いた。

今日は、差し支えなければ、ラグビー時計にタックルしてみよう。
私が時計用語とスクラムを組むことにしたことで、
ラグビー・ファンが当然ながら不快に思ったならば、謝ろう。
オール・ブラックスのことは話題にしないと約束する。

代わりに語ろう、彼らの足跡がいかにメタファーによって
期限の定められた帝国の時計に伝えられたかを。
女神ブリタニアがいかにチクタク鳴る空間に宿るのかを、
無線に支配された時間が浅黒い民を支配した空間に。

キックオフは赤、白、青でさせてもらおう。
これはルバーブ・シチューくらいお馴染みだろう。
じっくり見るのだ、赤の駆動チェーンを。

それから白の駆動チェーンを、
青の駆動チェーンを。
いずれもれっきとした独自の主人《マスター》だ。
いずれも主人であり、
宇宙の時間の無限のカリキュラムの前では平等だ。

だが、一部の主人はほかよりも平等なので、
——オーウェル流の格言を借りて
歯に衣着せずに言おう——
どの駆動チェーンが主人の名誉を得ているのか留意しよう。
そして主人の周波制御が——いいか——いかに
白の駆動チェーンを監督しているかに。

いま、お前の問う声が聞こえる。この時間に支配された連続体のなかで
黒さはどこに当てはまるのかと。
私は、いわば、スクラムを組ませるためにお前を巻きあげているのか、と。
お次はこれをテーマにしよう、時間の母としての黒さを。
その間にも、時間はカチコチと刻む、その悪の根源を。
なぜならわれわれはみな手首を鎖でつながれているではないか？

第7章　製造

一八六五年、ロンドン、ゴグとマゴグ

ある時計店の寓意

チープサイド64番地と65番地にある建物では、その正面全体と屋根がないままの状態で、一カ月以上にわたって大々的な改装・改築工事が行なわれていた。五階までの高さに組まれた複雑な足場が、ロンドンのシティのこの混み合った大通りを行く好奇心にあふれた見物人たちから、この場所を守っていた。チープサイドはセントポール大聖堂からイングランド銀行までつづく通りである。ジョン・ベネットは時計製作事業を拡大しているところだった。生き残るためには新しい取り組みが必要なことを彼は知っており、そのためにチープサイドの自分の店舗を観光名所に変え、見物客――および顧客――を方々から呼び寄せるような、最新の時計技術にあふれた場所にしていたのである。一八六五年五月の金曜日の朝のことだった。改装プロジェクトは最後の二週間に入っていた。工事の請負業者にとっては、これは実入りのいい仕事だ。個人向け改築工事としては、その規模だけでなく、実施されている作業の性質からも異例であり、その日、作業員の多くは建物の最上部にいて、屋根のパラペット〔低い外壁〕の裏に現場監督が巨大な特殊装置を設置するのを手伝っていた。それは重量があって困難な作業で、足場の最上部の手狭な状況と、ロンドンが例年になく暖かい日々を迎えていたために、なおさら厄介なことになっていた。長い一週間で

誰もがうんざりし、暑くて疲労していたところへ、にわかに何の前触れもなく災難が襲った。

チープサイドの現場にいた労働者も、その下の混雑した通りにいた通行人も全員が、現場監督があげた恐怖の叫び声を耳にした。五階建ての建物のてっぺんに立っていた監督の足場の板が、その足元で崩れたのだ。あまりに急激なことで、誰も動けなかった。そして、できたことと言えば、監督が頭から真っ逆さまに地面に落ちるのを、おびえながら、なすすべもなく見つめることだけだった。間違いなく死ぬと思われた。

両腕を激しく動かして落下しながら、現場監督は昔からのロンドン市の守護者である、ゴグとマゴグという二人の巨人の色鮮やかな彫像の前を通り過ぎた〔聖書の記述をもとにイギリスで独自に生まれた巨人の伝承〕。ジョン・ベネットの改装中の大型時計店の入り口上方に設置された巨大な時計で、一五分ごとの鐘を鳴らすべく待ち構えて立っていた巨人たちだ。その数日前に監督と作業員たちによって設置されたばかりのゴグとマゴグは、この先、ロンドンでも指折りの観光名所に発展することになり、見物客を大勢引き寄せてしまうため、混み合った通りを渋滞させないように、警官が常駐しなければならないほどになった。だが、そうしたことはいずれも将来の話だ。一八六五年のこの暑い金曜日の朝、ゴグとマゴグ、およびチープサイドで衝撃を受けながら見ていた人びとすべての眼前では、もっと恐ろしい場面が展開されていた。

そのとき、奇跡が起きた。この窮状において、何かが恐ろしい末路から監督を救ったのである。おそらく守護者ゴグとマゴグが守ってくれたのかもしれないし、単なる幸運だったのかもしれない。下の舗道までまっしぐらに落ちてゆくパニックのなかで、監督は足場の下方で踏み板を支えていたポールの一本を手荒くつかみ、落下する勢いを利用してどうにか内側に身体を回し込み、その分厚い足場板の上にどさりと、ただし安全に落ちたのだった。翌日、ある新聞が書いたように、それは「死からの驚異的な脱出」だった。

そして、事故後にまだショック状態の監督が同僚に語ったところによると、彼自身も生き延びたことが信じられず、間違いなく「恐ろしい死」を迎えると思ったという。*1 だが、彼は確かに生き残った。

この事故は、ジョン・ベネットがイギリスで最も有名かつ影響力のある時計職人の一人としての経歴の絶頂期にいた時期に起こった。それはまた製造《マニユファクチャー》〔機械による大量生産〕の世界——物がどのように製作され、世界のどこで、どんな人びとによって、誰のためにつくられるか——が根底から変わりつつあった時代に生じた。寓意を見いだす人は、ロンドンの時計職人の店で現場監督が瀕死の体験をしたことに、このより大きな変化との類似を見たかもしれない。一八六〇年代には、古くから多くの尊敬を集めてきたイギリスの手工業の一つが、それ自体消滅に向かって間違いなくまっしぐらに進んでいるかのようだった。そして、ベネットはそれを救おうと必死になっていたのだ。

ヴィクトリア朝時代の時計職人

ジョン・ベネットは一八一四年にグリニッジで、二代続きの懐中時計職人の家に生まれ、一五歳のころに父親が亡くなると、助手として家業に従事するようになった。母親と若干の懐中時計職人たちとともに働きながら、彼はその後数年間で、あらゆる種類の顧客からの時計メカニズムを修理することで家業を学んだ。そのなかには、ベネットの店舗から歩いて一〇分の距離にあった王立天文台が外注した修理作業も含まれていた。彼にはイギリス有数の天文学者たちと一緒に過ごす機会があったし、グリニッジの暮らしでは、時計学を学んで生活費を稼ぐのはさほど悪いことでなかったに違いない。だが、それだけでは充分ではなかった。三〇歳になったころには、野心家で活動的だったベネットは、自立したくてうずうずしており、一八四六年にはロンドンのシティの中心にある活気あふれる大商店街のチープサイドで自分の店を開いた。ベネットが興した会社は、一八八九年に彼自身が引退したのちも、何十年にもわたってこの場所に残っていた。

ヴィクトリア朝時代のチープサイドは、訪れた人を興奮させる場所だった。一八六五年のある新聞記事はこう書きたてた。「ニューヨークはブロードウェイを、パリはその大通りを自慢するかもしれない。だが、チープサイドは耳目を引く要素の真髄において、両市を完全に打ち負かす。早朝から霧の夜まで、徒歩でも、あらゆる種類の乗り物でも、人びとの波が途絶えることがない」[*2]。ベネットの会社自体はのちに、チープサイドは「われわれの偉大なシティのいちばんの商業中心街だが、実際にはそれ以上のものとなっている。ここは世界の通商の中心そのものとなったのだ」と、主張した。[*3]

ベネットは、そんじょそこらの懐中時計職人ではなかった。控えめで内向的なタイプが多くを占める産業のなかで、近代の広報・宣伝、市場調査《マーケティング》・開拓を積極的に取り入れたためにチープサイドのこの人物は際立っていた。時計店をまだ開業したての一八五一年に、ベネットはその年にロンドンのハイドパークに建てられた巨大な水晶宮《クリスタルパレス》で開催された万国産業製作品の大博覧会のカタログ裏表紙に、前代未聞の七五〇ポンド（今日の一〇万ポンド以上）を払って全面広告を掲載した。その一一年後、彼は一〇〇〇ポンド（現代の一二万五〇〇〇ポンドほど）を支払って一八六二年の万国博覧会のカタログの扉の一部を買い取った。彼はその投資をすべて回収して、さらに多くを稼いだ。

一八六五年にベネットはチープサイドの店舗を改築して、全世界の注目を集めるほど彼が広報に長《た》けていることを示した。そして、マスコミは熱狂した。

これまた何ということか！　保護用の幕が取り払われた日、チープサイドでどれほど度肝を抜く光景が見られたことか！　バスの乗務員はその場に釘付になった。一頭立て二輪馬車《ハンサム》の気の荒い馬は立ち往生した。鉄道の貨物車は動かなかった。電報係の少年たちは街灯のポストによじ登った。歩道は新しい「鍛冶屋《ハンマーメン》」を見る人びとで文字どおり埋まっていた*4。

「鍛冶屋」とはゴグとマゴグのことだった。そして一八六五年六月にあの運命の足場が取り払われたとき、ここを訪れる人びとは店舗の上部に取りつけられ、あるいは幅広に改造された正面の窓〔窪み〕で目立つように展示された数々の華やかな時計仕掛けの装置を目の当たりにしたのである。

建物のいちばん上には、建設工事の監督を死に追いやりかけた装置があった。六メートルの高さにそびえるマストに搭載された直径一・五メートルの報時球である。世界の帝国の海岸線沿いに何十と建てられた装置とそっくりのものだ。一八三三年に王立天文台長のジョン・ポンドによってグリニッジに設置された最初の報時球や、ケープ天文台に同じ年に設置された単純な仕組みの報時球の先例に倣ったものである。ベネットはグリニッジ時代からポンドとは個人的に知り合いで、グリニッジの報時球については知り尽くしていたのだろう。しかも、単に技術的にではなく、テムズ川とロンドンの混み合った波止場を見下ろす眺望のきく場所から、世界に向けて発せられた強力な声明としても熟知していたのだ。ここには進歩があるのだ。現代性があるのだ。未来があるのだ、と。一八六五年には、報時球は電信とコンマ何秒のハイテクの世界におけるヴィクトリア朝時代の価値観の強力なシンボルとなっていた。そして、グリニッジ天文台から直接送られた信号によって毎時、落下するジョン・ベネットの報時球は、ロンドンの中心部に登場した三基目のもので、有名なチープサイドのどこからも見られるものなのだった。

報時球の下にある建物の三階部分の大きな窪みに収められていたのは、店の時計仕掛けのディスプレイを駆動させる巨大な塔時計に合わせて毎時鳴り響く大きな鐘で、それを打つのは砂時計を手にした翼のある時の翁の等身大のからくり人形である。その下の階にあるもう一つの窪みには、シティの守護者であるゴグとマゴグの鮮やかな色に塗られた巨大なからくりがあり、それぞれ一五分ごとに現われて鐘を鳴らしていた。巨人たちの前には、〔路上に〕張りだした形の大きな時計の文字盤があり、夜間には何色ものネオンガスで明るく照らされ、この賑わった大通り沿いに見渡す限り遠くまで、「ベネット」の名を誇らしげに広めていた。

　店舗上部の〔鋳型成形した〕漆喰に金箔を貼った看板は、ベネットが「女王御用達の懐中時計職人」であり、「王立天文台御用達の時計職人」でもあると主張していた。もっとも、一八四九年には早くも、当時の王立天文台長であるジョージ・エアリーが助手たちに、ベネットとの関係はすべて断つように言い、「彼とは何らかかわらないことにする」と、憤慨して主張していた。[*5] ベネットは自分の店舗は「シティの天文台」であると誇らしげに説明していたので、政府お抱えの几帳面《きちょうめん》な天文台長はその言葉に苛立たされていたに違いない。だが、ベネットとヴィクトリア女王やその職員との関係は、あらゆる記述からして、ずっと温かいものだった。

　巨人がハンマーを振るう派手な正面や色とりどりのネオンの下方の、一階部分のショーウィンドーは、ヴィクトリア朝時代に精度がもつ説得力をベネットがいかによく理解していたかを示していた。それは懐中時計職人に成りたての時代に、グリニッジ天文台のための仕事で吹き込まれたものだった。時計店はどこでもそうだが、ベネットもチープサイドの店にレギュレーターと呼ばれる大型の時計をもっていた。無数の家の廊下に置かれていたグランドファーザー・クロックに似た時計だが、最高品質のもので、天文学にも使用できるほどの正確さと精密さを提供できる時計だった。通常、レギュレーターは一週間に数秒ほ

図7-1　ジョン・ベネットの店先に突きだした時計の奥に見えるゴグとマゴグ、およびその他の時計仕掛けの見世物、1891年撮影

どの誤差で時を刻んでいた。だが、ベネットはよりよいものを望んだ。毎時、屋根の上の報時球に合図を送るのと同じ電気信号が、彼の店のレギュレーターでも受信され、もしくは「点滅」していたのであり、レギュレーターはそこで格別な役目をはたしていたのである。ベネット自身がゴーストライターであったと思われるある新聞報道は、この時計のメカニズムを次のように説明した。

> このレギュレーターのメカニズムの三角形の楔形《くさびがた》をした部分に閃光が当たると、中心で秒針が回転する円に開いたV字の切れ込みに、その光が入り込む。このメカニズムはじつに巧妙な仕組みであるため、レギュレーターの内部機構《ムーブメント》が万一わずかにでもずれれば、たとえ一〇〇分の一秒であっても、電流がそれを修正することになる。

　この一般向けのサービスは、「〈正確な〉時刻であると事実上、それどころか文字どおりにも呼べるかもしれないもの」[*6]なのだという賛辞が読者に語られる。ヴィクトリア朝時代の文化においてこのことがもつ重要性は、決して誇張し過ぎることはない。

　ジョン・ベネットの店は大いに世間を沸かせた。見物人や観光客でごった返していたため、チープサイドはからくりが動きだす次の回を待つ人びとによって、年中、通行できない状態になっていた。ここはかつて、「ストラスブールの時を告げる雄鶏に次ぐ、世界でも有名で人気のある時計仕掛けの娯楽」と言われていた。[*7]〔見物客が〕あまりに妨害となったため、建物が公開されてすぐのちに、ベネットの近隣の商店の一つ、マンチェスター保険会社が、目新しい珍妙な客寄せ装置で自分たちの商売を台無しにしたかどで彼を告訴した。地元紙上で数日間、両者は激しい論争を繰り広げ、裁判官がベネットの動くディスプレイ

図7-2　チープサイドの群衆、ジョン・ベネットの店の外で、1904年撮影

を「ばかげた代物」と表現すると、ベネットはやや威厳たっぷりにそれらは「時計学の科学」なのだとやり返した。

　だが、大言壮語や誇大広告はあったにもかかわらず、ベネットは重要な主張をしていた。

> 貿易や通商のどんな部門でも、新しい試みや改良を最初に打ちだすのは権威ある地位の人びとの仕事ではない。各人にそれぞれの職業で創意工夫を存分に発揮させるよう努めた場合に、権威者はその価値をはるかに示す可能性が高い。そうすることで、世界はつねに利益を得るだろう。[*8]

ベネットの自己宣伝と近代的な手法は、保守的なエリート層には受け入れ難いものだった。彼は強引すぎたし、過去の慣習を捨て去ることに余念がなさすぎ、あまりにも自己中心的だった。だが、世の中は変わりつつあった。ヴィクトリア朝時代のイノベーション〔既存の発明や手法に抜本的な工夫を凝らし広く実用化すること〕にとってどんな役割があったのだろうか？　その細々《こまごま》とした装置にスローガン、保守的な支配者層の怒りを掻《か》き立てるのを楽しむ気質とともに、この一匹狼の興行師は未来に向けて突き進んでいたのであり、活気あふれる新店舗のディスプレイはこの事実をまさにその屋上から《フロム・ザ・ルーフトップ》声高に叫んでいたのである。だが、イギリスの時計製作産業が彼をこれほど憎んだ理由は、それだけではなかった。

ベネットは、マーケティングの現代的な手法と宣伝に関する趣向ゆえに有名だったわけではない。一八五〇年代には、彼はイギリスの時計産業にたいする辛口の見解と、国内の各地で満場の聴衆を前に熱弁を振るう一般向け公開講座によっても知られていた――一部の人びとにとっては悪名を馳せていた。チープサイドの店舗正面には、その一部を占めるさらなるディスプレイがあった。これは一八四〇年代にはすでにショーウィンドーに登場していたもので、製造《マニユファクチャー》にたいする草分け的とはいえ、論議を呼ぶ彼のやり方の真価を語るものだった。それはただ、フランス、スイス、アメリカから輸入された時計の販売をベネットが宣伝する小さな看板だった。だが、この小さな看板が、時計職人たちを怒り狂わせたのだ。島国根性に満ちた、保守的で閉鎖的な、一九世紀なかばのイギリスの時計業界では、外国製の時計を売ることは、異教信仰に等しかったのである。ところがここに、最もよく知られた時計職人のジョン・ベネットが異端的な商売を誰でも見られるように堂々と誇示していたのだ。そして、時計業界に生じたことは、いろいろな点でその他すべての製造業を象徴していたのである。

時計職人が製造業を変えた

一八世紀を通じて、イギリスは世界最大の時計の産地だった。この世紀の終わりには、イギリスの時計職人は年間一五万個の懐中時計を生産しており、その多くは輸出用で、当時の世界生産全体の半数近くを占めていた。イギリスの時計産業は、ロンドン、コヴェントリー、リヴァプールをおもな拠点とし、専門の手工業と経営・販売者が一緒になって高度に組織化されたネットワークを築き、高品質であるとともに、かなり高額な時計を生産していた。国産の時計が高価だったのは、その技能が苦労して身につけたもので、昔ながらのギルド式の徒弟制度でその業務や手工具が世代から世代へ受け継がれていたためだ。だが、時計産業の景気は好調だった。

そのため、一七六〇年代にリチャード・アークライトなど、新しい繊維産業の先駆者たちが、自分たちが建設する巨大な工場、あるいは水車場《ミル》の複雑な綿紡績メカニズムをつくりあげるために熟練工を探し求めるようになると、イギリスの時計職人に白羽の矢が立った。一七六八年に、アークライトは時計職人のジョン・ケイと提携を結び、第一号紡績機械を組み立て、翌年にその特許を取り、これが製造の世界を変えることになった。ケイはこの先駆的な機械の一部で、時計道具職人と共同作業をしていた。アークライトの紡績におけるイノベーションは急速に軌道に乗り、紡績機械の特許が取られた二年後には、ダービーシャー州で新しい紡績工場のために専門の機械設計者を募集していた。「至急求む。年季明けの時計職人二名、または歯車をよく理解している者*[9]」

それからまもなくして、新しい繊維産業が勃興し、ランカシャー州を中心にあちこちで水力の繊維工場が出現した。規模を拡大するにつれて、繊維実業家のジョン・ケネディは一八一五年にこう述べた。「時計職人、ブリキ職人、および製図器具製作者の需要が高まった*[10]」。自分たちの産業とはまるで畑違いの産業で、イギリスの時計職人は製造業の顔を、そして近代の世界を変えつつあった。

繊維工場だけではなかった。あらゆる実業家が狙っていたのだ。陶磁器の起業家ジョサイア・ウェッジウッドは一七六七年に、新しい工場に工作機械が必要になったとき、時計職人の業界に打診した。機械技術者で、蒸気機関の発案者であるジェームズ・ワットがバーミンガムの作業場で道具が必要になったとき、彼が依頼したのは時計職人だった。ワットの共同経営者で工場主のマシュー・ボルトンが最高の機械の作り手は誰か助言を求められたとき、彼はランカシャーの時計職人を推奨した。二〇年後、土木技師のジョン・レニーはボルトンに、綿業のせいでロンドンから最高の時計職人がいなくなり、ロンドンの時計産業は上がったりだとこぼした。

「時計仕掛け《クロックワーク》」という用語そのものが、産業機械の同義語となった。この言葉は回転する機械のメカニズムを描写するのに使われ、当時の先進的な装置の一部は「時計の繊細さとほとんど同じくらい繊細」なものだと言われたが、「時計仕掛けによって動かされる」その他のものは、「眺めるとこの上なく素晴らしい時計職人の仕事と機械の集合体」をなしていると言われた。[*11] 綿紡織工場の設計者で、繊維機械製作者のピーター・アサートンが一七九九年に死去したとき、彼の倉庫の一つに時計製作用の道具が満載されているのが見つかった。

これが一八世紀の話だった。イギリスの製造業者が生産したものなら何でも喜んで買う市場が国内にも輸出先にもあったので、時計を製造する新しい方法を探ろうとする誘因はまず存在しなかった。そして、たとえ時計産業が少々、停滞したとしても、ランカシャーの紡織工場やバーミンガムの機械工場ならば有能な時計職人は引く手数多《あまた》だった。だが、一八世紀が終わり、一九世紀に入って数十年経つと、事態は急速に変化し始めた。そして、ジョン・ベネットは最初にそれに追いついた一人だったのだ。

一九世紀の変化と抵抗

一八五九年一二月にジョン・ベネットは、創立したばかりのイギリス時計協会の会合で前に立ち、イギリスの教育制度への猛攻撃を始めた。スイスでは、どんな階級の子供でも、男女の別なく、辺鄙《へんぴ》な山間部でも主要都市でも、最高の教育が与えられている、と彼は叫んだ。生徒は数学、語学、科学、機械学を教わる。だが、それだけではなかった。「さらにそのうえ、将来の大人としての趣味を男女ともに洗練させ、性格を向上させる啓発に特別の注意が注がれていました[*12]」。すべての生徒は音楽、デザイン、デッサン、芸術を学ぶ。「となれば、スイスの懐中時計が価格において安いばかりか、われわれの製品を美しさと優雅さで大きく引き離していることに、驚く人がどこにいるでしょうか？」

それから、彼はロンドンの時計産業の中心地であるクラークンウェルで働く懐中時計職人からなる、その場に集まった聴衆に注意を向けた。

> いまやクラークンウェルにとって、スイスの手本を見習うべき時が間違いなくきております。そしてこれは、時計協会の会員が、事実の存在に目を瞑るのを拒む同業者たちを本気で支えようとすれば、なしうるかもしれず、ただそれだけでもわれわれの繁栄は確かなものとなりうるのです。

そして、その言葉とともに、ベネットはイギリスの時計産業の救済に向けた彼の宣言書を配った。「いまでは制度全体を変える以外に、すべはありません。女性の働き手を雇い、次世代を最大限に啓発するのです」

クラークンウェルの時計職人に、自分たちが時代遅れになりつつあることをベネットが語ったのは、これが初めてではなかった。その二年前、大荒れになった公開の会合後に、ある職人が立ちあがって、「嘘と冷笑と曲解を並び立てている」としてベネットを非難した[13]。彼が異端の説教をしていた、というのは正しい。だが、ベネットの頭のなかではすべてが明瞭《めいりょう》だった。スイス方式の懐中時計製造の制度だけが、前へ進むための唯一の道なのだった。時計産業を救済できる唯一の方法だ。そして、彼は自分の仕事人生をかけて、五カ条からなる計画を推進した。

第一に、時計のメカニズムは単純でなければならない。第二に、度量衡は標準化し、十進法にすること。第三に、職人が手工具を使って成形し調整した部品同士を合わせるのではなく、複製可能な部品は機械を使って最小限の誤差で製作すること。第四に、分業をさらに進め、女性を大量に労働力に取り入れること。第五に、初等教育制度の質と範囲を、専門学校とともに改革しなければならない。こうしたことはいずれも、スイスが達成したように、品質を犠牲にすることなく、価格を下げることにつながるだろう。

だが、イギリス人は、チープサイドからの異端者に耳を傾けようとはしなかった。早くも一八四二年には、スイスの起業家のピエール・フレデリック・インゴルトがソーホーに、一連の専用機械を備えつけて懐中時計製作の工場を建設しようと試みているので、ロンドンの時計産業にはこのときスイス方式を丸ごと輸入する機会があった。議会での討論では、ある下院議員がこう主張した。「今日では、機械に不可能なものは何もありません。蒸気によって成し遂げられてきたことを見れば、人の創意工夫によって影響されないものがあるなどと、どうして主張できるでしょうか[14]」。しかし、この企画は国内の時計業界からの攻撃を受けつづけて頓挫した。イギリスの懐中時計産業が衰退するまでに、時間はかからなかった。一八七〇年には、スイスが販売高で世界の懐中時計の三分の二を生産するようにするようになっており、イギリスの産業は崩壊寸前になっていた。

後知恵で、安全な場所から非難の矛先を向けるのは容易い。だが、抜本的な変化に抵抗が示されたのは、何ら驚くべきことではない。それでも、問題は無視されたからと言って、消えてなくなりはしない。一九世紀を通じて、イギリスの時計産業は外国の製造業者が自分たちよりもよい仕事ができるなどと信じるのを拒み、時計産業が悶《もだ》え、断末魔に追い込まれるなかでも、この偏見をいだきつづけた。一八八九年になっても、クラーケンウェルのある古顔は決然としてこう書いた。「この大げさな技能学習の利点は、私には見えない。外国人は入れない、それが私のモットーだ[*15]」。つねに悪いのは誰かほかの人間なのだった。

だが、スイスが、クラーケンウェルの芝地に大砲をもち込んだ唯一の外国ではなかった。別の挑戦者が待機しており、誰彼構わず挑もうと待ち構えていたからだ。一九世紀を通じてゆっくりと製造業の新たなシステムは発達していった。一八七〇年代には蒸気機関を動力とし、非熟練の労働者が操作する専用の機械を使用した工場で大量生産された安価な時計が、システムの一環である生産ラインから次々に転がりでていた。

昔ながらの製造方法は消えつつあると、一八七五年にイギリスの時計製作業の雑誌は書き立て、「工場の規律正しい組織と、若い作り手、からくりの機械、それに蒸気機関によって凌駕《りようが》されることになった！　当のスイスですら、あらゆるものを征服し尽くす力によって脅かされている[*16]」とした。新たな征服勢力はアメリカだった。新しいシステムは、アメリカ式製造方法と呼ばれるようになった。時計はその最初の製品だったが、このシステムは世界中で製造業の顔を永久に変えることになった。

大量生産とマーケティングの時代へ

一八〇二年ごろ、コネチカット州の一人の木製〔歯車〕時計の製作者が、自分の人生と歴史の流れを変えることになったある仕事上の決断を下した。イーライ・テリーは注文に応じて数台分の時計を組み立てる代わりに、数百台という単位で時計を製造し、それを自分で売り込むことにしたのだ。彼は水力で動かす機械を備えた小さな工場を建てて、時計を生産した。時計はすべて売れた。五年後、彼は一年がかりで新しい工場を建て、四〇〇〇個の時計〔のムーブメント〕を製造し始めた。これらもまた売れ、時計を大量生産することは可能であり、利益もでることを疑い深い人びとに証明したのである。その後、テリーは物事をさらに一歩、大幅に進めた。一八一六年に彼は、機械生産された部品を使って大量生産されるだけでなく、互換性のある部品でできた、新しいもっと小型の木製時計の特許を取得した。これはまだ誰もやったことのない試みだった。これは製造革命の始まりだった。

　四年後、テリーの工場はこうした時計を年間二五〇〇台、わずか三〇人の従業員で生産するようになった。一八三〇年には、コネチカット州はテリーの原則に即して操業する二三カ所の時計工場で、総合すると年間三万八〇〇〇台の時計を生産するようになった。テリーの時計は質素な物だった。だが、彼の工場はイノベーションを生みだす場所となり、彼から生産技法を学んだ人びとは目覚ましい方法でアイデアを発展させるようになった。

　テリーは自分の最初の工場を一八一〇年に二人の弟子、サイラス・ホードリーとセス・トマスに売却した。トマスはこの工場を開発して工作機械のシステムに変えた。その後、テリーの弟子のチョーンシー・ジェロームが四万個単位でムーブメントを製造し始めた。真鍮製で、テリーやトマスの木製歯車の時計よりも小型で安定したものだった。これらは一個当たり一ドル四〇セントと、安価でもあった。ジェロームは二番目の工場を建設し、双方の施設で合わせて、年間二八万台の真鍮製の安価なムーブメントを量産していた。一八四〇年には、彼は供給分を吸収してくれる海外市場を探しており、イギリスにも若干の輸出を試みることにした。まもなく彼らの会社は船一隻分の荷をイギリス製の時計よりもはるかに低い価格で売るようになり、イギリスの地方社会でたちまち人気を博すようになった。たとえば、サマーセットの農場主たちは、野暮《やぼ》ったい古いイギリス製のグランドファーザー・クロックを、小型のアメリカ製の新しい時計と喜んで交換したし、低賃金の農場労働者は、自分の時計を堂々と所有する様子を初めて思い描けるようになった。小さな時計店が田舎にも出現し始めた。アメリカの安い時計が流入するまでは、市場となりうる可能性がともかく存在しなかったような場所に、である。

それだけの生産台数となると、アメリカ主導のこのプロジェクトを成功させるうえで、広告は非常に大きな役割をはたすようになった。チープサイドのジョン・ベネットが充分に承知していた事実である。一八五一年のロンドンの大博覧会のような国際的な貿易と産業の展示会は、製造業者が何百万もの潜在顧客と出会う機会を提供し、それまでに見たこともない規模での販売を可能にしていた。ベネットが一八五一年と一八六二年の万博のカタログ表紙に、唖然とするほど高額の広告を掲載したことは、先を見通した製造業者が最低限考えることだったのである。アメリカの新興の時計工場は、これらの万博ではますます贅沢な展示を行ない、何千個もの懐中時計を並べて、客を引き寄せるための強引なマーケティング手法を展開していた。ベネットが一八七八年のパリ万博に出展した際には、電話、電気照明、蓄音機などの技術的イノベーションの成果と並んでの出品となった。未来は、ただ現代性を発明するだけでなく、それを売ることで築かれていたのだ。今日では、マーケティングをせずに製造する状況は想像するのが難しいほど、私たちの暮らしのなかの重要な一部となっている。

マーケティングはアメリカの発明として言われており、この世紀の残りの期間は、イギリスの時計業界は安い時計市場のなかで競おうとすることを断念したも同然となった。アメリカ流の考え方に同調するようになったころには、イギリスの時計業界は好機を逸していた。アメリカの時計だけでなく、アメリカの例に倣ったフランスとドイツの時計も、スイスの懐中時計がイギリスの懐中時計職人を失業させたときと同じく確実に、ついにはイギリスの時計製作産業の息の根を止めた。

だが、イーライ・テリーによる時計の大量生産という製造面のイノベーションや、コネチカット州などで大量生産を先駆けた人びとの試みは、もっと広範囲に製造業を変貌させるうえで大きな影響力を発揮した。アメリカ式システムとして世界が知るようになったものは、二つの考えを採用していた。すなわち、標準化された互換性のある部品と、熟練者が人手で行なっていた仕事に専用工作機械の使用が取って代わることだ。そうして、銃やミシン、タイプライターなど多岐にわたる複雑な製品を、繰り返し大量生産させるための道を開いたのである。

だが、この大量生産の新しい世界が拡大して繁栄するためには、きわめて精密な新種の大型専用工作機械が必要となった。一八六〇年代から七〇年代に、互換性のある高精度の部品を製造するのに幅広く適したアメリカの工作機械の発達が、ちょうど一世紀前にイギリスで見られた発展と似たようなパターンをたどった。工場システムを誕生させ、産業革命を始動させたものだ。これはまた産業革命の五〇年後にコネチカット州で、イーライ・テリーが大量生産を始めたときの発展パターンもたどった。精密さ、微細測定、そして正確さをすでに熟知していたのは誰だったのか？　機械をつくる機械を製作するために、すべての目がそこで再び時計産業に注がれた。

たとえば、一八五三年に創業し、一九〇〇年には世界最大の工作機械製造業者となったアメリカのブラウン&シャープを例に見てみよう。創業者のジョゼフ・R・ブラウンはもともと時計職人で、ブラウン&シャープの機械工場で一八七〇年代に訓練を受けたある技術者はブラウンについてこんな見解を述べていた。

> 現代の機械利用の大いなる正確さと高い効率を生みだし、実現させたこと、および互換性のある部品の製作を可能にしたことに関して、ほかの誰にも増して多くの称賛に値した［……］。ジョゼフ・R・ブラウンよりも高い地位にふさわしい人を、あるいはアメリカの製造業者が互換性のある部品を製造する現代の高水準を獲得するうえで、彼ほど貢献した人を私は知らない。[*17]

この技術者とはキャデラックの創始者のヘンリー・リーランドであり、彼が自動車産業に互換性のある部品を導入した。

一九世紀後半の大量生産とともに大量消費が始まり、大規模なマーケティングによって製造業の製品はますます広く一般に売られた。起業家や世界市場を動かすことのできる人びと――時代とともに動ける人びと――は生き残り、繁栄した。ジョン・ベネットはまさしくこのカテゴリーに当てはまった。そうでない人びと――イギリスの時計産業の大多数など――は、やがて死に絶えた。

イギリスの時計産業の失敗

メッセージが受け入れ難い場合、それを伝えた人を非難する傾向がある。そして、イギリスの時計製作産業がジョン・ベネットを毛嫌いするようになったというのは、何ら誇張ではない。

一八九七年にベネットが八三歳で他界すると、鋭い攻撃が始まった。時計製作産業の業界紙、『ホロロジカル・ジャーナル』の威厳に満ちた紙面で、編集長はベネットは「変わり者」で、「尊敬や威厳を欠いていたが、自信とうぬぼれにはあふれていた」と述べた。ロンドンの時計製作会社から多くの株を買ったが、「彼は同業者からあまり好かれておらず」、「それどころか舞台裏を知る人間は誰もベネットの言動をまともに受け止めてはいなかった[18]」。だが、大衆は彼に惚《ほ》れ込み、一八七〇年代にロンドン市参事会員として市の行列に彼が参加すると、「何時ですか？」と、人びとが叫ぶのが習慣となった[19]。

「世界が私の国だ！」と、ベネットは一八八六年に熱のこもった声明をだした。忠誠心がどこに向けられているか誰の目にもわかるこの声明で、彼はこう述べていた。「最も低額で最高の時計を手に入れること、それがイギリス大衆の僕《しもべ》としての私の務めである〔……〕イギリスの働き手を雇うよりも、スイスで雇うことによって安い値段でよりよい品を手に入れられるのであれば、イギリス製の時計をもたねばならない理由がどこにあるだろうか？　この国の一部の階級は苦難を味わうかもしれないが、社会の大多数には利益となることを忘れてはならない[20]」

歴史家のデイヴィッド・ランデスは、イギリスの懐中時計産業が衰退した理由は、「コスト高、保守的な様式、時代遅れの技法、起業家の自己満足、イノベーションへの働き手の抵抗」にあったと主張した[21]。彼はこう締め括《くく》った。「懐中時計業界がこうした出来事の到来を警告していた[22]」。イギリスの時計産業の失敗に関するこの批評で、ランデスは一世紀後のイギリスの自動車産業の不振にも言及していたのかもしれない。そして、車とともに、ジョン・ベネットのチープサイドの大型時計店の正面に設置され、長年にわたって人気を博した時計仕掛けの出し物だったゴグとマゴグの巨大な人形も、再び人目に触れるようになった。巨人たちは、一八九七年にジョン・ベネット当人とともに死んだわけではなく、チープサイドの彼の会社の店舗が一九二九年に解体されて、保険会社に場所を明け渡すことになったときも、そこで廃棄されることはなかった。

ウォッチメーカーとカーメーカー

一九二八年のある朝、ちょうど八時を回ったころ、ヘンリー・フォードがロンドン科学博物館の正面のドアをノックし、入館させてもらえないかと尋ねた。当番の係員は、博物館は午前のなかばまで開館しないと告げたが、フォードが名前を名乗ると、博物館の技術・工学部門の管理人、ヘンリー・ディキンソンまで緊急の知らせが届くのに時間はかからなかった。ディキンソンは先輩の館員とともにすぐに駆けつけ、この有名なアメリカの自動車メーカーの実業家と面会した。

ヘンリー・ディキンソンは、私であったかもしれない。ただし、数十年の年月を経てからだが。科学博物館の技術・工学部門のコレクションのキュレーター――のちに管理人――を務めた一五年間に、フロントデスクにいる同僚から呼びだされ、私が担当する収蔵品に関して質問がある来館者に会いに下りてきてくれと依頼されたことが何度もあったからだ。これが面倒な仕事であったことは一度もなかった。私は自分と共通の関心をもつ人びとと、技術の歴史について論じ合うのをつねづね楽しんできた。大きな博物館の内部で働く職員にとって、最も重要である人びと、つまり一般大衆と切り離された状態になるのは、往々にしてありがちなことだ。タイミングが悪く、私がちょうど何かの真っ最中だったり、博物館勤務には付きものであるような会議に向かっていたりして、不都合であったこともままある。だが、こうしたお膳立てなしの会話からは、いつも新たな知識や洞察を得てきた。

ヘンリー・ディキンソンも、私が慣れ親しむようになった経路を歩きながら、同じ期待感を覚えていたと私は考えたい。トマス・ニューコメン、リチャード・トレヴィシック、ジェームズ・ワットなどの技術者による、一八世紀や一九世紀の蒸気機関が並ぶ科学博物館の壮大なイーストホールを闊歩《かっぽ》してから、階段を駆け上がって博物館の玄関ホールにでて、来館者と対面したときのことだ。一九二八年のその朝、フォードを玄関からなかへ通したあと、ディキンソンは博物館の豊富な展示物をこの自動車製造者に見せて回り、彼が答えるよりも多くの質問を間違いなく投げかけていただろう。その後、フォードは博物館の技術・工学部門に案内された。そこには現存する世界最古の蒸気機関車であるパッフィング・ビリー号や、世界初の近代的鉄道でリヴァプールとマンチェスター間を走ったロバート・スティーヴンソンのロケット号などの象徴的な展示物も含まれていた。フォードはそこで見たものに圧倒されたが、それは驚くに値しない。博物館を訪れる人びとにちょうど同じ展示物を案内する機会に恵まれるたびに、私も圧倒されていたからだ。

　一九二八年にフォードが来館した目的は、彼がミシガン州の町ディアボーンに建てていた博物館のために工学に関する遺物を探し回ることで、彼の野心もその出費も壮大なものだった。訪問中、フォードは何度かロケット号を含め、歴史的展示物を買いたいと申しでたが、科学博物館の館員に丁重に断られるばかりだった。

　だが、フォードは自分の博物館とともに歴史村も建てており〔グリーンフィールド・ヴィレッジ〕、そこにオーヴィルとウィルバー・ライト兄弟の自転車屋や、ヘンリー・Ｊ・ハインツ〔ケチャップを普及させたハインツ創業者〕の実家、エイブラハム・リンカンが弁護士として活動した法廷など、アメリカの伝説的な建物を再建していた。歴史村は一九三三年に公開され、アメリカできわめて人気のある娯楽施設の一つとなっている。だが、この村には生粋のアメリカのイノベーションの物語を伝えるものとは思えない建物が一棟ある。そして、これは一九二八年にフォードがロンドンを訪問し、科学博物館での買収を試みて失敗したのちに出現したものだった。

　チープサイドまで車で案内されたフォードは、まもなく、ベネットの店舗の外で一五分ごとに鐘を鳴らしていたゴグとマゴグの、長年親しまれた人形がいる場所に到着した。巨人たちが最初に設置された当時、つまりベネットの報時球の屋根への取りつけ工事で、現場監督がすんでのところで命を落とすところだった事故のとき、フォードはまだ二歳にもなっていなかった。だが、ベネットこそ、フォードが探し求めていたような製造業の起業家であり、改革者でもあり、有名な時計を見たとき、フォードはすぐさま店舗正面とその時計、それにゴグとマゴグそのものを丸ごと買い取る決心をした。彼の申し出は当初、抵抗に遭ったが、今回は彼の粘り勝ちとなり、翌年、商談はまとまった。

　だが、ベネットの時計仕掛けが、ロンドンのシティの目抜き通りを見渡せるその場所からすんなりと撤去されるはずはなかった。ベネットの店の正面と時計仕掛けの見世物の設置に改装工事の人びとが汗水を垂らしてから六四年ほどのちに、フォードの請負人たちは通りの狭さと交通量ゆえに、日曜日にしか作業を許可されなかった。よってその解体作業に何週間も費やすはめになった。とはいえ、最終的にゴグとマゴグは、ロンドンを睥睨していたその場所を渋々と明け渡し、ベネットの店の正面と時計とともに木箱に詰められてディアボーンまで送られ、その地にいまも留まっている。

　ヘンリー・フォードは自動車製造者《カーメーカー》としてではなく、懐中時計職人《ウォッチメーカー》として人生を始めた。少なくとも、フォード社が語ったロマンあふれる物語ではそうだった。

　懐中時計の修理はヘンリー・フォード少年には容易いものだった。彼は一四歳で始め、最初の懐中時計（今日、ミシガン州ディアボーンの彼の私的コレクションにある）は、爪とコルセットの骨《ステー》でつくったピンセット、それに二本の編み針で修繕されていた［……］。ヘンリー・フォード少年がそうした冬の夜に身につけた、懐中時計職人としての技能と精密さは、何年ものちに、三〇〇〇万台以上の自動車とトラックを組み立てるのに利用されることになった。そのうえ、フォード氏の懐中時計製作における経験こそが、自動車をつくるのに組立ラインを使うアイデアを思いつかせたのである。[*23]

一九二二年に書かれた自伝によると、フォードは一八八〇年代にミシガン州の海洋工学施設で見習いをしていた一〇代のころ、夜間はデトロイトのロバート・マギルの宝飾店で懐中時計の修理をしていた。彼はこう述べている。

> こうした若いころの一時期、私はゆうに三〇〇個は懐中時計をもっていたに違いないと思う。自分なら三〇セントほどで充分に役に立つ懐中時計を組み立てられると考え、商売を始めかけた。しかし、そうしなかったのは、懐中時計は万人にとっての必需品ではなく、それゆえに一般の人は買わないだろうと考えたためである。その驚くべき結論にどうやって自分が達したのかは、明らかにすることができない。[*24]

代わりに、フォードは自動車に鞍替《くらが》えしたわけだが、なんという転換か。彼の自動車会社は「フォーディズム」と名づけられた製造形態を開発した。機械でつくった複製可能な部品による大量生産は、フォードの動く組立ラインでその最も効率のよい結論に到達した。そこでは、製品が動き、労働者はその場を離

図7-3　ヘンリー・フォードのスタッフが、ジョン・ベネットの店の正面からゴグとマゴグを撤去、1929年

れない。

T型フォードの段階にまで到達するのに、長くはかからなかった。二〇世紀の最初の数十年間に大衆にも自動車を普及させた車である。一七六〇年代にはすでに、スコットランドの歴史家で哲学者であるアダム・ファーガソンがこう書いていた。「製造業はしたがって、心の内が問われることの最も少ない場所で、最も栄える。そこでは働き手がさほど想像を働かせるまでもなく、工房そのものが原動力として考えられ、その部品が人なのである[*25]」。自動車史家のアンドルー・ネイハムは、これならばフォードの工場の「完璧な描写」となりうると述べている[*26]。それでも、そのためには時計製作文化に強く影響を受け、ジョン・ベネットのような人びとが擁護した一八世紀と一九世紀の製造業の急激な発達がなければ、完璧な組立ラインの夢は実現できなかったのだ。そして、フォードはそれを知っていたのである。

ベネットとフォードはどちらも一〇代で時計の懐中時計の修理に携わるようになり、どちらも根深い抵抗にさらされながら、それぞれの製造業を改革するようになった。ジョン・ベネットは一八九七年には貧しくなり、クラーケンウェルの意地の悪い懐中時計職人が覚えているほかは、おおむね忘れ去られて死去したかもしれない。だが、彼は自分の痕跡を残していたのだ。ベネットの助力と、ミシガン州を見守るゴグとマゴグという守護者のおかげで、ヘンリー・フォードは時計によって地球上で屈指の裕福な人になったのである。

第8章　道徳

一九〇三-〇六年、ブルノ、電気時計設備

電車、電気照明、電気時計

聖ヤコブ教会に集まったアンテル一家にとっては、誇らしい一日だった。そこは今日のチェコ共和国〔当時はオーストリア＝ハンガリー帝国〕にあるモラヴィア地方の古都ブルノで二番目に古い中世の教会である。一九〇七年の初めのことだった。クリスマスの三日後に、リュドミラ・アンテルは夫ヨハンとのあいだの第一子であるエーディトを出産し、その日はエーディトの洗礼の日だった。誰もが冬の冷気を寄せつけないようにいちばん厚手の服を着込み、暖を求めて身を寄せ合ううちに、残りの家族や友人たちが到着した。教会の扉の外では、路面電車がキーン、パチパチと騒音を立てながら通りを軽快に進んでいた。ブルノの住民はまだこうした近代の驚異に慣れ始めたところだった。路面電車〔トラム〕は一九〇〇年に開業し、何十年にもわたってブルノの日常生活の一部でありつづけた馬車鉄道《トラム》や、のちに蒸気駆動となったトラムに取って代わっていた。教会からほんの数歩の距離にある市の中央広場は、電灯で明るく照らされ、冬の陰鬱さを跳ね返していたし、はるか遠くに見えるブルノの主要な鉄道駅の正面にある公共広場もまた然りだ。これらの公共の照明設備も、新しいもので、ここ数年間つづいてきた同市の近代化プログラムの一環だった。ブルノは躍動する都市だったのだ。

アンテル一家と友人たちが教会に集合すると、エーディトの洗礼儀式の時間になった。そして、その縁起のよい出来事を記念するかのように、聖ヤコブ教会の塔の上部に設置された公共時計が、その重たい鐘を打ち鳴らしてゆっくりと時を告げ始めた。すぐ近くの街の広場の向こう側では、市庁舎の時計がちょうど同じ時刻を打ち始めた。街の反対側では、鉄道駅に足早に向かったり駅を後にしたりする乗客らが、双方の建物の塔にそれぞれ設置された時計をたまたま見やれば、教会と市庁舎からの鐘の音とまったく同じタイミングで、時間を確認することになった。

これは、鉄道駅から市庁舎、聖ヤコブ教会までを網羅したブルノの電気時計設備が完成してから、わずか数カ月のことで、それは最先端の技術だった。伝統的な古い時計台の時計はお払い箱となった。いずれも錘として落下する重い石によって駆動され、それぞれが独自に特有のブルノ時間を告げ、時計を巻きつづけて時間どおりに動かすためには危険な軽業的な技を必要とするものだった。それらの代わりに、洗練された近代的なメカニズム網が敷かれたのだ。強力な電気モーターによって動かされ、従来の手巻きの脆弱な時計ならばすぐに動かなくなった冬の風や雨、雪をものともしないネットワークである。電気はまた、乾燥して暖かい中央の事務室に設置され、地元の役人によって日々（安全に）手入れをされた精巧な造りの高精度の振り子時計から発信された時刻を、時計台のてっぺんにあるメカニズムが電線を使って受信できることも意味していた。そして、それはつまり、すべての時計が同じ時刻を示すということだった。通りの下に埋められたケーブル網は光速で時報を時計台のてっぺんまで一気に送るため、ブルノの公共の時計はこの都市と住民に同期した標準時を提示できるようになったのだ。

ブルノに近代はいち早く訪れていた。今日、モダニズム建築のファンはここへ巡礼の旅にでかけ、ルートヴィヒ・ミース・ファン・デル・ローエのような著名人が手がけた一九二〇年代、三〇年代の建物に敬

図8-1　ブルノの中央広場から見た聖ヤコブ教会と時計台、20 世紀初期に撮影

意を表する。市の中心部に近い、緑豊かな庭園に囲まれたミースのトゥーゲントハット邸は、モダニズム建築のきわめて重要な作品であるため、二〇〇一年にユネスコの世界遺産に登録された。だが、これらの近代的な建物はブルノの一つの時代の始まりではなく、その終わりを記していた。ブルノの電化は一八八二年に、新ドイツ市民劇場〔現マーヘン劇場〕の建設に携わっている役人が電気のパイオニアであるトマス・エディソンを招いて、当時は一般的であったガス照明の代わりに、電気照明システムを設計・設置してもらったときに始まった。この決定は、ニース、プラハ、ウィーンの劇場でその前年に起きた火災による惨事のあとに下されたものだった。どの事故もガス機器の不具合によって生じ、観客から何百人もの死者がでたのだ。ウィーンでは、ガスの故障から爆発が起き、そこから吊り物——劇場の仕掛け装置——に火がつき、それがたちまち観客席にも広がった。非常灯は作動せず、非常口は内向きにしか

開かなかったため、観客は猛火のなかに閉じこめられた。劇場の支配人は刑務所送りになった。最新の照明技術に切り替えることで、ブルノの劇場は電気照明を使用した公共の建物として世界に先駆けたものの一つとなり、同市はすぐにその味をしめたのである。

一九〇三年から一九〇六年にかけてブルノに導入された電気時計設備は、世界中の進歩的な都市に押し寄せた時間標準化の波の一環で、いずれもその中心には電気があった。路面電車や電気照明計画と同様に、時計の設備もこれらの近代都市に住む人びとの暮らしを変えていた。だが、こうした電気時計は、路面電車や明るい照明に比べれば、日常生活に加わったわずかな変化でしかない。教会に通う大半の人にとって、聖ヤコブ教会で新しい電気時計が鳴らす鐘は、自分たちの日々の暮らしに介入してきた、馴染みのある歓迎すべきものだったが、すぐに無視されるようになった。だが、一九〇七年初めのその冬の日に鐘が鳴りだしたとき、リュドミラとヨハン・アンテル夫妻は感謝を込めて頭上の塔を見上げてから互いに見つめ合い、それから誇りと愛情に満ちた笑みを浮かべながら、小さなエーディトを見下ろした。

ヨハン・アンテルはブルノでもきわめて革新的な時計職人の一人で、最先端の新しい電気時計設備が市内有数の公共の建物に設置された際には、彼がその任に当たっていた。アンテルはブルノを未来へいざなううえで一役買っていたのだ。

電気こそが近代性である

電気は未来なのだと、私たちはつねに信じてきた。電気自動車、電車、屋根のソーラーパネル、風力原動機《タービン》、ポケットのなかの携帯電話。これらはみな有害物質をあまりださず、よりよく、速く、安全で、より〔ネットワークで〕結びついた未来のシンボルとして受け止められている。電気は光速で伝わり、世界は電線を通じて、あるいは天空を突き抜けて拍動する広大な信号網なのだ。電気は近代性を定義するものとなった。電気こそモダンなのである。

ブルノや、世界各地の数え切れないほどの町や都市に設置されたような電気時計は、ただ私たちがより効率よく動けるように役立つ、ありふれた実用的な技術のごとく見えるかもしれない。職場の壁や、鉄道の駅などの公共の場に設置された時計は、背景に溶け込んでしまい、私たちがそれらを二度見することはまずない。だが、そのことは公共の時計が一九世紀後半に発達し始めて以来、私たちの社会の行動――道徳そのもの――をいかに効率よく変えてきたかを証明するのに役立つばかりだ。これらの時計はありふれているどころか、最も高尚な道徳的目的のために使われてきたのだ。一五〇〇年のあいだ、これらは大衆の行動を、権力の座にいる人びとが正しい行動だと考えるものに即して標準化する道具となってきたのだ。そして、それは電気時計設備が時間そのものの標準化を可能にしたからなのである。

時間はいかに標準化されたか

グリニッジ標準時は、グリニッジ子午線の時間だ。この王室特別区に一六七五年に創立した王立天文台の建物を南北に通る線である。これはグリニッジの現地時間だ。それは、グリニッジ天文台より一七七キロほど西にあるブリストルの時間ではない。太陽に準じたブリストルの地方時は、グリニッジよりも一〇分遅い。一六七五年は、どちらの町もそれぞれの地方時で動いていた。だが今日ではブリストルは、イギリスのその他の地方と同様に、グリニッジ時に合わせている。一九世紀に世界の人びとが時間を標準化することにしたためである。

標準時は市や地域や国や大陸にいるすべての人びとが、自分たちの時計を、グリニッジなどの一つの場所の時間に合わせることに同意する制度で、それが標準となる。その場所よりも東または西に位置するところはどこでも、太陽に即した本当の時間——地方時——が標準時とは異なるが、ひとえに道徳と善悪の行動原理にもとづく理由ゆえに、そんなことは問題ではないと人びとは決断したのだ。

　イギリスでは時間がどのように標準化されたかについて語られる際には、誰もがかならず鉄道の建設について言及する。旅客用の鉄道が一八三〇年代から四〇年代に最初に建設されたとき、鉄道の全線にわたって時間を標準化する必要がすぐに明らかになった。さもなければ、ブリストルとロンドン間を走るグレートウェスタン鉄道のような東西の路線を、どうやって運行できるだろうか？　駅を通過するたびに、時計を合わせなければならなくなる。乗客が理解可能な時刻表を必要とし、鉄道網の安全が単線を共有する列車を区別するために時間に頼っていたとなれば、誰もが合意する一つの時間の尺度というものは便利であるだけなく、命にかかわる問題でもあったのだ。そのため、グレートウェスタン鉄道沿いの各駅の地方時は廃止されて、一八四〇年にロンドン時間を選んだ鉄道独自の時間に取って代わられた。そして、ロンドンで正しい時間を知る唯一の方法は、それをグリニッジから得ることなのだった。これはまた、鉄道沿いに（文字どおり）建設された別の新しいネットワークのおかげで可能になった。つまり電信である。電信はモールス信号のトン・ツーでメッセージを送っただけでなく、時報も瞬時に送ることができた。第6章で先述したように、世界各地の沿岸に築かれた時報設備は、近くの天文台からの電気信号によって調整され、測位用のクロノメーターの時間を合わせるのに一役買ってきた。同じ原理が、鉄道の発達と繁栄にも役立ったのである。

　グリニッジのたった一台の時計が、電信線沿いに自動で送られた電気インパルスを使って何百キロも先まで午前一〇時の瞬間を告げることができたのだ。同じ電気の時報は路線沿いのすべての主要な駅で受信

図8-2　グリニッジ天文台の時報管理デスクにいる助手、1897年頃

することができたし、各地の運用しだいで時間は支線網のずっと先までも伝えることも可能だった。各駅の時計は、グリニッジ時に合わされ、移動中もすべての鉄道員のポケットのなかで懐中時計がグリニッジ時を告げていたのだ。中央にあるその一台の標準時計で、全鉄道網を時間どおりに運行しつづけることができるようになり、一八五〇年代には、イギリスのすべての鉄道が同じ慣行を採用していた。

　この物語は、ここまでのところは問題なしとしよう。だが、この時点で大半の技術史はもう一歩先まで踏み込む。一般に主張されるのは、一八五五年までには鉄道の時間だけでなく、イギリス自体の常用時――国民全体の日常生活における時間〔市民時とも言う〕――がグリニッジに合わせて標準化していて、各地のさまざまな常用時は放棄されていたというものだ。これが通常、語られる標準時の物語なのである。そこで想定されているのは、日常生活も早期導入者——この場合は鉄道会社——の慣行に歩調を合わせるようになった、というものだ。だが、その想定は間違っている。

　私たちの暮らしのなかで、鉄道時間と地方時という二つの時間を使い分けて、両者のあいだで換算するのは可能だっただろう。そんなことは面倒であるように思われるが、私たちは今日二つの時間システム（一二時制と二四時制）をどうにか運用しており、そのためときには少しばかり暗算をしなければならない。私たちは度量衡でも同時に二つの制度（ヤード・ポンド法とメートル法や、摂氏と華氏）を使用している。なかにはこうしたことはすべて廃止すべきだと考える人がいるのは確かだが、その議論はまた別の機会にすることにしよう。肝心なことは、私たちが複数の度量衡制度を並行して使いながらなんとか生活しているという点だ。地方時と標準時でも同じ状況だった可能性があり、鉄道の物語を語る人が見逃しているのは、事情は同じだったということだ。地方時は実際に残りつづけたのであり、しかも一八八〇年代まで、鉄道が走り始めてから半世紀後まで残っていたのである。鉄道は時間を標準化するうえでは役割をはたしたが、日常生活で標準時がどう普及したかについてはもっと広範囲にわたる物語があったのだ。そして、それはヴィクトリア朝時代の道徳と電気時計設備をめぐる物語なのである。

パブはなぜ正しい時間を求めたか

二〇〇七年に私はスタンダード・タイム・カンパニー（ＳＴＣ）に関する研究プロジェクトで、電気による計時の歴史を専門にする同僚の歴史家ジェームズ・ナイと一緒に仕事をしていた。ＳＴＣは一八七六年に創立され、電気によるロンドン一帯の自動時報配信網を推進していた。私たちのプロジェクトの途中で、ジェームズがＳＴＣの一八八六年の配信先リストを見つけたほか、ロンドン一帯のどこにその電信網が設置されていたのかがわかる手書きの配線図も発見した。そして、彼が金脈を掘り当てたことが私たちにはすぐさまわかった。その書類から私たちが発見したものは、電気と時間の標準化についての私たちの考え方だけでなく、ヴィクトリア朝時代の世界について、その道徳や近代性への飽くなき探求についての考え方も変えることになったのである。

　私たちは配信先と配線図をじっくり眺め、ヴィクトリア朝時代のロンドンの古地図で細部をたどった。古い道路のレイアウトが現在の道路とどう重なるのか確かめ、ＳＴＣの電信線が実際にどこを通っていたのか、数え切れないほどの市街図を調べた。市場の規模についての手がかりを求めて、通りを歩くことに時間を費やし、各会社がどれほどの大きさで、一八八六年にはその店舗がどれほど近代的に見えたであろうかも推測した。そうして、数週間ほど調べ、検討したのちに、私たちはどんな事態が起きていたかを理解し始めた。

　一八八六年には、三六六の別々の地点にいる三〇〇以上の登録客がＳＴＣの電気時報ネットワークに接続され、一時間ごとに電流の急激な増加を受け、自動的に店舗内にあるすべての既存の時計の時間を自動修正してもらっていた。これらの建物の壁に掛けられた何千台もの時計は、ロンドンのシティにあったＳＴＣのコントロール・センターの時計から、毎時、電信網で流れてくる電気同期信号によって、秒単位で正しくセットされていた。何万もの人びとが同社の標準時を頼りに、行政、金融、通商の仕事を調整していたのだ。

　配信先の人びとの多く——銀行、取引所、手形交換所など——に関しては、彼らがなぜ正しい時間を知る必要があったのかは容易に想像がついた。だが、同社の配信先リスト全体の四分の一を占めていたのは、別のタイプの職業だった。ロンドンの八〇カ所以上のパブ、カフェ、レストランが、ＳＴＣの電気時報ネットワークから有料で配信を受けていたのだ。初めのうち、ジェームズと私にはそれがなぜなのか見当がつかなかった。そこで、ヒントを探すために、私たちはこれらの標準時利用のパブのうち何軒がまだ残っているかを確かめるという目標を定めた。それはつまり、大いに歩いて、うまく見つかれば、飲めることを意味していた。期待したほどは飲めなかった。大半のパブは、ＳＴＣが株式市場で活躍した時代から、閉鎖されて久しいか、二度の世界大戦で破壊されていた。戦後の再建のなかで、パブの多くは一掃されていた。それにもちろん、私たちは開店時間である正午から夜の一一時までのあいだしかパブを訪ねることはできなかったのだ。

パブの時間、工場の時間

アルコール飲料の販売の制限は、イギリスのヴィクトリア朝時代の規範的法律のうちで、最も論議を呼んできたものの一つだった。禁酒史家のアンソニー・ディングルは、「ヴィクトリア朝時代の人びとはアルコールに取りつかれていた。知識人や能弁家のあいだでは、社会のなかで飲むのにふさわしい場所が熱心に、徹底的に討論されており、現代のわれわれには理解し難い」と書いた。[*1]一八七二年の免許法が、大衆へのアルコールの販売時間に全国的な制限を導入した最初の事例で、それ以前や以後のあらゆる法律は言うまでもなく、この法律をめぐる討論だけでも、長くつづき、苛烈《かれつ》なものとなった。そこには階級、自由、公衆衛生、国家権力の問題がすべて密接に関係しており、ヴィクトリア朝時代の道徳と、人間の行動を取り締まるための時計の利用に関する、またとない事例だったのである。ヴィクトリア朝時代のイギリスでは、一時性《テンポラリティ》は抑制《テンペランス》を可能にしていたのであり、酒類販売認可時間を導入することで、国家は飲酒にタイムを宣告していたのだ。
だが、どの時間《タイム》なのか？　一八七〇年代には、鉄道はあったにもかかわらず、地方時はまだイギリス全土で使われており、健在だった。「カーティス対マーチ」と呼ばれる一八五八年のきわめて重要なある判決が、イギリスの法廷で公式時間はグリニッジ時ではなく地方時だと裁定を下していたのである。これは抑制・禁酒《テンペランス》の法律を制定しようとしていた人びとにとって問題だった。アルコールの販売に時間制限を設けたいのであれば、二つのことが必要になる。まずは、どこのパブでも地方時、標準時のどちらで営業するのかについて合意することだ。二つ目は、誰もがその時間を正確に入手できるということだ。認可時間を過ぎてアルコールを販売していたとして、パブの経営者を告訴するつもりであれば、時間そのものが非難の余地のないものでなければ、勝ち目はないからだ。

　一八七四年に、議会は一八七二年の免許法がどれだけ実践されているかを検証し、議論は厄介な時計の問題に向けられた。討論のなかである下院議員が、すべてのパブを王立天文台と接続させ、それによって時間がわからなかったという言い訳ができないようにすべきだと提案した。そのわずか二年後に、ＳＴＣが創業した。このことは、同社の時報配信をそれほど多くのパブが有料で受けていた理由を説明する。

　だが、二つ目の問題を解くのはもっと難しかった。それぞれの町や市の酒類販売認可時間は、地方時にもとづいていたのか、それともグリニッジ時だったのか？　ある下院議員は「この措置の実行に関連して時間を確実に統一させることには、大いに利点がある」ので、公式な酒類販売認可時間を「グリニッジの王立天文台で計時される時間に従って考えるよう」法律を改正すべきであると主張した。[*2]　その六年後の一八八〇年八月に、グリニッジ標準時をイギリスの全法律の公式な標準時とし、アイルランドの法律ではダブリン標準時とすることを明記した法律がイギリスで可決されたことで、問題はようやく解決を見た。

地方時は鉄道がそれを使った〔ことで混乱を招いた〕ためではなく、一八七〇年代に節酒を勧める改革者が時計を使って自分たちの道徳的十字軍運動を維持したかったからなのである。そして、それを望んだのは、道徳家だけではなかった。

一九〇二年に、イギリスの社会主義改革者のシドニー・ウェッブはこう主張した。

> 一九世紀の社会組織におけるあらゆる発明のうち、工場法が最も広く行きわたっている。二〇世紀が始まれば、公共図書館や貯蓄銀行よりも広域にまたがって、この法律が普及するようになるだろう。これはおそらく、公立の小学校や警察官よりも普遍的とは言わずとも、ずっと広範囲に浸透している。[*3]

ウェッブは最初の工場法が制定されてからちょうど一世紀後に書いていた。工場法は、一八〇二年にマンチェスターの綿紡織工場で働く児童を保護するために成立したもので、労働時間に制限を設けた最初の法律だった。一九世紀の最初の数十年間に多数の法律がつづいたが、それらすべてを結びつける共通の要素があった。いずれも時間を当たり前のものと捉え、就業日〔就業時間〕を定める時計を工場主や経営者が操作することを当てにしていたのだ。ご想像どおり、このやり方は何ら非の打ちどころがないわけではなかった。

一八四四年の工場法は、労働時間を規制するのに使われる実際の時間基準を最初に定めたものだった。「児童や未成年者の労働時間〔……〕は公共の時計、もしくは通りから見えるその他の時計によって規制される」ものであって、その時計は地域の工場監査官によって承認される必要があった。[*4] これは、本当の時間を示す代わりに水車場の機械のスピードで動き、そのため機械を駆動する水車の動きが遅いときは労働者を騙《だま》していたような時計が、使用中止になったことを意味した。だが、工場時間の新しい基準が相変わらず乱用されつづけたことは明らかだった。

グリニッジ標準時をイギリスの公式な標準時と定めた一八八〇年の法律は、事態を改善したはずだった。だが、大都市以外では、昔ながらの慣習が変化するには長い時間がかかった。一九〇一年にさらなる工場法が制定され、実際には一八四四年以来、何も進展していなかったことを示していた。

> 監査官が、書面による通知で、工場や工房の就業時間を規制する目的で、公共の時計や、通りから見えるその他の時計を指定する場合には、工場や工房での就業時間と食事のための時間は、その時計によって調整されることになる。[*5]

二〇世紀の初め、マンチェスターなど北西部の工場や水車場では、時間はまだ何ら制約のないものでありつづけた。自分たちが損をしていると感じていたのは、労働者だけではなかった。工場の経営者は、あらゆる公式の時計が異なる時刻を告げていたため、違法な時間外労働をさせたとして、工場監査官から繰り返し起訴されていた。一九一三年には、オールダム綿紡績経営者協会も堪忍袋の緒が切れて、こうした起訴がなされると、同協会の会員を「不正義の犠牲者」と表現した。[*6]これが同情の嵐を巻き起こすことはなかったと言っても差し支えないだろうが、それでも起訴されたことで同協会はある解決策を講じた。ロンドンからブルノまで、ヨーロッパ各地の進歩的な都市では馴染み深く思われたであろう対策である。ランカシャー州一帯に電気時計設備を建設し、協会事務所にある一台の親時計の時刻を、すべての時計が告げるようにすることを求めたのだ。親時計は、王立天文台から電気信号を受けて、グリニッジ標準時に合わせていた。

道徳的な管理の手段

公共の時計が告げる標準時は道徳的な管理の手段であり、時報はどこへでも瞬時に伝わらなければならないため、電気とは切り離せないほどに結びついている。電気がなければ、最寄りの電話交換所や郵便局から何キロも離れたランカシャー州の綿紡織工場は、鉄道によってイギリスがグリニッジ標準時に合わせて標準化されたと言われてから何十年を経ても、グリニッジ時とは無関係に操業していただろう。ロンドンのパブですら、アルコールの販売を制限するうえで必要な道具を立法府や技術者が禁酒運動家に与えるまでは、独自の時間で経営することができたのだ。頭上の電線で送られる電気が成し遂げたのは、時間の標準化以上のものだった。オールダムにしろロンドンのオールドストリート界隈にしろ、これらの時間孤立地帯は、つまり、時間が無秩序なこれらの無法地帯は、電気によって道徳改革者とその時計に掌握されるようになったのだ。イギリスでも世界各地の近代都市でも、いったん電気時計設備の効果が証明されると、それが道徳面ではたしうる工作には限界がなかった。

夏時間と相対性理論

ジェームズ・ナイと一緒に、ロンドンの由緒あるパブを訪ね歩いていない日には、私は二〇〇七年の多くをウィリアム・ウィレットの足跡をたどって過ごした。一八五六年生まれの不動産開発業者で、ロンドンとブライトン一帯で大きな住宅街の建設に携わった人物である。ウィレットは昼の光に強いこだわりがあった。二〇代前半で父親の建設会社に入り、その後の二五年間、ウィレット親子は、いまなお評論家が上流階級の住宅地と見なすものを建設して過ごした。それぞれの区画は、各戸に備わった多数の大きな窓から入る光が最大限となるように配置されていた。

だが、ウィレットのこだわりは仕事だけに留まらなかった。彼は救世主のような情熱をもって、昼光が道徳におよぼす価値を信じていた。そして、彼を今日まで有名にしたプロジェクトは、〔パウロがキリスト教に改宗した〕ダマスカスへの道ではなかったにせよ、少なくともチズルハーストの自宅近くの林地の乗馬道における会話から始まった。彼の娘ガートルードはそのときの情景をこう回想した。「毎朝、朝食前に父はペッツ・ウッドを抜けて乗馬をしておりました［……］松の木々の下を通る美しい乗馬道が、この林地のなかにあったのです。昼光の有効利用《デイライト・セイヴィング》を最初に思いついたのは、ここでした」[7]。このひらめきを得たのは一九〇六年ごろで、ウィレットはその後の生涯を、毎年春と秋にすべての時計で時間を変えて、夏の昼光を有効に利用できるようにする法律制定のために運動をした。

イギリスでは英国夏時間と呼ばれるデイライト・セイヴィング・タイムでは、毎夏、数カ月間すべての時計の時刻を設定し直す。たとえば、午前九時は午前一〇時になるので、時計が九時を指すまでに職場に着いていなければならないとすれば、一時間早く起きなければならない。それほど単純なことなのだ。昼光が増えるのではなく（当然ながら）、私たちがただ夏には冬よりも一時間早く起きて、早く就寝するから、夏の夕べが（早く就寝するため）明るく感じるのである。そして、いまもこれを実践しているのは、それが私たちにとってよいことだとウィリアム・ウィレットが考えたからなのだ。

道徳家は、一九〇七年にウィレットが時計を変える計画を推進し始めると、それを支援すべく大挙してやってきた。アーサー・コナン・ドイルはこの計画を絶賛し、「夏には誰もが一日の仕事のあとで、自分の小さな庭の手入れであれ何であれ、それぞれの趣味ができる時間に帰宅することは素晴らしい」と主張した[*8]。銀行休業日《バンク・ホリデー》〔法定休日〕を設けてくれたエイヴバリー卿《きょう》ジョン・ラボックは、ウィレットの提案がロンドンにいる膨大な数の事務員を助けるだろうと主張した。事務員は「一斉に仕事を離れられるようになるので、クリケットの試合をするとか、戸外でその他の健康的な運動をすることができるようになり、それは彼らにとって多大な恩恵になると私は考える」[*9]。内務大臣のジョン・チャーチルは一九一一年に、「より明るく、健康的な世界に暮らし、感謝する後世の人びとは、ウィレット氏をたたえて銅像を建て、一年で最も昼の長い日にその像をヒマワリで飾るだろう」と主張した[*10]。

ウィレットは、自分の計画が実行に移されるのを目の当たりにする前に永眠した。彼は一九一五年に死去するまで、時計を進める計画の実施を求めて声高に、大々的に運動し、この問題を議会で検討するために二つの特別委員会を設けさせるまでにいたったが、一九一六年になってようやく、ドイツとイギリスとの戦争のなかで、夏時間にすれば、夜間に軍需物資工場の照明に使われる燃料を節約するのに役立つかもしれないとドイツ軍が考え、それを試行した。同様の試みのなかで、オーストリア＝ハンガリー、オランダ、ベルギー、デンマーク、スウェーデンがあとにつづいた。数週間後に、負けてはいられないと、イギリスも例に倣い、計画はそこから発展した。

当初、イギリス人はチズルハーストから道徳を説くこの住宅建設業者に騙されていることを知っていた。一九一六年に夏時間を試行した初日に、ある新聞記者がブラックフライアーズ駅近くの舗道にチョークで書かれた落書きを目にした。そこには辛辣《しんらつ》に、「諸愚人の祝日、五月二一日。一時間早く起きて、早起きなどしていないと自分を騙そう」と、書かれていた[*11]。だが、それでも強力な支援者がいたため、私たちはこの嘘に賛同した。

ウィリアム・ウィレットの提案が最初に掲げられた瞬間から、電気時報産業はこれを都市生活の公式な骨組みに自分たちの技術をさらに埋め込むためのトロイの木馬と見なしていた。そして、この計画を検討した一九〇八年の特別委員会の公聴会を最大限に利用した。

一九〇八年五月二六日、火曜日のその現場を思い浮かべてみよう。委員長にはハイス選出の下院議員で、ロスチャイルド金融王朝と姻戚関係を結んだエドワード・サッスーンが就任していた。海外の電信網を国家が管理することに、強い関心をもった人物である。彼の前には、STCの会長セントアンドリュー・セントジョン・ウィンがいた。同社はまだグリニッジ時をロンドンのパブ、事務所、銀行（ロスチャイルド銀行を含め）に売っていた。ウィンは、自社の電気同期装置を使えば、ウィレットの計画は簡単に実践できるだろうと説明し、委員会室のテーブルの上でそれがどう作動するかを見せる技術実演すらして見せた。次の証人は、シンクロノーム社の創設者のフランク・ホープ＝ジョーンズだった。この会社は、その二年前にブルノに設置されたのとちょうど同じような電気時計設備を製作していた。五年後にランカシャー州にオールダム綿紡績経営者協会が設置しようとしたようなものだ。ホープ＝ジョーンズは電気時計設備の新しい科学について委員会に熱心に語り、このシステムは「計時のより健全な方法」だと説明し、イギリスの時間標準化の方法は「ほぼすべてのほかの文明国で一般に使用されているものに比べて、はるかに遅れている」とした[*12]。

もちろん、ウィリアム・ウィレットは労働者階級の怠惰を激しく非難した最初の道徳家ではないし、問題の解決に時計を使おうと試みた最初の人でもない。ある意味で、彼の立場は、宗教のためであれ産業のためであれ、規律を生みだすうえでの時計の重要性について何世紀も説きつづけられた結果だった。だが、電気が時計に新しい力を、広大な勢力範囲を、社会のなかで高められた道徳的地位を与えたのである。

電気こそが近代性なのである。一九世紀から二〇世紀に変わるなかで、電気は日常生活のあらゆる様相を変えていった。意思疎通の方法も、移動の仕方も、私たちの健康も、幸福の条件も変えたのだ。電気は私たちの世界の見方も、私たち自身にたいする見方も変えた。電気のある未来が、小説や雑誌のページに満ちあふれた。芸術や広告でも電気は鮮やかに描写された。ロマンチックで、スリルに満ち、ショッキングなものですらあったのだ。電気の発達によって、そして近年の技術だけでなく、時計のような大昔からの技術への電気の応用によって、私たちの暮らしにもたらされた変化がいかに急激であったかどれだけ誇張しても足りない。西洋社会の道徳的構成は、この新しい近代的な力によってつくり変えられていたのである。

　一九〇八年に夏時間を検討していた特別委員会の部屋では、電気時計設備の推進者はこれまでどおり、近代性を売り物にしていた。これはアルベルト・アインシュタインが特殊相対性理論を発表したわずか三年後のことだった。光速は絶対的だが、時間は見る者の視点しだいで相対的なのだという、衝撃的な提案をした理論だ。ＳＴＣ、シンクロノーム社、そしてブルノのヨハン・アンテルはみな、光速で標準時を提供していた。時の政権を掌握している人びとの道徳的観点しだいで変わりうる時間である。アルコール、児童労働、怠惰など、それぞれの道徳の危機が何であれ、電気と時計はそれを正すことができたのだ。

　標準化された時間は、標準時間帯にいるすべての人の行動を管理できるようになる。いつ起床して、いつ就寝するか。アルコールはいつ買えて、いつ買えないのか。工場や店でどれだけ長く働くことが許され、昼の時間の長い夏にどれだけ多くの昼光を浴びられるかも、ほかの場所へどれだけ簡単に旅をすることができるかも、それによって決まるのだ。何がよい行ないで何が悪いかを、道徳的に何が正しくて何が間違っているかを、権力者が決めているのだ。そして彼らは時計と電気を使って、自分たちの道徳律を制定していたのである。混み合ったバスに必死に乗り込んで職場へ向かおうとするとき、あるいはラッシュ時に渋滞に巻き込まれたときには、私たちは電気時計設備に従っているのだ。より端的に言えば、時間を使って各人がどう振る舞うべきかを告げる、政府の命令に従っているのである。何世紀ものあいだ、時間は民衆の規律を保つために使われてきた。新しい電気時計設備によって、道徳的な管理は光速で実施できるようになったのだ。そして、私たちはつねに従っている。いや、そうだろうか？

第9章　抵抗

一九一三年、エディンバラ、望遠鏡駆動の時計

エディンバラの爆破事件

一九一三年五月一六日の金曜日、エディンバラの新聞売店に地元紙の夕刊が並ぶと、住民は口々に女性参政権活動家《サフラジェット》が仕掛けたテロ活動を話題にした。その朝、近くのダルキースにあるバクルー公所有の礼拝堂地下のボイラー室に、爆弾が仕掛けられたのだ。この装置は爆発させられる前に、地所の働き手に発見されていたが、陰謀が成功していれば、上にある教会にいた信徒全員が殺されていたのは明らかだった。新聞を読んだ人びとは、この礼拝堂にバクルー家の地下聖堂があり、爆弾が破裂していれば、おぞましい侮辱行為がなされかねなかったことも知った。ロンドン警視庁は、当時イギリス全土で展開されていたサフラジェットの活動で手一杯なので、軍を出動させて地所の警備を助けてもらえと主張する評者もいた。侵すべからざる場所は、どこにもないかのようだった。

その晩、エディンバラ市の中心から南西の方角にあるブラックフォード・ヒルの上に立つ王立天文台の助手ジョン・ストーリーは、天文台の外をうろつく怪しげな人物を見かけた。彼は上司であるスコットランドの王立天文台長ラルフ・サンプソンに注意を喚起した。大半の人びとよりもサフラジェットの脅威を恐れるだけの理由のあるエディンバラの住人である。サンプソンの天文台には、星を研究するだけでなく、

最も正確な時を刻みつづけるために使われていた高価で精巧な天文機器が多数備えられており、この天文台は彼自身と二人の助手によってのみ運営されていたのだ。襲撃されたら、自分たちがひとたまりもないことを彼は知っていた。翌日、サンプソンは市警察本部長に手紙を書いて、天文台の警備を手伝ってもらいたいと依頼したが、費用は天文台の職員用予算持ちであると告げられる結果となった。この問題についてサンプソンがあれこれ考えるうちに数日が過ぎた。だが襲撃を予期した彼の勘は正しかった。追加の警備対策を講じることができないうちに、サンプソンが最も恐れていたことが現実となった。爆弾で天文台が破壊されたのだ。

　五月二一日、水曜日のエディンバラは強風の吹く雨模様の天気だったので、早朝に騒音で目が覚めたとき、サンプソンはただドアがガタガタ音を立てているのだろうと考え、再び眠りについた。ところが、火薬を詰めた大きな素焼きの壺が西側の望遠鏡ドームの中階の鉄製階段の脇に置かれ、長さ九メートルの導火線がその下の部屋まで階段沿いにつづいていた。階下には、望遠鏡のクロノグラフ、つまり〔ストップウォッチとして〕時間を記録するための時計仕掛けの装置があった。そして翌日、使用人が望遠鏡の建物を開きかけた途端、破壊の状況が明らかになった。

　爆発による損害は広範囲におよんだ。窓もドアも吹き飛ばされていた。漆喰の天井は粉々になっていた。階段の一部も飛ばされていた。ガラスの破片は建物から三〇メートル離れたところでも見つかった。爆弾の真上にあった望遠鏡室のぶ厚い床は、崩れ落ちていなかったが、下で支えていた持ち送り《コーベル》から外れて、ドーム内に設置されていた二基の壊れやすい望遠鏡に覆い被さっていた。地球が自転するあいだも、望遠鏡が一つの星を追跡できるようにした駆動時計はさらにひどい有様だったが、これはのちに修理された。

　その晩、どの一派が爆破を実行したかについては、ほとんど疑う余地はなかったが、実際に関与した個

図9-1　エディンバラ天文台で爆弾による被害を調べる役人、1913年

人が特定または逮捕されることはなかった。現場には二枚のメモが残されていた。一枚にはこう書かれていた。「世界の始まりから、人間の発展は足場から足場へ、支柱から支柱へとそれぞれの段階を進んできた」。もう一枚にはこう記されていた。「決然とした行為の前に、議論などいかにさもしく見えることか。女性に参政権を」[*1]。報道のなかで「暴力行為」で「人騒がせ」だと書かれたこの爆破事件は、普通選挙を要求するサフラジェットの仕業だった[*2]。

時計という暴君

女性参政権を求める初期の運動は非暴力的だったが、一九一〇年代になると、新興のサフラジェット運動はイギリス全土で激しい抗議運動を繰り広げていることで知られるようになり、その標的には競馬場、公園、観光名所、紳士クラブなどが含まれていた。通信や輸送システムもしばしば襲われ、郵便箱には酸が注がれ、鉄道車両が放火され、電話線や火災報知器の回路が切断された。

〔南中時刻から〕時刻を決める望遠鏡と時計を備えた天文台が、なぜ爆弾の標的にふさわしいと見なされたのだろうか？　その答えは、いま一度、時間の標準化を考えることからもたらされる。標準化は力と支配の行為だ。科学そのもの、というよりむしろ科学的活動は、多くの意味で権力を確立することだった。そして標準時に依存する輸送と通信の世界的なシステムは、力を世界中に行き渡らせていた。

　これは一八三〇年代から規模と影響力を増してきたプロセスだった。鉄道と電信の導入が、地理的に広い地域一帯で一つの標準時の需要を、それを共有できるようにする技術手段とともに生みだしていた。鉄道の時刻表は、全線にわたって一つの「鉄道」時間があって初めて功を奏した。だが、産業内の協調を図る便利な技法として始まったものは、ヴィクトリア朝とエドワード朝時代の暮らしの構造全体に標準時が根づくことになる制度へと発展した。標準時が世界中に広がるにつれて、時計は通商、貿易、帝国の国際的なシステム、すなわち力のシステムのなかで、鉄道と電信と手に手を取って進んだ。この力はすべて、男たちが振りかざしたものだった。グローバル化の恩恵を受けたのは男性なのだ。時間の科学的な標準化は、男の世界において生じたのだ。ラルフ・サンプソンが、彼の科学的天文台が危険にさらされていると恐れたことは驚くに値しない。彼の時計と望遠鏡は明らかに、このシステムが女性にとって不利だと感じていたサフラジェットたちの攻撃の的だったのである。サフラジェットにとって、サンプソンの観測機器は独裁者のごとく見えたのである。

　カナダのアナキスト〔無支配を訴える人〕、ジョージ・ウッドコックは、第二次世界大戦を良心的兵役拒否者として、イギリスのエセックス州で農場労働者として働くことでやり過ごした。一九四四年に農場にいたころ、彼は「時計の暴政」と題したエッセイを書いた。そのなかで彼はこう主張した。「時計は、搾取するどんな個人よりも、ほかのどんな機械よりも、現代の人びとの暮らしで威力を発揮する機械の暴政の一要素なのである」[3]。時計を暴君と見なす考えはそれ以来、定着した。時計は、本書でこれまで探究してきた多種多様な方法で、暴君たちが支配と抑圧を確立するためにつくられてきたからだ。

　だが、こと暴君にたいしては、民衆は抵抗を試みるものなのだ。ときには声高に、特異で暴力的な行動にでることもある。暗殺や流血のクーデターなどだ。それ以外の場合では、抵抗は長年にわたる多数の小規模で静かな行動の積み重ねによってなされ、それらが合わさると強力な、制止不能にもなる力を築きうる。抵抗はつねに奏功するわけではなく、少なくとも短期的には難しい。それにもちろん、ある人にとっての暴君が、別の人にとっては自由の戦士にもなりうる。だが、歴史は何度となく、暴政には抵抗がつきものであることを示してきた。そのため、文明と暴政にたいする抵抗を理解したいのであれば、服従させられた人びとが時計をどう扱うかを見ればよい。どこを見ても、時計にたいする抵抗行動に気づくことだろう。

産業界の時間規律

　一九六七年に、サンフランシスコで「愛の夏《サマー・オヴ・ラヴ》」という社会現象が頂点に達し、ロンドンでも若者がアメリカのヒッピーたちのあとにつづいていた時期に、マルクス主義歴史学者で社会活動家のＥ・Ｐ・トンプソンが、こんなことを書いた。自分が目にしているドロップアウト文化〔既成社会からの離脱〕と、時計と「時間規律」にたいする歴史上の抵抗形態の類似性に言及したもので、こう述べていた。「西洋の産業資本主義のなかで繰り返し見られる反乱形態の一つは、ボヘミアンであれビートニク〔ビート族〕であれ、往々にして尊重すべき時間の価値観が押しつける切迫感に逆らう形態をとってきた」[4]

時間を研究する歴史家は、それ以来この問題について議論してきた。トンプソンの側には、一八世紀以降から始まった産業化が労働者にたいする新しい「時間規律」の形態を生みだし、これらの労働者はますます仕事〔の内容〕よりも時計〔拘束時間〕によって賃金を支払われるようになったと考える人びとがいた。だが、多くの人びと（いまでは、おそらく大半）は、産業資本主義の出現によって時計が仲介する新しい形態の拘束が労働者に課されるようになったという彼の主張に反駁《はんばく》し、その代わりに労働者はさかのぼろうと思えばいくらでも昔から時計によって縛られてきたし、イギリスや西洋の産業国以外の場所でも同様であったと考えている。

　しかし、理由はなんであれ、それがいつ、どこで生じたにせよ、働き手と民衆を管理するための時計の利用は重大な影響力をもってきたのであり、人びとはときにはそれに反撃してきた。イギリスの工場には、間違いなく時間に関連する問題があった。時計は工場労働の規則の一部であり、この制度を悪用させるがままにしていた。一九世紀になってもまだ、スコットランドのダンディの織物工場で働く人びとは、次のように主張していた。

> 工場の時計はしばしば朝には早く進められ、夜間には遅らされていて、時間を計るための計器となる代わりに、不正行為と抑圧を覆い隠すものとして使われていた［……］時計の科学について知り過ぎていると思われる人は誰であれ、解雇されるのが決して珍しいことではなかった。[*5]

　繊維産業は労働者の生活を縛るうえで、時計をきわめて抑圧的に利用していた業界の一つで、所有者や経営者は時間に関して労働者を騙し、それゆえに賃金も誤魔化《ごまか》すやり口が最もあからさまでもあった。知識は力なので、初期の時代の水車場の労働者たちは、懐中時計をもつことを禁じられていた。有給で働く時間を超過してどれだけ長く働かされているのか、労働者が知るのを恐れたためだ。工場の時計が示す時間は、一日のあいだに日常的に変更されていたのである。

だが、経営者のなかには時計職人と共同して、本当の時間が労働者にわからないように騙す、さらに工夫に富んだメカニズムを構築し、技術的な改変を企んで一日を長くした者もいた。一八三二年にイギリス議会は、織物工場改革に関するいわゆる一〇時間労働法案を議論していた。ニューアーク選出の下院議員で、社会改革者として法案を推進していたマイケル・トマス・サドラーから次のように告げられて、下院議員は衝撃を受けた。

> 一部の水車場や工場では、二台以上の別々の時計やその他の装置を使用する慣習が存在することが知られている。一台は一般的な時間を示す時計で、もう一台は蒸気機関などの機械の速度で調整される時計で、「スピード時計」とよく呼ばれるものだ。日々の労働は、通常は特定の期間に限定されるものの、このスピード時計を使って、その制限をはるかに超えて増やされることがよくある。[*6]

これらのスピード時計、もしくはエンジン時計はまだ数台現存する。繊維産業でかなり常態化していたことを知るには、間違いなく充分な台数だ。一つは一八一〇年製で、チェシャー州マックルズフィールドのパークグリーン絹織物水車場で使われていた。機械を動かす水車にシャフトとベルトで接続された針と文字盤のある時計だ。川の水位が低ければ、労働者は長時間働かなければならなかった。もう一台はノースヨークシャー州スキプトンのジョン・バレットが製作した時計で、一日二四時間によってではなく、工場のシフトに合わせて目盛りが付いていた。「エンジン時間」が半時間過ぎるたびに、鐘の合図が鳴った。だが、現存する古い時計で、一七七〇年ごろに有名な時計職人で科学者のジョン・ホワイトハーストが、スタフォードシャー州ストーク・オン・トレントのジョサイア・ウェッジウッドの陶磁器工場のために製作したエンジン時計は、さらに特筆すべきものだ。ホワイトハーストとウェッジウッドはどちらもベンジャミン・フランクリンの友人だったからだ。一七四八年に最初に時を金にたとえたアメリカの革命的な政治家だ。お金が関係するところでは、時間は相対的になった。時計が抑圧者の役割をはたすのか、もしくは抑圧された者の救い主となるのかは、それが告げる時間を誰が管理するのかしだいで変わった。

　そこで、産業革命の工場の経営者が時計を兵器にしたとすれば、それに抵抗しようとした人びとがいたのは、驚くべきことではなかったに違いない。たいがいは無断欠勤という手段によったが、ときにはもっと痛烈な形態を取ることもあった。「ラダイト」という用語は、一九世紀初めに機械を打ち壊す集団の活動にちなんで私たちの語彙に入ったもので、そこでは織機や蒸気機関が破壊されていた。一八一一年から一八一三年にかけて暴動を起こしたラダイトたちは、厳罰に処された。多くの者は処刑された。だが、機械の暴政への抵抗は頻繁に発生した。技術が象徴するものにはそれほど強い力があったのだ。一八二六年に、何千もの武装した暴徒がランカシャー州の綿織物の町アクリントンに進撃し、サイクス水車場へ直行した。現場を見た人の報告によると、「第一撃は、通路に掛かっていた時計を一人の女が叩き壊したものだった。つづいて、バールや大ハンマーを使って織機が襲撃された」[*7]。一八七八年になっても、工場の時計はランカシャー州の織物の町ブラックバーンにあるいくつかの水車場で、襲撃者によって破壊され、盗まれた。そこで働く綿業の労働者は自分たちを、工場の鐘の「奴隷」だと考えていた。[*8]

　南北戦争前のアメリカ南部の綿花、タバコ、米の大農園《プランテーション》では、農場主が産業の発達したアメリカ北部やイギリスにおける展開を注意深く見守っていた。時計による時間が工場に定着してゆくにつれて、農場主たちはそれが影響力のある規律上の効果をもたらしていると考えた。そして、南部の農場に時計を導入することで、この急速に成長する資本主義クラブの会員資格を得ようと考えていた。歴史家のマーク・スミスが述べたように、「鞭《むち》による規律は、時計によって支配される規律に比べれば、重要性は付随的なものとなるだろう[*9]」。

産業界の時間規律を、働き手が生涯にわたって奴隷の身である世界にもち込むことは、ある意味でより困難だったが、置き時計（および農場におけるその類似物、すなわち懐中時計や鐘やラッパ）は、奴隷となった働き手にたいする支配力を行使し始めた。ランカシャー州の水車場と同様に、これらの時計も抵抗に遭った。一八三〇年代にサウスカロライナ州にいたある大農園主はこう述べた。「このように雇用された、つまり時間で働く黒人たちは、任務を負わされたときよりもずっとのろのろと動くことは、よく知られている」。そしてその一〇年後に、ミシシッピ州のある大農園主は、奴隷労働者は、大農園にいる白人たちと同じ速さで食事をするのを拒むのだとこぼした。使用人たちは大農園の訪問客をやたら早く、または遅く起こすこともあれば、間違った時間に（家の時計に従って）食事の用意をすることもあった[*10]。アフリカ南部でも抵抗は起きた。ケレッツォ・アトキンズが示したように、南アフリカの黒人労働者は、白人のヨーロッパ人の支配下で働く暮らしに時間が利用されたことにたいし、繰り返し直接的行動を取っていた。二〇世紀の初頭になってもまだ、ダーバンにいる何百人もの港湾労働者は、実態を否定されていた超過労働にたいする残業代をめぐってストライキを起こし、成功していた。白人が繰り返し適用することで黒人の生活そのものに時間規律を埋め込もうとしたのだとすれば、時計による時間への抵抗行動は、同じくらい影響力があり、繰り返されてもいた。

一八七〇年代までに、世界各地の職場の時計は科学的な観測にもとづいて標準化され、中央で集中管理された時間を告げ始めていた。西洋の時間の構造に理論上の新たな焦点を向ける、新しい政治勢力が台頭しつつあったのである。ロシアのアナキストの革命家で、社会的無政府主義《アナキズム》の創始者であるミハイル・バクーニンは、一八七〇年代に科学は論理的であるかもしれないが、普遍的にはなりえないと主張した。科学は抽象論から抜けだすことはできないのだと。暮らしの具体的な側面は把握できないのだと。バクーニンは「科学にたいする、もしくは科学の統治にたいする、暮らしの反乱」と彼が呼ぶものを説いた。*11

一八七一年のエッセイのなかで、バクーニンは学識ある科学者たちの学会について語った。それは架空の学会だったが、当時のグリニッジやエディンバラの天文台を運営していたような科学者たちで構成された組織のことだと想像できるものだった。バクーニンの主張によれば、学会によって動かされる社会は次のようなものだった。

> 二つの理由から、恐ろしく巨大なものとなる。第一に、人間の科学はつねに、必然的に不完全であるからだ［……］。二番目の理由はこうだ。科学学会が生みだす法律に従うような社会は［……］人間の社会ではなく、けだものの社会となるだろう［……］。それは間違いなく急速にばかさ加減の極地にまでなり下がるだろう。*12

バクーニンは、いかに彼が一つの普遍的な権威を認めることを拒否するかをこう説明した。

> そのような普遍性が一人の人間において万一実現しうるとすれば、また彼がその機に乗じてわれわれ

に権威を押しつけようと考えたら、社会からこの人間を追いだす必要があるだろう。その人物の権威は必然的にその他すべての人を奴隷と愚者に貶《おとし》めるからだ。[*13]

「普遍的《ユニヴァーサル》」という言葉と、巨大な科学者が「その権威をわれわれに押しつける」という概念は、万国標準時《ユニヴァーサル・タイム》というこの文脈では多くを語る。一八七〇年代にバクーニンがこのエッセイを書いていた時代には、時間の標準化は重要なものになりつつあり、一八八四年にはその最終的な政治的結論に到達していた。その年の一一月に、ワシントンDCで開かれていた国際子午線会議は最終日を迎え、グリニッジを世界の本初子午線に選ぶことが決議され、グリニッジ天文台にある大型のトランシット望遠鏡によって定義された子午線から、すべての時間と空間が測定されることになった。バクーニンが社会における科学の役割についての理論を発表したとき議論されていたのは、世界全体のユニヴァーサル・タイムだったのである。

　天文台は、本書で見てきたように、抽象的な科学の殿堂とはほど遠いもので、つねづねきわめて政治的な領域に属するものだった。時間と空間の標準化は、すべて秩序を維持するためのものであり、人びとの行動を管理し、お金を稼ぎ、政治的権力を手に入れ、帝国を築いて、戦争を始めることだったのである。天文台は権威主義的であり、ナショナリズム的なものなのだ。エディンバラの天文台をサフラジェットが爆破した事件は、王立天文台が暴力的な攻撃の的となった最初の事例ではなかった。グリニッジには一八九四年に最初に、アナキストがやってきていた。

グリニッジの爆破事件

一九世紀の最後の二〇年間は、ヨーロッパ各地のさまざまな国がアナキズムに触発されたテロ攻撃に次々と見舞われた。ごく初期の、きわめて劇的な事件の一つは、一八八一年のロシア皇帝アレクサンドル二世の爆弾暗殺事件だった。この事件から、アナキストは支配者や貴族階級にたいして、同様の多数の攻撃を仕掛けるようになった。同時に、イギリスの植民地主義に抵抗するアイルランドのナショナリストたちが、イギリス本土でダイナマイトを使った爆破作戦を始めた。

一八八五年一月、ワシントンの子午線会議がグリニッジの天文台にスポットライトを当ててからわずか数週間後に、グリニッジ王立天文台長のウィリアム・クリスティが政府に、自分のところの建物が攻撃される可能性について憂慮している旨を書いた。「ダイナマイトで公共の建物を爆破する企てが繰り返されている」ことに触れ、「外部から深刻な損傷を加えられることが考えられます。ここはグリニッジ公園に出入りする公衆にとって容易に近づけるところです[*14]」。彼の依頼には何の手応えもなく――お役所的に無視され――クリスティはその段階で問題をそのまま放置したが、ヨーロッパ各地でアナキストによる攻撃はつづいていた。

わずか三週間後に、ロンドンでの緊張が高まるにつれて、セントポール大聖堂を爆破するという匿名の脅迫状が舞い込み、当局は時計にたいして象徴的に暴力が振るわれることを恐れ、この大聖堂の南西側の塔の上にある時計と釣鐘室を閉鎖することにした。この部屋は数年間、閉鎖されたままとなった。

一八九三年には、アナキズムを信奉するテロリストたちはとりわけフランスで活動するようになり、その一二月にパリの代議院で生じた爆弾事件でその頂点に達した。一八九四年一月四日には、グリニッジ天文台の天文学者の一人が、敷地の南側にある建設途中の建物が不法侵入されたと報告した。翌日、ウィリアム・クリスティは再び政府に手紙を書いた。「天文台の敷地のこの一角は［……］一年のこの時期には不正直者やいたずら好きによる攻撃に大いにさらされます［……］既存の警備体制を補う形で適切に警察による保護が得られるよう、迅速な手続きを講じるべきだと私は考えます[*15]」。公園が夕方の六時に閉園になると、公園管理者も警察も定時の見回りはしなくなることについて彼は述べた。だが、彼がより心配していたのは閉園間際の時間で、その時間帯に公園の見回りの強化と警察の保護を要求していた。政府は受け取りの通知はしたが、それ以上は何もしなかった。

　数週間後の一八九四年二月一二日、月曜日の夜、アナキストのテロ実行犯が、パリの主要な鉄道駅の隣にあるサンラザール通りのグラントテル・テルミニュス〔現ヒルトン・パリ・オペラ〕の込み合ったカフェに爆弾を投げ込んだ。アナキストが爆発物と鉛を詰め込んだオイルサーディン缶でつくった小箱を投げ込んだとき、カフェはオーケストラの演奏を聴く客で満席状態になっていた。爆発で二〇人が負傷し、そのうちの一人は後日その怪我《けが》がもとで死亡した。爆弾犯人は逃走し、追跡され、拳銃を五発撃ったうえに、逃げようと試みて追跡者たちをナイフで刺してさらに負傷させたのちに、拘束されて逮捕された。彼はロンドン在住で、自分の目的は「貧窮者にあまりに過酷な仕打ちをするブルジョワ政府に警告を発すること」だったと供述した[*16]。実際には、警察は後日、爆弾犯の本当の標的は近くのコメディ・フランセーズだったと考えた。当日は新しい主要な演目の初日で、パリの社交界のエリートで満員になっていた。それどころか、テロリストが入り込むには満員すぎたために、カフェに爆弾をもち込んだのだ。満席のコメディ・フランセーズで爆発が起きていれば、言葉に表わせない恐ろしい事態となっていただろう。

　その三日後、グリニッジ一帯に爆音が鳴り響いた。王立天文台の門番と天文学者二人が天文台施設から駆けだし、煙が上がっているのが見えた小道へ急いだ。そこには公園管理人のパトリック・サリヴァンと、現場に最初に着いた地元の男子校の生徒二人がいた。一見したところ、とくに変わったことはないようだった。のちにマルシヤル・ブルダンと身元が判明した男が一人、小道の手すりのそばにひざまずいたまま、頭を垂れてじっと動かずにいた。その後、彼は前に崩れ落ちた。サリヴァンはそっと彼をかかえあげて尋ねた。「何があったんだ？[*17]」だが、ブルダンは答えず、そこで初めて、その場に集まった人びとは、彼の負傷が恐ろしいほどのものであることに気づいた。左手は手首から先が吹き飛ばされており、血まみれの腱《けん》が垂れ下がっていた。背中に空いた穴からは肩甲骨が突きだしていた。爆発によって内臓は吹き飛ばされていた。彼は近くの病院まで搬送され、そこで二五分後に死亡した。何が起きたのか、彼が語ることはなかった。

　政府はすぐに爆発現場に捜査官を送った。小道はおびただしい量の血で染まり、ブルダンの手から飛び散った肉片や骨片が散らばっていた。だが、レンガの一つの表面が損傷したほかは、天文台そのものは無傷だった。

　王立天文台にたいするテロ攻撃が、公共の場でのむごたらしい死を招いた結果、爆弾攻撃はその後何日にもわたって途方もない威力で新聞の見出しを飾ることになった。ブルダンの負傷はおぞましいほど細部にわたってすぐさま報道され、観光客が大挙してグリニッジ公園まで押しかけて現場を眺めた。事件現場では、彼の手の一部が見つかった場所を記すために芝生に埋め込まれた白い杭を視察することができた。ある公園管理人は、グリニッジ公園にこれほどの来場者があったことは、これまでになかったと述べた。

　二〇〇八年に、計時部門のキュレーターとして王立天文台で勤務したとき、私はこの爆破事件の歴史と、その後の年月のあいだに発表された事件の政治的分析を研究していた。しかし、何かが欠けていたのだ。史料を読むなかで、その日のブルダンの意図に関して疑問が発せられていた記録が次々と見つかった。彼はもっと人の多い場所を探してグリニッジ公園を通り抜けていたとか、警察の監視の強化に直面して、国を脱出しようとドーヴァーに向かう途中だったなどと述べる人もいた。彼が爆発物を隠すために、人けのない場所を探していたと信じる人もいた。しかし、これらはいずれも、私には納得が行かなかった。理論上は、これらの説明はいずれも意味をなす。だが、グリニッジ公園は理論上の場所ではなく、現実の場所だ。そこには丘陵もあれば窪地もあり、木々に低木、小道や見通し線〔遮るもののない直線〕があり、その後の歳月に事件について書いた人びとがおおむね無視してきた特有の地形があった。そこで、あの運命の日の出来事を新たに理解するために、私はマルシヤル・ブルダンの最後の旅をたどってみることにした。そして、その計画された顚末《てんまつ》まで、旅をつづけてみるのだ。

一八九〇年代にまでさかのぼって公園の陸地測量図を調べてみると、ブルダンがたどってきたジグザクの小道が描かれているのがはっきりと見てとれた。丘の上にある天文台までつづく道だ。私は政府作成の現場のスケッチのほか、報道された写真と木口木版画も見た。そこには、木が数本そこかしこに植わった丘の急斜面が描かれており、天文台本館の北西端の小塔のほうへ小道が縫うようにつづいていた。

今日、この小道はとうになくなっている。この一帯は木々や藪《やぶ》ですっかり覆われていて、一般の人びとが入れないよう柵が設けられている。ただし、天文台の同僚のジョナサン・ベッツと私は公園当局からなかに入る特別な許可を得ていた。現在の小道は来園者を別のルートから天文台へと向かわせ、その先のブラックヒース方面までつづいている。この後世の小道にブルダンがいたと評者たちは想定していたのだと私は考える。だが、彼が通った実際の小道を、下生えのなかを無理やり進みながら私たちが注意深くたどったところ、それは天文台にのみ通じていた。ただ公園を通り抜けたい人は、たとえ園内の地図に詳しくなかったとしても、誰もその道を進みはしなかっただろう。遠くから一目で、道筋は見て取れたのだ。しかも当時、この小道は緑に覆われてもいなかった。誰かがその小道を登れば、通行人から明らかに見えただろう。そこは爆発物を隠すような場所ではとうていなかった。

丘の上まで苦労して登りながら、私たちはブルダンが致命傷を負った地点にまで到達した。爆弾は彼の手にあり、信管が付けられ、爆破する準備ができていた。だが、彼は自爆犯ではなかった。どうしたわけか、おそらくは木の根か、小道のでこぼこした場所でブルダンはつまずいて前に倒れ、間違って爆弾を起爆してしまい、爆発した瞬間にその上に倒れ込んだのだ。いまや私たちが直面する任務は、彼がたどったであろう行程——彼にたどれた唯一の行程——を進みつづけ、彼の標的が実際は何であったか解けるかどうか試すことだった。丘のてっぺんまで登りつづけると、私たちは天文台施設そのものの側面に沿った小道にでたので、道沿いに進んだ。私たちの左側では、丘の斜面は開けて急傾斜で下っていた。右側には天文台の高いレンガの壁があった。ブルダンが携えていたような小型の爆弾では、ここに大した損害は与えなかっただろう。それが彼の標的だったとは私には思えなかった。

その後、天文台施設の角を曲がり、広い開けた中庭につづく門まで行き着いた。そこには、門の横に大きな丸くて白い天文台の公共時計が、壁のなかに人の背丈ほどの高さで設置され、ガラスで覆われていた。これはイギリスの標準化され、集中管理された時間を一九世紀以来、表示してきた公式の時計である。一八八四年に、西洋諸国政府の代表たちは、地球上の人間はみな一つの時計が刻む拍子に合わせて行進すべきだと決めていた。そして、それがこの時計だったのである。これはブルダンのようなアナキストが軽蔑するあらゆるものを、力強く現実に体現したものだった。これは怪物のように見えたに違いない。私は自分たちの旅の最後に到達したことに気づいた。ほかに標的となるものはなかった。マルシヤル・ブルダンは、もう少しでグリニッジ標準時そのものを爆破するところだったのである。

図9-2　グリニッジ天文台の爆発現場を示す政府作成のスケッチ、1894年

*

グリニッジを世界の本初子午線に選んだ一八八四年の子午線会議は、フランス国民の精神に癒えない傷となるものを負わせた。会議当時、フランスの代表団はこの決定を覆そうと盛んにロビー活動を繰り広げ、その後は会議の結果を認めるのをひたすら拒絶した。フランスの評者はこれをイギリスによる帝国主義の行為と見なしており、フランス側の論点は容易に理解できる。グリニッジを選ぶ実際上の理由が何であれ——世界の大半の船はグリニッジ子午線をもとにした海図を使っていたため都合がよかった——これは原理上、一部の人にとってイギリスが世界全体に自国の価値観を押しつけようとする試みに思われたのだ。植民地主義による敵対的な行為に見えたのである。

　一八八四年の会議が即座に行動につながることはなかった。国際外交とは本来そうしたものだからである。大半の国がグリニッジを拠点とする時間制度に移行したのは、一八九〇年代初めになってからのことで、ということはこの問題はニュースとなりつづけ、何年ものあいだフランスの人びとの熱い胆汁をじわじわと増やし、反感の炎を煽っていたのである。やがて、一八九三年後半に一連の調査が実施されて、グリニッジを拠点にしていったい誰が時を刻んでいるのかが明らかにされ、そこからさまざまな大衆向けの記事が書かれた。そこでは（再び）グリニッジを拠点とする万国標準時の無情な台頭について語られることになった。

　そのため、一八九四年初めには子午線会議は一〇年前の歴史となるどころか、むしろ新聞の見出しを頻繁に飾っており、まだ進行中の論議を呼ぶ話題だったのである。グリニッジ天文台とフランス人の傷ついた誇りとの関連は、一八九四年の爆破事件当時、国内の新聞には書かれていた。『タイムズ』紙はこう述

図9-3　グリニッジ天文台の門の時計の横でポーズを取る役人、1925年頃

べていた。「グリニッジ天文台の評判が世界的なものであるという事実と、フランス人はその優位性にむしろ反対であるということは、明らかに［……］それなりに教育を受けていたフランス人の心には影響力をおよぼしたかもしれない」[*18]
一八九四年二月、ブルダンの爆破事件の三日前に、グラントテル・テルミニュスに爆弾を投げ込んだエミール・アンリは、裁判でこう語った。

> あなた方はシカゴでわれわれを吊るし、ドイツでは首を切り、セレス〔スペイン、アンダルシア州のヘレス〕では鉄環で絞首刑にし、バルセロナでは銃殺、モンブリゾンとパリではギロチンにかけたが、それでも決して破壊できないのは無政府状態《アナキー》だ。崩壊しつつある有害な社会から生まれたもので、その根はあまりに深い。アナキズムは、既成の秩序にたいする暴力的な反応なのだ。[*19]

アンリはブルダンをよく知っていた。彼が法廷で選んだ言葉は多くを語る。「既成の秩序」は政治制度・構造を意味するが、それはまた計測学者の仕事にも言及するものだ。これらの科学者の仕事は、秩序を確立することなのだ。当時もいまも、科学を社会から切り離すことは不可能であり、どんな研究機関の仕事も政治や文化全般と関連することなく、純粋に科学的なものと見なすことはできない。

子午線会議におけるグリニッジの役割と、世界における決定的な時刻としてのグリニッジ標準時の地位は、アナキズム的な見解をもつ人びとにしてみれば、きわめて憂慮すべきもので、フランスを拠点とするアナキストにとってはとりわけ由々しいものだったのである。天文台への一撃は、本初子午線とグリニッジ標準時にたいする一撃となり、そのため国家が支援する科学的帝国主義にたいする一撃となった

図9-4　ボンベイ〔現ムンバイ〕のクロフォード市場と時計台、20 世紀初めの絵葉書

だろう。アナキストは権威があらゆる搾取の根底にあると信じていたのであり、反権威主義的で、分権・分散型の社会だけが人間の自由を守れるのだと考えていた。

そして一八九〇年代のフランスのアナキストだけが、イギリスの植民地主義に、その帝国主義的な時計を攻撃することで抵抗した唯一の人びとではなかったのである。

インドでの標準時をめぐる論争

一八九八年、グリニッジの爆破事件の四年後に、インドのボンベイ（今日のムンバイ）市は、現地のイギリス政府によって弾圧的に実施されていた過酷な公衆衛生措置に抵抗する、ヒンドゥーおよびムスリムの現地民による暴動と広範なストライキに見舞われていた。同市の地理的、社会的、戦略的中心部には、現地民とヨーロッパ人の居住区を分割する形で、イギリス人によって建てられた建築物とクロフォード市場の露店が並んでいた。その頭上には、交通量の多い交差点を見下ろし、ボンベイの警察署と向き合う位置で、市場の時計台がそびえていた。一八九八年三月一一日、金曜日の夜、反植民地主義的な騒動が市内に広がるなかで、ライフルをもった現地のインド人襲撃者が時計に向かって発砲し、煌々《こうこう》と照らされていた文字盤の一つを部分的に損傷させた。

一八八〇年代には、ボンベイで時間の標準化をめぐって長々と論争がつづいており、それはつまり公共の時計が市内で特別な象徴的意味をもつようになっていたことを意味した。イギリスはボンベイにその標準時（実際にはマドラス〔現チェンナイ〕時）を押しつけようとしていたのだ。これは抵抗に遭ったものの、一八九八年にクロフォード市場の時計が攻撃されたときには、当時の議論はボンベイの民衆の記憶にまだ鮮明に残っていた。その七年後の一九〇五年に、イギリス政府がインドの現地民すべてを一つの時間帯のもとに統一して、グリニッジより五時間半前にしようと試みると、同市の標準時をめぐる議論が再燃した。

インドにおけるイギリスの植民地主義にたいする政治的緊張が高まった時代には、ボンベイの標準時は象徴としてさらに強い意義をもつようになった。市内一帯の公共時計がどの時を刻むべきかという選択――ボンベイ時、マドラス時、あるいは新しいインド標準時なのか――は、植民地主義への忠誠、もしくは抵抗の表現となった。激しさを増す論争が何週間もつづいたあと、新しい時間標準がボンベイの現地民にたいする、ヨーロッパの植民地主義の歓迎されざる押しつけと見なされるにつれて、それまでは秘密裏に交わされていた議論が巷《ちまた》にあふれだした。一九〇五年一二月には大規模な公衆のデモが繰り広げられ、ある集会には一万五〇〇〇人もの抗議者が集まった。翌月、ボンベイ最大の織物用水車場で、四五〇〇人の労働者に告げることなく、新しい標準時に時計が変更された。その朝、出勤した人びとはシフト勤務を始めて、どういう事態になったかに気づくと、たちまちストライキに入り、水車場の時計台に投石を始めた。

　ボンベイの時間をめぐる抗議は、実際にはイギリスの植民地支配にたいする現地民の動揺の表われだった。時計は地元の政治家が兵器化することのできるものであり、彼らは広範な政治問題にたいする世論に影響をおよぼそうとした。中央における集中管理や、権力と支配の代理として、時計は人間の感情を掻き立て、燃え上がらせる。それが抵抗運動へとつながり、暴力的な攻撃へと発展しうるのだ。

　権威は抵抗を生む。標準化は反対の声をあげさせる。人びとは時計と戦うのであり、これまでもつねづねそうしてきたのだ。なぜならば、みずからの自己認識《アイデンティティ》そのものを時計に投影するなかで、私たちが本当にやっているのは互いに戦うことだからなのだ。

第10章　アイデンティティ

一九三五年、ロンドン、黄金の電話機

「黄金の声」選考会

普段、ジャローの自宅をでて出勤するとき、メアリー・ディクソンは近くのサウス・シールズ〔イングランド北東部〕の町へ向かう。タイン川が冷たい灰色の北海に注ぐ河口にある町だ。彼女は町の電話交換局の監督官で、かかってきた電話を相手先とつないだり、現在の時刻を尋ねる電話に答えたりする交換手たちとともに仕事をして過ごしていた。時刻の問い合わせは、ロンドンだけでも一カ月に一〇万回はあった。だが、この日、ディクソンはサウス・シールズに向かう代わりにニューカッスル市の中心街まで行き、鉄道の中央駅で降りると、高速の蒸気機関車に乗ってロンドンまで五時間の旅にでていた。ディクソンは首都に向かって出発しながら、興奮すると同時に緊張もしていた。これはいつもの通勤ではなかったからだ。明日は全国的な名声を獲得する一歩を踏みだせる日となるかもしれない。彼女には、自分の声だけを武器に争う八人の競争相手がいた。一九三五年六月のことで、彼女は電話を使った話す時計《スピーキング・クロック》〔時報サービス〕の声を選ぶための最終選考会に行く途中だった。

　イギリスの電話網を運営していた郵政省は、四月以来、「黄金の声をもつ女性」と銘打った人を探すための選考会を催していた。一連の地区予選でオーディションを受けた一万五〇〇〇人の交換手が九人の最

終候補にまで絞られ、ロンドンに集まってきていた。メアリー・ディクソンはニューカッスルで開かれた審査会でライバルたちに打ち勝ち、その後、リーズでも勝ち残った。彼女は最終選考会でハットトリックを決められるだろうか？

　セントポール大聖堂に近い郵政省の建物に集まった九人の女性にとって、これは神経をすり減らす経験だった。九人はそれぞれ交代で個室に入り、マイクの前に座った。同省の建物の大会議室にある大きなテーブルの周囲に審査員たちが着席し、それぞれの前に黄金の電話機が設置され、マイクはそこにつながっていた。最終候補のうち何人かはロンドンの地元の人だった。そのうち四人はロンドンの交換局で働いており、五人目は近くのギルフォードからきていた。だが、ディクソンのように、その他はそれぞれの地方を代表して長距離を旅してきていた。バーミンガム、エクセター、ブラックプール、それにサウス・シールズである。

　ディクソンは最終候補のなかでは年上の一人だった。電話交換手は通常、結婚すると仕事を辞めなければならなかったので、大半の交換手は一〇代後半か二〇代だった。ディクソンは未婚で、出世の階段を上って上級交換手および監督官にまでなることができ、黄金の声の選考会にかかわるようになったときには四二歳になっていた。

　多くのことがこの選考会しだいになっていた。地元の誇りだけでなく、高収入につながる昇進の機会もかかっていた。審査員テーブルの周囲に集まっていたのは、イギリスの演劇界、文学界、経済界の重鎮たちだった。世界的に有名なシェイクスピア俳優のシビル・ソーンダイクが会場の注目を集めていた。ＢＢＣのチーフ・アナウンサーのスチュアート・ヒバードは隣に座って、女性たちの口調に関する判断を下す準備をしていた。新聞王のラングトン・アイリフは商業界を代表していたし、リタ・アトキンソンは、

「申し分のない電話加盟者」を決める同時並行の選考会で選ばれ、はるばるウェスト・ヨークシャー州からやってきていた。

最終審査員はイギリスの桂冠詩人、ジョン・メイスフィールドで、原稿読みテストの問題設定を依頼されていた。最終的に選ばれる声は、非個性的でなければならない、と彼は主張していた。「真夜中に歌うナイチンゲールの声のように聞こえて、やたら誇張したり、個性を主張したりする嫌いのないものである」と、彼は述べた。その声はあらゆる点で美しいものであるべきだった。「芝居がかったところが少しでもあれば、致命傷となる」[*1]。メイスフィールドはもともと旧約聖書の「エゼキエル書」とイソップ物語の英訳版を最終候補たちに音読させようと考えていたが、後日、一七世紀の詩人ジョン・ミルトンの「快活の人」と、ロバート・ルイス・スティーヴンソンの『宝島』の一節、それにもっと単調な時報を告げる文に落ち着いた。最終候補が決められた箇所を読みあげるのを、審査員はそれぞれの黄金の電話機で熱心に聴き、各候補の口調が澄んでいるか、正確か、「心地よい抑揚」があって、「訛《なま》りがないか、声に特徴がないか」を確認する特別な点数表に評価を走り書きした[*2]。最終的に、ロンドンのヴィクトリア電話交換局の交換手、エセル・ケインがコンテストで優勝した。

この決定がなされたあと、ジョン・メイスフィールドは大会議室の横で待機していたジャーナリストのところへ弾むようにやってきて、結果にどれだけ満足しているかを語った。「ミス・ケインはこれまで私が聞いたなかでも飛び切りの美声の持ち主で、美しい声の裏には知性も感じられるでしょう」と、彼はほほ笑んだ。「私たちは藪のなかの鳥ほどに個性を感じさせない声を探そうと試み、それに成功したと思います」[*3]。エセル・ケインの成功は、メアリー・ディクソンにとっては夢の終わりを意味した。メイスフィールドはすべての最終候補のうちで、「一人だけわずかな訛りが見られ、それはやや北部訛りでした」と、コメントをだした。[*4] ディクソンは、受け継いだジョーディ〔タイン川流域の方言〕の遺産ゆえに、スターになるチャンスは阻まれてしまったのだ。彼女は意気消沈してジャローの家に帰り、そこで姉妹たちに慰められたあと、サウス・シールズの電話交換局の仕事に戻って行った。

電話の時報サービスの開始の儀式は盛大に執り行なわれた。一九三六年七月二四日のことで、ロンドンのホルボーン電話交換局の待合室に腰掛けていたのは、時計学、電気通信、地元の政界からのお歴々で、エセル・ケイン当人と、申し分のない電話加盟者の役割を再び担ったリタ・アトキンソンもその場にいた。郵政長官のジョージ・トライオンが最初の挨拶をした。

> 人は時の経過を数えようと試み、容器から流れる水や、砂時計の砂、あるいは日時計を利用してきました。われわれには音声によって情報を伝える時計も、目覚まし時計も、鐘撞《かねつき》時計もあります。ここに最新の、最もすばらしい時計があります。これは話しかけられたときにだけ、話す時計です。これは一〇分の一秒単位で正確であり、「黄金の声」として知られる心地よい声音で、時を告げてくれるのです。[*5]

その後、王立天文台長のハロルド・スペンサー・ジョーンズがグリニッジの王立天文台で国民のために実施されている時間測定の活動について語った。これが新しい時報サービスのために時刻を供給していた。彼が話し終わると、このサービスを築く責任者となった技術者のベルトラム・コーエンが専門的な発表をした。

そしてついに、決定的瞬間がやってきた。スペンサー・ジョーンズが電話の受話器をもちあげ、「TI

図10-1　エセル・ケイン、「黄金の声」コンテスト最終選考で優勝後に撮影、1935年

M」とダイヤルして、新しい電話サービスに最初の公式の電話をかけた。拡声器が集まった群衆に向かって時報の音声を再現した。その後、ホルボーンの女性市長キャサリン・ラングドンが、自分でもTIMに電話をかけた。開通式が終わると、紅茶が振る舞われ、全員が地下へ下りて、「話す時計」そのものを見学した。エセル・ケインの黄金の声が録音されたガラス製ディスクが光沢のあるキャビネットの内側でゆっくりと回転しながら「一〇秒ごとにピッピッピッと三回鳴り」、きっかり三回目の音でグリニッジ時を告げるものだ。

これはイギリスの時計にとっても、人の声にとっても重大な日だった。これはまた、私の親族にとってはやや残念な日でもあった。

声か容姿か

私はメアリー・ディクソンの遠縁に当たる。ごく遠縁だ。だが、私の母は彼女をよく知っていた。ディクソンは親切な人で、すばらしいユーモアのセンスの持ち主として家族にありがたがられていた。もっとも、知らない人にとっては、やや生真面目に見えたかもしれないと私は教えられていた。一枚の家族写真がそのことを裏づける。

親族の誰かが一九三〇年代のイギリスで最もよく聴かれた声にもう少しでなっていた、というのは画期的なことだった。私がディクソンの黄金の声選考会の体験を、コンテストの優勝者で、財産とまで行かずとも名声は得たエセル・ケインの体験とともに調べてみたいと思った理由の一つがそれだった。

だが、ディクソンの物語を語る理由はもう一つある。二一世紀になって二〇年以上が過ぎた今日でも、イギリスの電話の時報サービスは人びとの暮らしのなかで確たる地位を保ちつづけている。いまでは正確な時刻を知る手段はいくらでもあるが、毎年、時報サービスには何百万回もの問い合わせがある。電話の向こうの声は私たちの暮らしの一部なのだ。その他の録音による情報回線では決して見られなかったほど、時報になぜ親近感を覚えるのか、私は理解したかった。そのためには、エセル・ケインがなぜ勝ち、メアリー・ディクソンなどその他の女性がなぜ負けたのか、正確な理由を理解する必要があった。そして、そこで見いだした結果に、私は驚いた。

もちろん、すべては声にかかっているはずだったし、桂冠詩人のジョン・メイスフィールドは、ディクソンの言葉にわずかながら北部訛りがあったことが、彼の関心を失わせるのに充分であったことをかなり

図10-2　メアリー・ディクソン（右）と姉のアン（中央）、マーガレット（左）の家族写真。ジャローの実家の外で、1930年代

明確にしていた。だが、私のなかではいくつかの疑念がくすぶっていた。一九三五年の史料では、選考会の優勝者エセル・ケインについて書いた報道記事に次々とでくわした。全国紙でも地方紙でも、選考会に関する報道はほぼ各紙で見られ、ケインの成功について読んだことのないイギリス人が大勢いるはずはなかった。そして、私はそこに興味深い共通項を見いだし始めたのだ。

　ここに、私が適当に選んだ記事が三つほどある。『クロイドン・アドヴァータイザー』には「彼女は二六歳で、スリムで美しく魅力的だ」と書かれていた。『イヴニング・ニューズ』はケインを、「二六歳、濃いブロンド、スリム、物怖《ものお》じしない」と描写した。『クロイドン・タイムズ』は彼女が「二六歳、スリム、金髪」だと主張した。[*6] 実際、一九三五年六月に発行されたどの新聞・雑誌でも選べただろう。そのほぼすべてが、ケインをこのように描いていたからだ。まるで彼女の黄金の声よりも容姿のほうが重要であるかのようなのだ。

私は考え始めた。四二歳で厳《いかめ》しい顔立ちのメアリー・ディクソンが選考会で負けて、二六歳で満面の笑みを浮かべたエセル・ケインが勝った裏には、別の理由がありえたのだろうか？

「話す時計」のアイデンティティ

時報サービスに誰の声を録音するか決めるうえで、『Ｘファクター』〔英ＩＴＶのオーディション番組〕式の選考会を演出するアイデアは、広報の先駆者であるスティーヴン・タレンツによるものだった。タレンツは現代のドキュメンタリー映画運動を事実上始め、政府の中枢に広報（今日なら「情報操作」と呼ぶかもしれない）を導入した人である。タレンツはＢＢＣでリース卿〔ＢＢＣ初代会長〕のもとに仕事をした人で、彼の仕事はのちに中央情報局となった組織に多大な影響をおよぼした。彼はまた一九五一年のイギリス祭の背後で影響力をもった黒幕でもあった。第二次世界大戦後の荒廃のなかで演出されたこの祭りは、政府によるプロパガンダの勝利となった。

　タレンツはそうした諸々の活動をする以前に郵政省に勤務しており、同省での彼の仕事はイギリス国民を説得して電話に加盟させることだった。今日、電話のない世界を想像できない私たちの多くにとって、これは造作ない仕事に思われる。しかし、一九三〇年代の初めには、電話を何回線も引こうとするのは企業だけだった。家庭での利用ははかばかしくなく、タレンツはマーケティング以上の手を打つ必要があることを知っていた。一般人と電話との関係全体を変える必要があったのだ。電話を物理的に家庭にもち込むだけでなく、道徳的にも感情的にも取り込む必要があったのである。

　イギリスは電話による時報サービスを開発した最初の国ではなかった。その栄誉はフランスが勝ち取っていた。一九三三年に、パリ天文台は一日に一万二〇〇〇回もの電話がかかってくる装置を導入していた。

声を吹き込んだのは、パリのラジオの有名人、マルセル・ラポルトだった。一九三四年には、オランダの学校教師コルネリア・ホーヘンダムがハーグの時報サービスの声を録音した。一九三六年には、舞台と映画双方の有名な俳優であるリディア・ヴィソツカがポーランドの時報サービスを録音した。

　パリの時報サービスを視察した郵政省の技術者たちが最初に話し合った際には、イギリスの時報は男性の声を使用する予定だったが、そこへタレンツが登場し、その役に女性を選んで有名人に仕立てれば、大評判を取るこの上ない機会になると考えた。選考会のあいだタレンツはずっと、肝心なのは声だと主張した。「この選考会の唯一の目的は可能な限り最高の声を選ぶことであり、審査の遂行においてそれ以外の事柄に煩わされるべきではない」と、彼は述べた。[7] それならばなぜ、ロンドンの最終選考会の直前に、タレンツの代理人が九人の最終候補それぞれに手紙を書いて、近影を送るよう求めたのだろうか？　確かに、女性たちがどんな外見でも問題はなかったのだ。ならばなぜ、ロンドン交換局長は自分の地域からの四人の最終候補のうち、一人についてメモを付けたのか、とさらに疑問が浮かぶ。それはエセル・ケインの写真で、メモにはこう書かれていた。「これがミス・ケインの写真で、お気に召すと思います」[8]。彼はその他の最終候補については、何も述べていなかった。

　ここでは何か興味深いことが起きていた証拠が積み重なっていた。ある新聞は、申し分のない電話加盟者の役目を務める審査員は女性であるべきだと述べていた。「女性の電話交換手にたいする男性加盟者の態度は、かならずしも電話に関連した考慮とは見なされないからである」[9]。私は時報サービスを設計した郵政省の技術者によるスピーチも発見した。技術者は注意深くこう説明していた。「一部の公衆が、黄金の声にすっかり魅せられて際限なくその声を聴きたいという衝動に駆られる可能性を考慮して、三分を経過すると回線は自動的に切断される仕組みになっています」[10]

その後、私は追究してみる価値のありそうな、さらなるヒントを見つけた。ロンドンで開かれた黄金の声選考会に関する報道記事のいくつかでは、読者はこう告げられていた。当日、選考会後に、エセル・ケインは近くのプリンス・オヴ・ウェールズ劇場に連れだされ、そこで「観客に挨拶をした」、と[11]。彼女が何を言ったのかは、いま私にも想像がつく。大きな笑みを浮かべながら、次のようなことを叫んで締め括るスピーチだ。「何時か知りたいときに、警察官に尋ねる必要はありません。いつでもいいので、ただ私に電話を下さい」。これは彼女が公共の場に姿を見せたときに語った言葉で、パセ・ニュース映画のカメラで録画されている[12]。だが、彼女はそれを誰に向かって言っていたのだろうか。そこで、ヴィクトリア&アルバート博物館の劇場コレクションを管理している責任者に、その晩のプリンス・オヴ・ウェールズ劇場の演目を探しだしてもらった。そこに何かしらの手がかりが見つかるかもしれないと思ったのだ。期待を裏切られることはなかった。

一九三五年六月二一日に、「ロンドンのフォリー・ベルジェール」と誇らしげに自称するプリンス・オヴ・ウェールズ劇場は、「フランスのレヴューを英語でノンストップで」と表現された、「ラ・レヴュー・スプランディド」を上演していた[13]。そこでは、肌も露わなショーガールたちがミュージカル・ナンバーを次々に上演しており、そのうちの一つは「何か一つ、二つお見せしましょう」と題され、もう一つは「小さなテント暮らしを始めましょう」というものだった。観客は係員からオペラグラスを有料で借りることができ、プログラムには「皆さまの健康を守るため——当劇場はジェイズ社のフリュイド剤で消毒しております」とわざわざ書かれていた。

ノンストップ・レヴューは一九三〇年代に各地の劇場で大流行した催しで、プリンス・オヴ・ウェールズ劇場では、こんなスローガンを掲げていた。「お好きなときにいらして——お好みに応じてお帰りを！

ただし、再入場はできません」。ある評論家はこの手のショーを見に行くような人びとを、「さほど疲れていない実業家で、広くユーモアを解し、女性の姿形にたいする目の肥えた人」と、説明していた。スティーヴン・タレンツがエセル・ケインに、黄金の声選考会で優勝した当日に挨拶させた相手は、そのような聴衆だったのだ。エセル・ケインは郵政省の広報部によって利用され、男性の性的妄想の対象として振る舞わされたのだという、私の勘を裏づけるのに充分な状況証拠がいまや揃ったと感じた。その後、私は一九三九年に製作された郵政省の広報映画を見せてもらった。

「三回目が鳴ると」という映画の筋は、夫婦喧嘩《げんか》のさなかの二人を中心に展開する。この作品を観るのはいまでも気まずい。そこでは虐待的な関係が描かれ、しかも悪質なまでに女性蔑視の方法で表現されているからだ。この映画が示したものは、一九三〇年代の家庭生活のなかに郵政省が「話す時計」のアイデンティティ〔独自性・個性〕を巧みにつくりあげていたことを示す、さらなる決定的な証拠だった。その主要な顧客ターゲットとなる聞き手に語りかけるアイデンティティである。

　この動画のごく簡単なあらすじを紹介しよう。男が朝の四時に泥酔して帰宅する。その有様を見て女は腹を立てる。男は女が小うるさいと思い、激しく挑発して口論になる。彼女は男に平手打ちを食らわせてこう言う。「いまが何時か知ってるの？」男はろれつの回らない口でこう言う。「教えてくれる人に電話をするさ」。それから、エセル・ケインの時報サービスにダイヤルすると、彼の顔に笑みが戻り、耳を傾ける。それから男はこう言う。「美しく、心地よい黄金の声だ。彼女はいつでも厭《いと》わない。いつも朗らかだ。いつも金色に輝いている。真夜中に電話をかけても文句を言わないんだ。いやはや」。それから彼はまた時報に電話をかけながら、妻に言う。「彼女を誘うことにするよ」。時報サービスに向かって、彼は言う。「四時一〇分？　それで決まりだ。もう一度、君の声を聴いてもいい？」それから、彼は満足して、彼女の声を聴きながら眠りに落ちる[*14]。

　このすべてが何を意味するのか理解するのに、多くの分析はまず必要ない。ほぼ男性で占められていた電話の有料加盟者宛の郵政省からのメッセージは、こういうものだった。つかの間、日常の暮らしを抜けだして、何かもっと……風変わりなことを体験したくはないか？　であれば、お誂《あつら》え向きのものがある。エセル・ケインに電話をかけるのだ。彼女がどんな声かはおわかりだろうし、どんな容姿かも知っているだろう。彼女は二六歳で、スリムで金髪、それに魅力的だ。それにいつでも厭わない。最初の五年間に、エセル・ケインの声による「話す時計」は二〇〇〇万回利用された。これは単に郵政省が好色なマーケティング手法で、時報サービスを魅力的に見せただけの話ではない。その他いくつもの電話サービスでも同じことはできたはずだが、そうした事態にはならなかった。このサービスが時計であった事実に何か特別で、きわめて重要なものがあったのである。

時計とは何か

　本書でこれまで探究してきた複雑な物語のなかで、これはその道筋を探るのに役立ちそうな問いを発するよい機会に思われる。すなわち、時計とは何か、である。おそらく手がかりはいまでは何かしらの形をなしているのだろう。時計は私たちなのである。というよりはむしろ、私たちや、その他の人びとの代理――代役――なのである。私たちは時計に個性《アイデンティティ》をもたせている。郵政省が一九三五年に創設した電話による「話す時計」は機械ではなく、エセル・ケインだったのである。正しい番号をダイヤルすれば、彼女と話せたのだ。彼女と関係を築いていたのだ。

　日常生活を営むなかで、私たちはつねづね自分のそばにいて時を刻んでくれるものを身近に感じてきた。

図10-3　チャールズ・フロッドシャム社の腕時計を調節する時計職人ダニエラ・トムズ、2020年

今日、世界最大の腕時計製造会社であるアップル社は、私たちの暮らしや身体の最も私的な細部までも知る腕時計を提供する。健康、体力、月経周期などである。この腕時計には、Ｓｉｒｉ《シリ》という人格もある。私たちは「Ｈｅｙ　Ｓｉｒｉ」と声をかけ、つねに話をする。やがて、Ｓｉｒｉは私たちのあらゆる欲求やニーズを把握するようになり、それらを満たす手助けをする。Ｓｉｒｉは家族の一員に、親のような存在になるのだ。

その他の時計会社も別の種類の、ただし同じくらい私的な体験をさせてくれる。チャールズ・フロッドシャム社は、かつてはイギリス海軍用の主要クロノメーター製作所だったが、現在は丁寧に手作業でつくられた機械式腕時計の製作所となっており、すべての工程がサセックス州の小さな工房で行なわれている。今日、フロッドシャムの腕時計を着けることは、その製作者チームのアイデンティティを借りて〔自分と同一視して〕いるのである。その多くは若い職人で、世代を超えて受け継がれてきた驚くほどの範囲の工芸技能を身につけている。私は同社の取締役の一人リチャード・ステニングに、それほど精巧な腕時計を一から製作するのに必要な技能とプロセスを時計職人たちがどうやって学ぶのかよく尋ねる。彼はただ笑って、それは揺るぎない構想と決意、それにひたすら懸命な作業を組み合わせた結果だと私に語る。私はそういう人びとに囲まれていたい。自分の手首にフロッドシャムの腕時計を着け、それが穏やかにチクタク鳴るとき、私には職人たちが見える。職人たちは、金属とサファイアガラスとセラミックの部品に巧みに生命を吹き込んでいるため、腕時計のなかに存在するのだ。腕時計のチクタク鳴る音は、それをつくった職人たちの心音そのものなのだ。

ルイス・キャロルは一八六五年に『不思議の国のアリス』を書いたとき、時計によって刻まれた時間と人間とのこの関係を知っていた。アリスと帽子屋がお茶会を開いているとき、時間に関する話題になった。自分たちがそれを無駄にしているのではないかとアリスが案じると、帽子屋は苛立つ。

「私くらい〈時間〉についてよく知っていれば、それを無駄にするなんて言い方はしないね。彼だろう」と、帽子屋が言った。

「どういう意味かわからないけど」と、アリスは言った。

「もちろん、わからないだろうよ！」と、帽子屋は言って、ばかにしたように頭をひと振りした。「大方、〈時間〉と話をしたことすら、一度もないんだろう！」

「そうかもしれない」と、アリスは用心深く答えた。「でも、音楽を学ぶとき、拍子《タイム》を打たなければならないのは知ってるわ」

「ああ、それでわかった。彼は打たれたりするのは我慢ならないだろう。〈時間〉と仲良くできさえすれば、時計については何でもたいがい望みどおりにしてくれるものさ。たとえば、いまが朝の九時で、ちょうど授業を始める時間だとしよう。必要なのは〈時間〉にそれとなくささやくことだけだ。そうすれば時計はたちまち回る！　すぐに一時半になって、昼食の時間だ！」[*15]

このような一節にやたら注意を向けるのは、無意味なことに思われるかもしれないが、ここでは私たちがなぜ時計をこうしたやり方で扱うのかについて、光が当てられているように思う。時計には私たちのアイデンティティが含まれているからだ。「話す時計」は親友や恋人のアイデンティティをまというるのである。ブルノをはじめとする地域の、エドワード朝時代の電気時計設備は、私たちの親や地域リーダーや道徳面の監視者のアイデンティティを身につけ、私たちが不品行を働けば諭し、行ないを改めるよう奨励する。あるいは時計は工場の経営者や水車場の所有者、貴族の地主、植民地主義者、または世界を支配しようと企む男たちなのかもしれない。支配下にある組織や社会やクラブ、役員会、ネットワークから女性を締めだそうとする人びとだ。ときには、人びとは自分たちの暮らしに時計がおよぼす支配に抵抗して、反撃した。時計を打ち壊すことで、実際には時計が代役を務めている人間と戦っていたのであり、その戦いで相手を殺すか、さもなくば死ぬ覚悟を決めている人びともいた。

一六一一年にアムステルダムの証券取引所では時計台は市場の検査官であり、現代のタワー・ハムレッツのデータセンターで一〇〇万分の一秒ごとに金融取引にタイムスタンプを押している時計も同じ役割をはたしている。あるいはむしろ、これらの時計は、金融業者がつねに規則にもとづいて行動するなどとは信用しない人間のアイデンティティを帯びているのだ。これらの人びとはしばしば調整官《レギュレーター》と呼ばれ、ここにはいくらかの皮肉が含まれている。というのも、レギュレーターというのは前述したように、あるタイプの時計、すなわち、そもそも人間にとっての時間を定義した恒星の〔子午線〕通過時刻を測定するためにに、天文台で使用される高精度の時計のことでもあるからだ。

ジャイプルでは、天文台の日時計が、信頼されている忠実で賢い顧問のように働いていた。世界を旅し、支配者の役に立つ優れた関係を築きあげた人物のごとくにである。イギリス、ポルトガル、フランスの帝国主義者たちがアフリカ沿岸に苦労して構築した時報設備は、現実には白人の監督官だったのであり、日々鞭をもって待ち構え、先住の黒人たちを作業の列に戻らせていたのだ。それらの時計や笛や球や銃砲は、アフリカ、アジア、オーストラリア、南北アメリカを突き進み、自分たちの望むものは何でも誰でも押収し、残りは焼かれるがままにした帝国主義者たちの暴力的な代理だったのである。

インドのアジュメールで、アテネ、北京、京都、メルボルン、ローマで、円柱や塔のてっぺんに掲げられた時計は皇帝だったのである。アジュメールの時計はヴィクトリア女王、つまりインド女帝の王冠すら戴《いただ》いていた。バグダード、ダマスカス、ディヤールバクル、リューベック、プラハ、ストラスブール、これらの都市の手の込んだからくり付きの天文時計は、神の宇宙の再現物だったのであり、そこでは死を免れない人間はただの最小の歯車の歯でしかなかったが、それらの歯がすべて嚙み合わされ始めれば、大きな力を発揮することができたのである。時計は人びとを服従させつづけた。ゴグとマゴグは、ロンドンでもミシガン州でも、たとえ敵をつくることを意味したとしても、変化を待ちわびて浮き足立つすべての人びとの代理となっていた。シエナでは、のちに最高の美術館の壁に飾られたり、風の吹きすさぶ墓地の墓石に粗雑に彫られたりした砂時計の描写は、生《せい》のアイデンティティであり、のちには死を表わすようになった。私たちの生であり、私たちの死である。

アメリカの大歴史時計

ときには、時計は国民を代理することもある。だからこそ、ナショナリストは時計についてあれほど語りたがるのだ。アメリカの牧師で演説家のトマス・スター・キングは、一八六〇年代の南北戦争のさなかに演説してエイブラハム・リンカンの北軍を支援するよう国民を鼓舞した人物だが、彼にとって時計はアメリカのナショナル・アイデンティティ〔国民としての自己認識〕に決定的な役割をもつものだった。一八六〇年七月四日の独立記念日にサンフランシスコの日曜学校で演説した折に、キングは一八世紀のアメリカ独立革命のさなかの国民の性格について、奮起を促す言葉を聴衆に投げかけた。

> 神は偉大な時計によって世界の歴史の大いなる季節の到来を確かに示す。実際、どの国民にも巨大な文字盤があり、その裏には仕掛けが、下方には振り子がある。そして、その針はときおり新たな時刻を示す。われわれの革命はそんな時期にきていた〔……〕。だが、昔ながらの時計はチクタクと時を刻みつづけ、歯車は静かに動きつづけていた。やがて一七七五年ごろ、ケースの内側で奇妙な動きや雑音、ガタガタ音が生じ、人びとはもはや耐えきれなくなった。六〇分が経ち、そして突如として時計は鳴った[*16]。

キングが説教したように、アメリカの国民が時計のようなものであれば、次のステップは時計製作所が巨大な装置を製造し、本物の時計でアメリカの物語を語ることだった。

一八六〇年代から九〇年代にかけて、アメリカの歴史を祝う巨大時計が二十数台つくられ、国内だけでなく海外をも巡回した。そのうちの一台は一八九〇年代ごろボストンの時計職人によってつくられた。その起源や一九世紀の来歴についてはほとんど知られていない。判明しているのはこの時計がアメリカ国内のほか、オーストラリアとニュージーランドまで巡回し、「ベントとバーチェルダーのアングロ・アメリカン・クリスティーズ・ミンストレルズ」として知られた、顔を黒く塗るミンストレル・ショーの巡業の一部をなしていたことだけだった。二〇世紀になると、この巨大時計はニューハンプシャー州の時計コレクターの納屋に移され、そこで一九八〇年代初めにカーリーン・スティーヴンズに発見された。ワシントンDCの国立アメリカ歴史博物館で時計コレクションを管理している人物だ。

二〇一八年にワシントンを訪れた際に同博物館のアメリカ民主主義の展示の目玉として、高さ四メートルのアメリカの大歴史時計を見せられたとき、この時計の周囲には興奮した来場者が詰めかけ、からくりによる豪華な場面と人形を食い入るように見つめていた。近くに展示された工芸品には、トマス・ジェファソンが一七七六年に独立宣言を書くのに使った机や、ベンジャミン・フランクリンが所有していた新聞印刷機、それに女性の権利のための女性参政権運動で使われた馬車などがあった。それほど強烈なアメリカのアイデンティティの象徴を背景に、巨大時計は人びとの注目を一身に集め、入念に構築されたアメリカ史の物語を上演していた。アメリカの進歩を時間、およびアメリカ独立革命と結びつけた一八六〇年代の運動に明らかに影響されたものだ。

それは国の威信を示す驚くべきショーなのだ。その時計仕掛けのメカニズムでは、アメリカの技術者ロバート・フルトンが製作した世界初の商業的に成功した蒸気船の模型が洋上を進み、ナイアガラの滝の水がなだれ落ちる。自由の女神と〔ゲティスバーグ国立軍事公園にある〕兵士たちの国定記念碑を含むアメリカの巨大なシンボルが、時刻を示し天文学的な事象を表示する時計の中央部分の両脇に立つ。クリストファー・コロンブス、ウィリアム・ペン、ポカホンタスなど、アメリカのナショナル・アイデンティティを象徴する人物たちが、時計のなかで生命を吹き込まれて展示される。巨大構造物のてっぺん近くでは、ジョージ・ワシントンを先頭にベンジャミン・ハリソンにいたるまでのアメリカの歴代大統領がからくりで行列をなす。そして、時計の台座には誇らしげにアメリカの国旗が彫られ、国のモットーである「エ・プルリブス・ウヌム、多数から一つへ」が、金文字で引き立たせられている。一八九〇年に巡回された際にこの時計を見たかもしれない愛国的アメリカ人の心理に、私はわが身を置いてみた。一八六〇年代の南北戦争の記憶がまだ生々しく残っていた時代である。そのメッセージは間違いなく、アメリカ合衆国が世界で最も偉大な国だというものだったに違いない。

　アメリカは南北戦争以前は、その過去をさほど賛美することはなく、むしろ現在や将来に主眼を置くことを好んでいた。過去は旧世界やその抑圧、退廃、腐敗、荒廃に通じるものだったのだ。新世界は永久に若々しい存在として成長してきたのである。だが、戦争の流血と、政治でも社会でも世界的な変化が生じていたことが相まって、アメリカ人の自信は揺るがされ、たとえ理想化されたものでも、過去を懐かしがり始めたのだ。アメリカの大歴史時計やその姉妹版の時計は、植民地時代や独立革命時代の出来事を描く魅力的なオートマトンを備えており、アメリカ人のナショナル・アイデンティティ意識を再構築するうえで一役買っていた。しかも、巧妙なトリックもやってのけたのだ。これらの時計は物語〔の舞台〕を旧世界から新世界へ移行させながら、過去をたたえたのである。

　ワシントンの博物館で展示されている時計は、同種の時計と同様に、一四世紀につくられたストラスブール大聖堂の時計からじかに着想を得ていた。だが、アメリカの時計職人たちは新しいアイデンティティを形成する手助けをしながら、ヨーロッパを批判する方法を見いだした。手本にしたストラスブールの時計には、金属製の雄鶏が上に乗って、忠実に翼を羽ばたかせていたのだが、アメリカの大歴史時計の上に止まっているのは、合衆国のシンボルのワシなのだ。デトロイトで同様の時計を製作した職人は、次のように豪語した。「ストラスブール大聖堂まで巡礼の旅にでかけ、かつての時計の王様の陰で息もつけずに立っていた者たちが結束して、アメリカの天文時計がヨーロッパの大時計とは、比べものにならないほど優れていることを宣告したのである」[*17]。一八九三年にオハイオ州の宝石職人によって製作された時計は、その内部にストラスブールの時計を小型にした動く模型が入っていた。カーリーン・スティーヴンズや、歴史家のマイケル・オマリーの言葉を借りれば、この職人は「ヨーロッパは理解され、攻略され、追い抜かれたのだとほのめかしていた。彼の時計はストラスブールの複製品をトロフィーのように誇示していたのである」[*18]。

精巧かつ巨大な時計が続々とつくられるなかで、新世界はその植民地時代の過去にたいしてだけでなく、自分たちのより最近の問題にも真に反撃しているのだと感じていた。おそらく、ワシントンDCの中心にある博物館内のその展示場所を考えれば、アメリカの大歴史時計はこの役割をいまもはたしているのだろう。

標準時とナショナル・アイデンティティ

時計は、国旗や国歌と同様に、指導者や政府によって設置され、誰が味方で誰が敵であるかを世界に告げる。時計は一部の人びとをまとめ、その他は除外するために使われている。二〇一五年に、北朝鮮は標準時間帯――一国のなかのすべての時計が示す時間――を動かして、隣国である韓国と日本よりも三〇分間遅らせ、同国の通信社はこう主張した。「邪悪な日本の帝国主義者どもは、朝鮮からその標準時すら奪うという許し難い罪を犯したのである」[*19]。これは政治的な忠誠と抵抗を示す、明らかに象徴的な声明だった。その三年後、南北朝鮮の首脳会談のなかで両国の関係が雪解けを迎えたかのように思われると、北朝鮮の指導者の金正恩《キム・ジョンウン》が同国の時計を韓国で用いられている時刻に戻すことに同意した。「首脳会談の会場の壁にかかっている二つの時計が、平壌《ピョンヤン》時とソウル時を示しているのを見るのは胸が痛む」と、金正恩は言った。[*20] このとき再び、すべての時計は変更しなければならなかった。

　北朝鮮は決して、時計を使って政治的な優先度や忠誠を伝えた唯一の国ではない。二〇〇七年にベネズエラのウゴ・チャベス大統領は自国の標準時を三〇分遅らせ、独自の時間帯に置いた。こうすることで学童は午前中により多くの昼光を得られると彼は主張したが、二人のアナリスト、ダグラス・ショーンとマイケル・ローワンは、この戦略は新しいナショナル・アイデンティティのためのチャベスの計画の一環なのだと示唆していた。

> 二〇〇〇年に自身が選挙で選ばれたことは革命なのだと彼は宣言し、ベネズエラのすべてを——憲法、標準時間帯、国章、国民の休日、軍の敬礼（これ以来、「父祖の地、社会主義、さもなくば死を」となった）、さらには国名そのものまでも——変える権限を永久に与えられたのだとした。[*21]

九年後、彼の後継者のニコラス・マドゥロは時計を元の時刻に戻し、ベネズエラの経済はどん底なので、変更すると節電になると主張した。

　金正恩とウゴ・チャベスは時計を使って権威を確立し、問題に苛《さいな》まれた国民のあいだに共通のアイデンティティ意識〔一体感〕を植えつけた、最も近年の国の指導者に過ぎない。一九四九年に、中華人民共和国の共産党主席の毛沢東は、革命を経て北京を新しい首都と定めたのちに、国全体の時刻を北京時で標準化した。これは彼が最初に実行したことの一つだった。中国が一時間単位の五つの時間帯にまたがり、北京はその東端のほうに位置しているにもかかわらず、これは実施された。「中国には中国の標準時がなければならない」と、毛沢東は主張した。[*22] そうすることで、彼は時計を国家のための代理として配備し、アイデンティティ政治の中央集権化ゲームに興じていたのである。

中国時間はそのナショナル・アイデンティティの一部となり、北京時に合わせることが愛国的行為となった。毛沢東の文化大革命のさなかの一九七四年に書かれた「北京時間」と題されたユー・ユンの短編のなかで、紅衛兵がこんなスローガンを使っていた。「北京時間は毛主席が全国の華々しい進歩を指揮する時間だ！」[*23] 二〇〇一年に、中国政府後援の子供のための雑誌が、やはり「北京時間」と題した歌を発表した。これは読者に「北京時間は朝のそよ風に乗って、国民の笑顔に漂う」[*24] のだと教える。統一された時間は、たとえどんな現実が現場で生じていようが、統一された国民の象徴なのだ。

ダブル・ブリティッシュ・サマータイム

二〇一〇年から二〇一二年にかけて、イギリス議会は国内の時間帯をグリニッジ標準時から中央ヨーロッパ標準時へと一時間ずらす提案をめぐって議論した。フランス、ドイツ、ポーランド、アルバニア、およびヨーロッパのその他二十数カ国で使われているのが中央ヨーロッパ標準時だ。だが、この提案はそのように説明されてはいなかった。代わりに、提案された変更は、「シングル／ダブル・サマータイム」と呼ばれていたのだ。夏季の時刻はグリニッジ標準時より二時間早くなり、「英国二重夏時間《ダブル・ブリティッシュ・サマータイム》」とよく呼ばれていた〔冬季は従来の夏時間と同じ時刻〕。時計の時間を変えることで、ヨーロッパの隣国に近くなるわけではなく、なぜかよりイギリス的になるのだと考える人がいたのは無理もないことなのかもしれない。この提案は却下されたが、これはその後に到来する事態を予兆していた。時計がイギリスの政治の最前線に戻ってきたときのことだ。

ブレグジットとビッグベン

二〇二〇年一月三一日に、イギリスは欧州連合を離脱した。これはイギリスのアイデンティティをめぐる激しい論争が報道でも、議会でも、巷でも吹き荒れた政治的な大紛争の時期となった。この国を襲ったアイデンティティ危機を描写するための事例研究が必要ならば、歴史家はいくらでも選びたい放題だろうが、あるエピソードがほかの何にも増してブレグジット〔イギリスのEU離脱〕の深く二極化した政治情勢を要約しているようだ。そして、それは（言うまでもないが）時計にかかわるものだった。

ビッグベン、つまりウェストミンスター寺院の大時計の鐘の音は、この時計と塔の修理・調整のため、二〇一七年以来、沈黙している。イギリスがヨーロッパから撤退する時が刻々と迫るなか、ブレグジットを支持する下院議員のグループがビッグベンを復活させて、この重大な出来事を記念して鐘が高らかに鳴り響くようにすべきだと要求した。保守党の下院議員マーク・フランソワがこの運動を主導し、政界の重鎮がそれを支援した。イアン・ダンカン・スミス、ジョン・レッドウッド、ナイジェル・ファラージ、マシュー・ハンコック、ジェイコブ・リース＝モッグ、さらにはボリス・ジョンソン首相その人などである。

二〇二〇年一月九日に下院で発言したフランソワは、尊大にこう叫んだ。

> われわれは一月三一日のGMT午後一一時に欧州連合を離脱する。特定の正確な時刻に離脱するので、祝いたい方々は時計を見てその瞬間を記念する必要があります。私や多くの議員仲間にとって、その時計が世界で最も象徴的な時計、つまりビッグベンでないことなど、考えられない事態に思われます。

「ビッグベンはブレグジットでゴーンと鳴るべきだ」と、彼は発言を締めくくった。[*25] イギリスの報道では、何週間とは言わずとも何日間も、議論は先へ進んでは後戻りをして過熱した。穏健な立場などというのは不可能のようだった。ビッグベンに賛成か、さもなくば反対なのだった。どちらにも与《くみ》しない人びとは、その概念全体がばかげていると考えたが、黙らされた。

最終的に、資金調達と費用をめぐる論争から、ブレグジットの瞬間に鐘を鳴らす計画は立ち往生することになった。ビッグベンは一月三一日の晩も、その修理・調整作業がつづくなか、沈黙したままだった。ブレグジット支持者たちは、「EU残留派の陰謀」と彼らが呼ぶものに腹を立てて、その瞬間を記す別の方法を見いだした。[*26] ボリス・ジョンソンはダウニング街一〇番地〔イギリス首相官邸〕内で、小さな銅鑼《どら》を鳴らした。ジャーナリストのイアン・ダントはこう振り返った。「丸一週間がビッグベンをゴーンと鳴らす話をして過ぎていた。この狂気の沙汰の規模ときたら、完全には理解しえないほどのものだ。多かれ少なかれ、リアルタイムで目にしているものは、国民がさながら〔サーカスでぎゅう詰めの車から次々にピエロがでてくる〕クラウン・カーの出し物に成りさがっている光景なのだ[*27]」

これは驚くべきことではない。ビッグベンはイギリスそのものを象徴しているからだ。ビッグベンは国民そのものなのだ。あるいは少なくとも、イギリスにいる一部の人びとはそう信じている。ナショナリストにとって、国民的な時計や時間帯は、国旗や国歌と同じくらい重要で——神聖ですら——あるのだ。国民的な時計への攻撃（ビッグベンをゴーンと鳴らす計画を支持した人びとが明らかにしたように）は、イギリスのアイデンティティへの攻撃なのだ。イギリスの国民そのものへの、イギリス人であることが意味するものへの攻撃なのだ。それはどういうわけか、イギリスらしさへの攻撃だったのである。

第11章　戦争

一九七二年、ミュンヘン、ミニチュアの原子時計

宇宙に行った原子時計

当初の計画では、小さな時計をアポロ17号に搭載し、月まで往復させるはずだった。科学者も宇宙飛行士も、アルベルト・アインシュタインの相対性理論の影響を試すことに同じくらい夢中になっていた。異なる速度で、重力場《ば》の違うところを旅するときには、時計は速く進んだり、遅く進んだりすると予測するものだった。「実際、相対性のプロジェクトは、これまで宇宙で実施された科学的冒険のなかでも、きわめて心躍るものとなりうる予感がする[*1]」と、一九七二年にある時計製造業者は叫んだ。だがその影響はじつにわずかで、最も精密で正確な時計にしか表われないようなものだった。

アポロ時代に科学者が直面していた問題は、入手可能で最も正確な時計――時を刻むのに原子の性質を利用する原子時計――が、かさばり、壊れやすく、大量のエネルギーを消費することだった。反対に、宇宙船に搭載できるくらい小型で軽量の唯一の時計――クオーツ時計――には、宇宙飛行で求められるほどの正確さがなかった。だが、ドイツのミュンヘン市にある自宅の地下室で、ゲルハルト・ヒュプナーとともに作業をしていたエルンスト・イェヒャルトには、その問題を解決する計画があった。一九七一年にエフラトムという自分たちの会社を興した二人の技術者は、ミニチュアの原子時計をつくり始めた。それぞ

れわずか一辺が一〇センチメートルの立方体で、重さは一・三キロしかなく、動かすための電力はほとんど必要がないものだ。一九七二年に発表されたこれらの時計は、それまでつくられた原子時計のなかでは最も小型で、アインシュタインの理論を宇宙の実験室で試せる展望を示していた。宇宙に適した超精度時計の問題は、解決したかのようだった。

アポロ17号宇宙船に時計を装備するための手はずはすべて整っていたが、一九七二年一二月にフロリダの発射台から打ち上げられるわずか八週間前に、ＮＡＳＡの責任者たちは時計の実験を打ち切る決断を下した。これは再起不能なほど落胆させられる出来事で、夢が潰《つい》えたかのように感じられた。だが、その数週間後、思いがけない人物がイェヒャルトとヒュプナーを訪問した。

ロバート・カーンとアーサー・マッコーブリーは、マサチューセッツ州で独自の原子時計製作業を営んでおり、アメリカ海軍調査研究所と一九七四年に打ち上げ予定のＮＴＳ－１という軍事衛星に関連した仕事をしていた。彼らには衛星の狭い観測機器室に収められる二台のミニチュア原子時計が必要だったが、自分たちでその機械を開発する時間はなかった。そのとき、エフラトムというドイツの時計が、ＮＡＳＡのアポロ17号の発射台に置き去りにされたことを耳にしたのだ。それこそ、彼らが探し求めていた突破口だった。カーンとマッコーブリーはすぐにヨーロッパまで出張して原子時計を買い、アメリカまでもち帰って、衛星に組み込めるように急いで改造した。一九七四年七月に、ＮＴＳ－１はエフラトムの時計を搭載して地球を回る軌道に入った。これはアメリカのナブスター・グローバル・ポジショニング・システム――ＧＰＳ――の初期の試みで、ミュンヘン郊外で製作された二台のミニチュア原子時計が、宇宙に行った最初の原子時計になったのである。

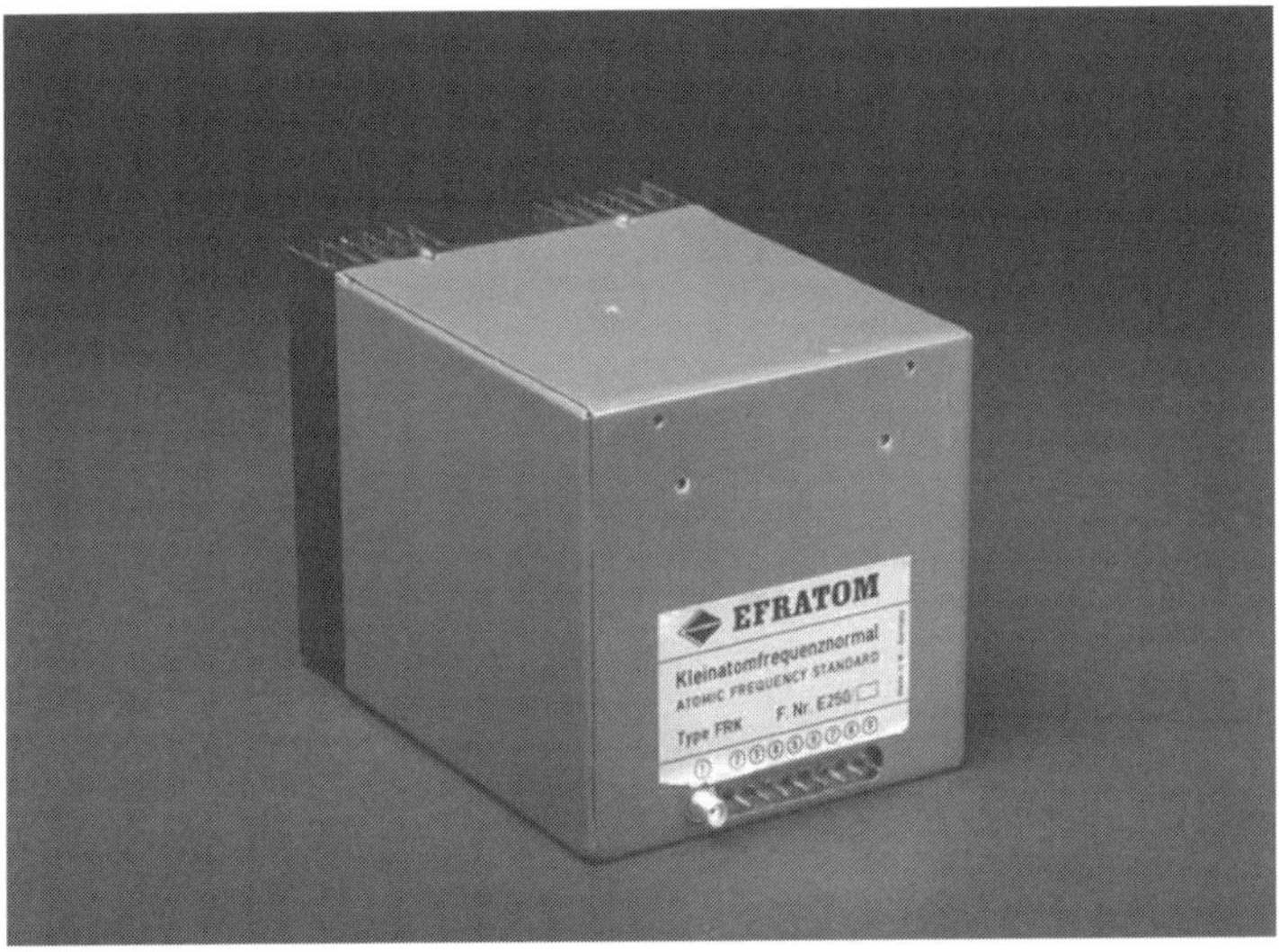

図11-1　エフラトム社のミニチュア原子時計。NTS-1衛星に搭載された2台の時計のための予備、1972年頃製作

GPS衛星の打ち上げ

時計は、一七五〇年代にジョン・ハリソンの航海用クロノメーターが時を刻みつづけるその技術を最初に証明して以来、測位の中心に存在してきたのであり、天文観測と組み合わせることで、見たところ変化のない広大な大海原を航海するあいだ、海軍や商船に自船位置を知るための強力な方法を提供してきた。それから二世紀後、同じ問題が再びめぐってきたのだが、今回は新たな展開があった。一九五〇年代に、アメリカ海軍はソ連にたいする軍事防衛の一環として弾道ミサイル・システムを構築していた。いったん展開されれば、ミサイルは標的を非常に正確に狙うことができたが、一つだけ大きな難題があった。弾道ミサイルはポラリス潜水艦の艦隊から発射されていたのだ。つまり発射するそれぞれの潜水艦の居場所が正確にわかっているかどうかで、ミサイル攻撃の正確さが左右されたのだ。しかし、潜水中の潜水艦の誘導シ

ステムはさほど精密ではなく、もちろん、潜水艦には空を見て太陽、月、星の位置を読むことはできなかった。ここで求められていたのは、浮上した際に素早く自艦の位置を把握できるものだった。

その答えは、一九五七年にソ連が世界初の人工衛星スプートニク号を打ち上げたのちにもたらされた。電波を使って衛星を追っていたアメリカの科学者たちは、同じシステムが逆方向でも運用できるかもしれないと気がついた。宇宙空間における衛星の正確な位置がわかれば、地球上の自分の居場所を割りだせるだろうと。一九六〇年代までに、アメリカ海軍の二基の衛星測位システム、トランシットとタイメーションが、６２１Ｂとして知られる空軍のプロジェクトとともに運用に成功していた。

国防総省《ペンタゴン》はゆっくりながら確実に、これらの実験プロジェクトの成果を積み重ね始めており、自分たちがより大きく、野心的な計画に向けて技術的にも政治的にも道を切り開く可能性を見いだしていた。ＧＰＳプロジェクトを主導したブラッドフォード・パーキンソンはこう説明した。「一九七二年にはペンタゴンの幹部の何人かは、衛星を利用した新しい測位システムが、複数の軍事用途に使える貴重な資産となることに気づいていた。国防総省が利用している文字どおり数百基の測位・航法システムは、維持管理するのもアップグレードするのも費用がかかった」[*2]。一九七三年九月のレイバー・デーの週末にペンタゴンで開催された三日間の研究発表会で、のちにＧＰＳとなるものが詳細に説明され、海軍と空軍の手法の最もよい部分をまとめて、新しいグローバルなシステムの原理を定めた。その一二月に、ペンタゴンはＧＰＳの開発を進めることを承認した。

この計画の成功にとって欠かせないのは、一連の人工衛星に宇宙での使用に耐える小型の原子時計を配備することだった。各ＧＰＳ衛星はそのような時計を数台搭載しており、そのいずれもが光速で地球に向かって非常に正確な時報を発信している。ＧＰＳ受信機は四基の別々の衛星から広く発信される時報を探す。それぞれの衛星は空の異なる場所に位置しているので、各衛星からＧＰＳ受信機までの距離はそれゆえに異なる。これはつまり、受信機に到達するそれぞれの時報間には、ごくわずかな時差が生じることを意味し、それらの微細な時差こそ、三辺測量と呼ばれる数学的手段を使って地球上のどこにいるかを受信機が計算するのに必要なすべてなのである。ＧＰＳ受信機そのものに備えつけられた時計はそれほど正確である必要はない。受信機は衛星の信号から時刻設定に関する情報はすべて得られるからであり、それならば受信機は安く簡単に製造できることになる。ただし、肝心なことは、衛星に搭載された原子時計がとてつもなく正確であるという点だ。

一九六〇年代から七〇年代初めにかけて試行された最初の衛星測位実験ではクオーツ時計が使われたが、軍事利用者が必要としたほどの精密さがなく充分に正確ではなかった。一九七二年にエルンスト・イェヒャルトとゲルハルト・ヒュプナーのミニチュア原子時計が手に入ると、問題は解決したように思われ、彼らの時計を積み込んだ一九七四年のＮＴＳ－１衛星の実験は成功した。だが、ＧＰＳ衛星を目的とした時計は、衛星が地球の軌道を周回するあいだ何年間もずっと故障することなく時を刻みつづけられるほど頑丈でなければならなかった。これは一八世紀の経度の問題が再び繰り返されたようなものだった。当時、ジョン・ハリソンは正確さ、精密さ、長期の信頼性も高めつつ、既存の時を刻む技術を小型化する方法を見いださなければならなかった。同時に、彼は激しい揺れや気温の上下など、遠洋航海の過酷な条件下にも耐えるように新しい時計を丈夫な造りにする必要があった。宇宙向けの時計は放射線、真空、および打ち上げ時の大きな重力加速度から、軌道周回中の無重力状態まで、さらなる難題に取り組まなければならなかった。

一九七三年に、ＮＴＳ－１がまだ打ち上げられる以前から、イェヒャルトとヒュプナーのエフラトム社はカリフォルニアのロックウェル社の近くに工場を開設していた。一九七四年に、一連のＧＰＳ衛星の製作を請け負ったのが、ロックウェル社だった。二つの会社は共同して、エフラトムが手がけたミニチュア原子時計をＧＰＳプログラム用に耐久性を高めるための作業に取り掛かった。そして、一九七八年以降一基ずつ、頑丈になった原子時計を載せたＧＰＳ衛星は、このために改造された古いアメリカの大陸間弾道ミサイルによって打ち上げられ、空へと飛び立ち始めた。その後一七年以上にわたって、三〇基以上のＧＰＳ衛星が地球周回軌道に送りだされ、一九九五年にはこのシステムの第一段階が完成し、ＧＰＳは完全に運用可能になったと宣言されたのだ。これらの時計は、それまでの何百年にわたって時計が行なってきたように、戦争だけでなく、日常生活の顔も変える運命にあったが、今回は私たちがまだ完全に把握しきれていない方法で事態は変わることになった。

時計も軍事兵器である

時計は戦争を可能にし、戦争もまた私たちが時計を使う方法に影響をおよぼす。歴史から一つだけ事例を引くために、今日の軍事ロケットとミサイルがいかにウィリアム・コングリーヴに恩義を負っているかを考えてみよう。一八〇八年にロケットの飛行時間を計測する新しいタイプの時計を設計した、ロケット工学の開拓者である。コングリーヴの時計には小さな金属球が入っており、傾斜した金属板に刻まれた軌道上をジグザグに進み、軌道の終点に到達するとバネが動いて、金属板が反転してそのプロセスを繰り返す。コングリーヴは自分の発明の正確さに多大な期待を寄せていたが、これは工学的に欠陥があって、計時装置としてはお粗末なものとなった。だが、まもなく時計学では別のイノベーションがつづき、軍事用の弾道学や爆発物の正確な発射に貢献することになった。一九七〇年代に、イギリスの時計製作所である

図11-2　スウェイツ＆リード社のボール転がし時計、1972年頃製作

スウェイツ＆リード社がコングリーヴの時計の複製をつくった。この複製はいまでは多くの博物館のコレクションで、興味をそそる過去の時計学の珍品として見ることができる。これらの奇妙な時計を見ることによって、私たちは残虐な戦争の歴史を見ているのだ。

　あるいは、トマス・マーサーなどの会社の業績について考えることもできるだろう。同社は、海軍が戦争を遂行し帝国を築くに当たって、安全な航行を手助けする航海用クロノメーターを製作していたが、冷戦中に無線による位置情報の補助が優勢になると、仕事がなくなり始めた。そこで、マーサーは時代に遅れないように先へと進んだ。イギリスのポラリス・ミサイルは標的に衝突する直前に爆発させて、破壊と人命の損失を最大限にするために起爆タイマーを必要としていた。だが、電子タイマーであれば、爆撃のなかでその他のミサイルの爆発で生じた大規模な電磁波によって破壊されてしまうだろう。一九八二年に開発された戦闘にも耐えうる機械式タイマーこそ、核の時代にマーサーが寄与したものだった。これらの機械式タイマーもいまでは博物館の展示物となっているが、質素な形状であるということはしばしば見逃されてきたことを意味する。私たちはもっと注意深く見る必要がある。

一九四七年に、マーテイル・ラングスドーフが『原子力科学者会報』に掲載するために「運命の時計」をデザインしたとき、彼女が描いた核の不安のシンボル——午前〇時まで七分のところに合わされた時計——は、時間が急速になくなっていることを感じた世の中を表わしていた。それ以来、時計の針は頻繁に動かされ、世界に終末が迫っていることへの懸念の度合いが反映されていた。二〇二〇年一月二三日、同会報の諮問委員会はこの世界終末時計の分針を真夜中まであと一〇〇秒にまで進めた〔二〇二一年、二〇二二年の発表でも依然として残り一〇〇秒のまま〕。これまでになく差し迫った位置だ。時計は、時間がなくなれば何が起こるかを思いださせるので、核によるハルマゲドンについて私たちに教える。

個々の時計を超えた先を見て、すべての計時装置がいかに戦争からの要求によって形づくられたか、それらがまた私たちにも影響をおよぼしてきたかを考えることもできるだろう。私たちの多くが日々身に着ける腕時計は、戦争に多くを負っている。一八九九年から一九〇二年の南アフリカ戦争と一九一四年から一八年の第一次世界大戦のさなか、兵士たちが懐中時計を腕に巻きつけ始めた。武器が使えるように両手を自由にしたまま、攻撃の波のタイミングを計れるようにするためだ。腕時計はそれ以前も存在したが、女性の装身具として、もしくはサイクリングや馬術を嗜《たしな》む女性によって使われるものだった。だが、戦争によって腕時計は男女兼用の製品となり、市場が倍になり、懐中時計製造業はたちまち末期的な衰退に陥

図 11-3　「運命の時計」、真夜中まで残り 100 秒に調節されたあと、2020 年 1 月 23 日撮影

ることになった。今日の何十億ドルもの腕時計産業は、二度の野蛮な戦争の背後で築かれたのである。

さらにズームアウトすれば、私たちの多くが生活を送る時間のパターンが、いかに戦争の要求によってじかに影響を受けてきたかも見えてくるかもしれない。戦争は、世界人口の四分の一が毎年二度実施している時間の慣習に、消えることなく刻まれている。先に、夏時間について見てきた。夏季のあいだ一日のなかで目覚めている時間を少しだけ前にずらすために、時計を進める慣習である。このアイデアを民間の奇妙な思いつきから軍事的な必要性に変えたのは戦争だった。二度の世界大戦で、軍需物資の工場がフル稼働し、照明や動力用の燃料が不足していた時代だ。私たちはここに、最も広範にわたって時計が戦争を効率化させ、それが平時のパターンもつくり変えた実例を見ているのだ。

こうした事例も、その他無数の事例もひとえに技術の発展は往々にして戦争を触媒とし、加速し、具体化してきたことを私たちに思いださせ、時計がそうしたことすべての中心にあることを示しているのである。時計はつねづね弾丸や爆弾と同じくらい、軍事兵器の一種だったのだ。だが、ＧＰＳは歴史上のどんな軍事プロジェクトにも増して時計を兵器化してきたので、衛星用の時計製作所について少々知っておくのは価値があると私は考える。

　ＮＴＳ－１で使われた実験用のエフラトムの時計はおもにミュンヘンでつくられ、カリフォルニア州アーヴァインでロックウェルとエフラトムの両社によって、初期の一連のＧＰＳ衛星用に引きつづき開発された。だが、ＧＰＳは地球を周回する唯一の測位衛星ではない。ロシアのＧＬＯＮＡＳＳというグローバル・システムは、サンクトペテルブルクのネヴァ川沿いの施設でつくられた時計を使っている。ヨーロッパにはガリレオというネットワークがあり、その衛星には〔スイスの〕ヌーシャテルとローマを拠点とする企業がつくる時計が搭載されている。中国の北斗衛星導航系統として知られるシステムは、当初はスイスのメーカーから購入した時計を使っていたが、のちに中国航天科工集団公司によって製作された独自の時計を利用するようになった。

　地域限定の小規模な測位システムも二種類存在する。インドのＩＲＮＳＳ〔のちにＮａｖＩＣ〕はドイツ製の衛星時計を使用していたが、中国と同様に、のちに自国製の時計を使うようになった。こちらはアーメダバードのインド宇宙研究機関によって開発された。準天頂衛星システム（ＱＺＳＳ）と呼ばれる日本の地域ネットワークは、マサチューセッツでつくられた時計を使っている。

　これはグローバルな測位衛星の集合体のための、本当にグローバルな時計製作ネットワークなのである。合計すると一〇〇基を超えるこれらの衛星が現在、私たちの惑星の周囲を回っており、世界各地のこうした工場で製造された三〇〇台ほどのミニチュア原子時計から地球に向かって精密な時報を発信している。これらの時計は衛星測位の受信機にその正確な位置を伝えるだけでなく、その他の無数の時計の時刻を正しく合わせるためにも使われている。これら三〇〇台ほどの時計によって刻まれる時は、これまでつくられたどんな時計にも増して多くの人のもとに到達している。したがって、私たちはそれらの時計について知り、理解すべきなのだ。それらがどんな仕組みであるかはさほど知らずとも、何を意味するかは知るべきだ。なぜなら、二〇世紀の冷戦時代に考案されたこれらの時計は、二一世紀の戦争をグローバルに再考する一環となっているからだ。それらは、戦争が意味するものを永久に変えているのだ。

二一世紀の戦争

二一世紀の武力紛争は、熱い戦争でも冷戦でも、二〇世紀の戦争のようなものではない。当時はそれぞれの境界が明白に思われた。一国が、あるいは同盟を組んだ数カ国の集まりが、別の相手と戦っていたのだ。戦争は現実に存在するものだった。交戦中の国が存在しつづけるかどうかは、勝利するかどうかで決まった。戦争も、停戦も宣言された。そこには開戦と終戦の日があった。名称があったのである。今日、ポストモダン時代〔一九八〇年代以降〕の戦争はさほど明確ではない。敵は国民や国家として定義できない相手かもしれない。テロとの戦争における敵は誰なのか？　誰が誰と戦っているのか？　戦争が終わったと――終わるとすれば――いつわかるのか？　これは単に国家という枠組みが消滅したという問題だけではない。今日の戦争では、戦闘する人びとは国家や関連の団体によって雇われた公式の軍隊ですらないかもしれない。いまでは戦争はよく「代理人《サロゲイト》」という曖昧な言葉で括られている。防衛問題の専門家であるアンドレアス・クリーグとジャン゠マルク・リックリーはこれを「テロ組織、反体制グループ、越境活動、傭兵や私兵、および警備会社」と説明する。[*3] 軍隊はしばしば移動砂の上で現地の「パートナー」と同盟を結び、実際の戦闘の大半を外注する。

戦場そのものも定義するのは簡単ではない。戦争はどこで生じているのか？　いまでは、たとえ交戦国の領土が明確に限定できても、もはやそこに限定されない。移動や側位、遠隔通信を可能にする電子技術――誘導ミサイル、ドローン、ロボット、衛星、携帯電話、インターネット、ソーシャルメディア〔ＳＮＳ、ユーチューブなど〕――が紛争を新たな場所で生じさせているのだ。ドローンならば飛行できる高高度の空域のような場所、衛星が周回する宇宙空間そのもの、それにサイバースペースだ。サイバースペースはとりわけ、代理戦争の温床となる。誰が誰かを解き明かすことは、ほとんど不可能だからだ。

　このことは実際には何を意味するのだろうか？　９／11の攻撃後のアメリカの「テロとの戦い」は、アフガニスタンとイラクで始められた戦争だと往々にして考えられているが、二〇〇一年以降の一〇年間におけるアメリカの軍事活動は、イラン、リビア、パキスタン、ソマリア、イエメン、メキシコを含む各地へも向けられた。そのうえ、これらの戦場での戦いは、戦争を世界各地の市の中心街にもち込む単発的な都市部への攻撃を伴ったほか、もっと漠然としたサイバースペースの領域への攻撃も生じた。テロとの戦いは、地理学者のデレク・グレゴリーの言葉を借りれば、「どこでも戦争《エヴリウエア・ウォー》」だったのであり、いまもそうありつづける。[＊4]

　より最近では、この戦争は「イスラーム国」（ＩＳ）にたいする戦いも含んできた。二〇一四年には、アメリカはシリア北部でハイテクを駆使した空爆を始めた。翌年からは、シリアの反体制派民兵グループを訓練や装備面で支え、助言を与え始めた。どんな宣戦布告もされず、ただ二〇〇〇人ほどのアメリカ兵がシリア入りをした。現地のパートナーたちが戦いを引き受けることになった。人的にも財政面でも、アメリカが危険にさらされる度合いは限定的だった。だが、これはミサイルと爆弾を使った戦いだけではなかったのだ。ＩＳは動画による陰惨な見世物を、しばしばライブで利用して、ソーシャルメディア上で世界各地に拡散させ、語《ナラティヴ》りをつくりあげることに無慈悲にまで腕を磨いていった。

　戦争の実践におけるこの変化の裏に秘められた願望の一つは、無血の戦争を始めるらしいという期待感から、できる限り多くの兵士を戦場から遠ざけることだった。もう一つの願望は、論議の的となる戦争を遂行することで政府が被る政治的リスクを減らすことだった。もちろん、死者はまだでる。それに、いまでは紛争が周囲のいたるところで、物理的にもデジタル上でも生じていることも、一つの結果だ。こうした変化はいずれも、グローバル社会と政治がますます相互に結びつくなかで、グローバル化と密接にかかわり合ってきた。「国《ネーション》」という概念そのものが、多くの意味で崩壊しつつあり、「国を超えた《トランスナショナル》」という概念に取って代わられている。

戦争に組み込まれたＧＰＳ

　ＧＰＳが完全に運用可能になったと宣言されてから一年後の一九九六年に、アメリカの国家安全保障会議は報道向けの通知をだし、ＧＰＳは「いまやわれわれの軍事活動の事実上あらゆる側面に組み込まれている」と主張した。[*5] だが、ＧＰＳは一連の衛星が完備されるずっと以前から、アメリカ軍にとってその価値を証明していたのだ。

　アメリカ海軍はＧＰＳを使って一九八七年にペルシャ湾の航路帯で機雷原を探していたし、空軍は一九八九年のアメリカのパナマ侵攻時における大義名分《ジャスト・コーズ》作戦で衛星時計を利用した。一九九〇年から九一年の湾岸戦争の砂漠の嵐作戦では、ＧＰＳは主要な――おそらくは戦争を勝利させた――役割を担った。一九九三年の希望回復作戦では、ＧＰＳはソマリアに食料と物資を空中投下する目標を定めるために使われ、翌年にはアメリカ軍はハイチに侵攻した民主主義擁護作戦でＧＰＳを利用した。ＧＰＳが利用できるようになった最初の数年間に、ミサイルと爆弾はあらゆる種類のものがＧＰＳ誘導になり、関心は船の甲板からも発射できるもっともっと小型のロケットや炸裂《さくれつ》弾に向けられ、そのいずれもがＧＰＳの信号によって標的まで誘導されるようになった。紛争地帯に装備や兵士を降下させる作業も、ＧＰＳ測位による恩恵を受け始めた。さらに、ＧＰＳは新たな系統の兵器の開発を可能にした。ドローン航空機、ドローン掃海艇、負傷兵を収容するためのロボット救助車など、自律走行し、遠隔操作されるロボットである。二〇世紀には二五万人ほどのアメリカ兵が味方による誤射で殺傷されてきたが、頭上を周回する衛星時計の助けを借りることで、その数は劇的に減った。

　だが、ＧＰＳは売るには難しいプロジェクトだった。アメリカ軍の司令官たちはもともとこのシステムがどう役立つのか理解するのに苦労していた。耐久性を高めた原子時計の開発にかかわったあるＧＰＳプロジェクト技術者は、こう述懐した。「システムがうまく作動するのかどうかをめぐってすら多くの議論が交わされ、爆弾を落とすことにしか関心のない、昔ながらの爆撃機の操縦士がまだ政府内にもいた。ある退役大将にはこう質問された。『誰がそれを必要とするんだ？　ただもっと大きな爆弾を落とすまでだ』」[*6]。湾岸戦争の空爆作戦を指揮しにでかけた大将は、当初は宇宙に拠点を置くシステムで作業をするチームをこうばかにしていた。「彼らは夢を見るために雇われている。われわれは殺すために雇われているんだ」[*7]。だが、いったんＧＰＳシステムが結果をだし始めると、最も猜疑《さいぎ》心《しん》の強い将軍ですら、近いうちにＧＰＳ時計なしに爆撃や殺害が実行されることはもはやなくなると気づくまでに、そう時間はかからなかった。戦争は大型爆弾を使って無差別に大量殺戮する方法から、ＧＰＳ誘導の兵器で的を絞ったピンポイント攻撃に移行しつつあった。

　ＧＰＳシステムが完全に運用可能と宣言されてから九年後の二〇〇四年に、プロジェクトのリーダー、ブラッドフォード・パーキンソンがこう振り返っていた。

> コソヴォ、イラクⅠ〔湾岸戦争〕、イラクⅡ〔イラク戦争〕を見れば、ほぼどの兵器システムもGPSに依存していたことがわかるだろう。私はこれを「人道的爆撃システム」と呼ぶ。GPS誘導の爆弾を使えば、狙おうと思ったものを攻撃でき、狙おうと思わなかったものは攻撃しないからだ。地上の部隊と緊密に行動することができて、かつ彼らに命中しないか、あるいはモスクや病院に被弾させないかなどと心配しなくてもよいのだ。[*8]

彼はのちにこう回想した。

> われわれのやっているすべてのことが、実際に戦士たちにかかわるのだという事実を、私はひしひしと感じていた。われわれは戦争行為を向上させ、大変革をもたらすシステムを築こうとしていた。われわれが掲げていた模範――「同じ穴に五個の爆弾を落とす」――が意味していたのは、自分たちがここでやろうとしていたことの最終的な成果を忘れるな、というものだった。[*9]

今日では最高品質のGPS受信機ならば、一〇ミリ以下の誤差で位置を計算できる。小指の爪ほどの長さだ。

だが、これは単にGPS誘導のミサイルの話だけではない。GPSはどこにもあるということは、戦争がどこにもあることを意味する。グローバル化は国家間だけでなく、機関や私企業、個人間をも結びつける関連性の網目を生みだした。他国と戦うどんな国家にも、自国や国益を損なう危険がある。さまざまな関連性と行動が網目をなすなかで、グローバル化のあとに戦争がつづいた。ＧＰＳはグローバルなものだ。いまでは唯一のアメリカ軍のような概念はどこにも存在しないからだ。交戦国は入り乱れているし、国益も商業的利益も同様だ。

一九八三年に大韓航空００７便がソ連軍に撃墜されたあと、ＧＰＳを民間機にも利用可能にすると公言したとき、ロナルド・レーガンはＧＰＳが一九七〇年代初めに考案された際に下された決定を政治的に利用していた。ＧＰＳはこれまでもアメリカ軍を超えて使用されることを意図されてきたし、いまや地球のためのサービスとなった。それが問題なのだ。

衛星時計に依存した世界

二〇二〇年現在、七四基のＧＰＳ衛星が打ち上げられており、それぞれに三台ないし四台の原子時計が搭載されている。これらのＧＰＳ時計は、競合相手のロシア、中国、ヨーロッパのシステムで使われている時計と同様に、私たち全体のために時を刻んでいる。いまでは、交通網や送電線、電気通信、測量、さらには農業、金融、気象観測、救急サービスまでもが、衛星時計が提供する時刻と測位・航法情報に依拠している。空を飛ぶすべての航空機が、いまでは宇宙空間にある時計を使って操縦されている。海上のすべての船舶は衛星測位を使って航行している。いま待っているあのアマゾンの配達はどうなのか？　ＧＰＳがそのすべてを追跡している。照明がつくのも宇宙時計ゆえだ。世界の本初子午線から数百メートルの距離にあるグリニッジのアパートで、いま私がこの原稿をタイプしているコンピューターに電気が送られるのは、ＧＰＳが全国の電力供給網を同期させているからであり、パソコンがこの供給網に接続するのも、

ＧＰＳの信号がすべての歩調を合わせているからだ。世界の金融は衛星時計で調整されているし、テレビやラジオ放送もまた然りだ。

　専門家によれば、現在、世界の成人人口の八〇％は、ＧＰＳかその他のグローバル・システムを使うスマートフォンを使用している。二〇二二年には、世界各地で七〇億台以上のＧＰＳ受信機が使われるようになると、推計されている。それは地球上にいる人間と同じだけの数だ。時間に依存する技術的システムはほぼすべて、宇宙から発信される時報でそれぞれの時計を修正している。イギリスでは、一九二四年に最初に設置された、ピッピッと六回鳴るＢＢＣの時報は、この一五年間はＧＰＳ時刻を使って設定されてきた。電話による時報サービスは、ＧＰＳの信号からその時刻を得ている。大半の携帯電話の時計も、大半のノートパソコンの時計も、大半の鉄道出発時刻表示板も、究極的には衛星で地球を周回する時計から時刻を入手している。金融市場でヘッジファンドや高頻度取引によってお金を稼いでいる人はＧＰＳに依存しているし、イギリス国立物理学研究所（ＮＰＬ）が専用のファイバーケーブルで提供する高精度の有料の時報と契約している人ですら、その点では変わりない。ＮＰＬのネットワークのどこかで、ＧＰＳが時を刻んでいるのだ。ＮＰＬそのものですら、他国の同様の時計と自分たちの時計を比較するのに、測位衛星を使っている。

　ＧＰＳなどの衛星測位の受信機は、事実上すべての携帯電話、航空機、船舶、自動車、電波塔、変電所、テレビ局、データセンター、揚水場に埋め込まれている。コンピューターのネットワークや携帯電話でデータ送信速度を速めたければ、時刻をより精密に同期する必要がある。デジタル・システムはいずれも、そしてコンピューター管理のインフラはどれも、ネットワーク上で流れるすべてのデータを調整するのに時計に頼っている。そして目下、それらすべてが時刻を合わせるのに使用している時計は衛星時計なのだ。

思いついたものが何であれ、そこには宇宙にあるミニチュアの原子時計から発信される信号を自動追尾する、衛星測位の受信機があるだろう。これらは衣食住を保障して、私たちを生かしつづけているネットワークであるシステムなのだ。それらがなければ、現代の世界は立ち往生すると言っても誇張ではない。

　宇宙から発信される時報に関してこれだけ聞かされると、荒天時にテレビの信号にやや雑音が入ったり、ルーターから遠ざかりすぎたときや、あいだに壁がありすぎたときに自宅のWi-Fi信号がなくなったりするときのことを考えるかもしれない。運転手の仕事をしている人ならば、トンネルに入ると車のラジオが聞こえなくなるのを知っているかもしれない。重要な点は、無線信号は影響を受けやすく、容易に妨害されうることだ。宇宙からはるばる送られてきた低出力の衛星時報が消えたり妨害されたりしたら、どうなるだろうか？　まあ、懸念するのは無理もない。それが、各国の政府や、企業幹部や軍事司令官を眠れなくさせていることでもあるからだ。

　衛星測位信号は、四つの主たる要因から影響をこうむる。一つ目は、衛星時計の複雑なシステムに故障がでれば影響を受けうることだ。二〇一六年に、定期点検中の手違いによって、ＧＰＳの時報にわずか一〇〇万分の一四秒の誤差が生じ、イギリスの主要な通信事業会社に四日にわたって障害を引き起こしたほか、スペインとアメリカでもきわめて重要なインフラに影響をおよぼした。一〇〇万分の一四秒――一四マイクロ秒――は、えらく長い。

　二つ目の弱点は、自然の猛威によって信号が消されることだ。太陽から大量の太陽フレアが発生すれば、あるいは高層ビルのある都心部にいても、ＧＰＳは失われうる。これがいかに頻繁に生じるかを考えると不安になる。

　だが、民間利用されているこのシステムを戦争の領域にしっかりと引き戻すのは、ＧＰＳやその競合システムの三つ目および四つ目の弱点である。三つ目は、犯罪者や敵対勢力にも容易に手に入る単純な電子装置を使った意図的な妨害だ。二〇〇九年に、イギリスの船が携帯電話一台の出力の一〇〇〇分の一以下しかない小型のGPS妨害装置《ジャマー》を使って、船のシステムに何が生じるかを試す実験が行なわれた。後日、政府はその妨害装置についてこう報告した。

> 電子海図上で間違った位置が表示されるようになった。その結果、自動操縦によって船は静かに針路を外れていった。船舶自動識別装置が付近を航行する他船や、陸上の船舶航行サービスにそれらの間違った位置を報告した。ジャマーは衛星通信システムも故障させた。船は海上遭難安全システムを使って警報を発することも救助船を誘導することもできなくなった。ヘリコプター用の甲板安定化機能が故障した。船の時計すら狂うようになった。そして、通常は障害発生時の頼みの綱となるレーダーと回転羅針儀《ジャイロコンパス》も、やはりGPSからの信号を使うため、警告を発するようになった。[*10]

二〇一三年に、韓国の仁川《インチョン》国際空港の近くを飛行していた、少なくとも二五〇機の民間航空機が、バックアップ用の測位システムに切り替えなければならなかった。これらの飛行機が利用していたGPSのサービスが北朝鮮付近から発せられたと思われる信号によって妨害されたためだった。妨害信号はじつに強力だったため、五〇キロほど離れたソウルでもGPS時計をもとに運用されていた携帯電話網を混乱させた。その前年、ニュージャージー州のトラック運転手が意図せずして、雇い主から居場所を追跡されないために自分のフォードのピックアップ・トラックに搭載した装置でニューアーク国際空港のGPS信号を妨害した。ロンドンのシティでは、非常に精密な時報を必要とする金融取引と電気通信の機器を収容する建物で、屋根に設置された電波妨害探知機が四年間に平均で一日五回は妨害を察知していた。大半は、ジャマーを取りつけた車両が近くを通ることによって生じていた。

だが、何よりも陰湿な問題は、「なりすまし《スプーフィング》」として知られる行為だ。敵がＧＰＳ信号になりすますと、こちらにはそれが影響を受けていることはわからないが、受信機は居場所がどこか違う場所であると判断するようになる。受信機が軍艦や誘導ミサイルに搭載されている、あるいは兵士を紛争地帯に降下させる場合を想像してみよう。一九九七年の映画『００７　トゥモロー・ネバー・ダイ』のなかで、邪悪なメディア王エリオット・カーヴァーがＧＰＳ信号になりすましたことによって、イギリス海軍の軍艦デヴォンシャー号が中国の海域に迷い込み、第三次世界大戦が勃発しかねない事態になる。「われわれの自艦位置には、絶対に確信がもてるのかね?」と、艦長が詰問する。「はい、艦長。衛星による正確な航行位置です」と、航海長が請け合う。それでも船は何キロも予定の航路から外れていた。

これは現実に重大なＧＰＳのなりすまし攻撃が記録されるより丸々二〇年前に考えられた、驚くほど予知能力に長けた架空の話の筋だった。二〇一七年に、黒海にあるロシアのノヴォロシスク港の近くを航行していた二〇隻の商船は、船のＧＰＳが現在位置をすぐ近くのゲレンジーク空港のある陸上の地点に設定していたと報告した。その前年、ロシアの首都モスクワのクレムリン宮殿の近くで使われていた携帯電話のアプリは、電話の現在位置を三〇キロほど離れたヴヌーコヴォ空港と不正確に表示していた。こうしたなりすまし攻撃を、解説者たちは電子戦争の一形態と描写した。

こうしたことすべてにかかわるリスクは絶大だった。スマートグリッドとして知られる、最新の電気供給網の仕事をする専門家たちは、数十億分の一秒未満の誤差で同期した測定装置を頼りにしている。報告されたあるケースでは、試験装置が正確な位置を得るために必要な数基の衛星からの信号を受ける代わりに、一つの衛星信号を自動追尾するようになった。供給システムでは、大掛かりな電気的故障が生じたと考えたため、五〇〇キロボルト送電線を二本停止させた。このときは事故だったが、悪意ある活動がもたらすリスクは大きい。

　私たちの現代の世界は衛星時計からの信号にあまりにも依存しているため、妨害やなりすましによる攻撃がおよぼす範囲は膨大だ。アメリカのある政治家が最近、「GPSは現代の経済全体にとって〔致命的となる〕単一障害点だ」と、主張した。別の専門家はより率直にこう述べた。GPSが大規模に機能停止すれば、「多くの死者がでるだろう[*11]」。

第12章　平和

六九七〇年、大阪、プルトニウム時計

一九七〇年大阪万博のタイムカプセル

時代は七〇世紀、歴史書では日本と呼ばれた国の、かつては大阪として知られた都市に、どういうわけかその時計はまだある。それが深い地中に埋もれてから諸々のことが生じたのちも、まだここで動いているのだ。世界中であれだけの戦争があり、血が流されたのちも、さまざまな大陸で何千年ものあいだ多くの文明が興隆しては滅亡していったのちも、数多くの世界帝国が築かれては分裂したのちも、じつに多くの知識が得られては失われたのちも、地球の大部分が資源を求める人間の飽くなき欲望によって傷つけられたのちも、この時計は生き延びたのだ。故障することもなく、壊れもせず、動いている。時計はここに座って、静かに五〇〇〇年のあいだ時を刻んできた。地上の世界を吹き荒れた途方もない変化をじっと見つめてきたのだ。だが、その時間も残り少なくなっている。金属製の円形文字盤上にある針は、五〇番目の目盛りに到達しようとしている。それぞれの刻み目は、次の世紀への移り変わりを記録してきた。

この時計はプルトニウム計時装置で、日本の松下電器産業〔現パナソニック〕が製作し、金属製の円筒に収められていた。なかでは金箔に包まれた酸化物としての放射性プルトニウム一グラムが、〔アルファ崩壊によって〕時計のガス室にヘリウム核を着実に放出しており、ガス室はその結果、アコーディオンの蛇腹

のように膨らんできている。蛇腹は膨らむにつれて、時計の唯一の針をゆっくりながら確実に文字盤の上で回転させている。

この時計は、直径一メートル、容積五〇〇リットルの球形のステンレス製カプセルに収められ、鋼鉄、砂、粘土、鉄筋コンクリートの層に守られたうえで、大阪の公園〔大阪城公園本丸跡〕の地中一五メートルの穴のなかに降ろされて以来、誰も見たことがない。一九七〇年に大阪で開かれた万国博覧会後にこの時計が動きだし始めてから、いまや五〇世紀目となった。だが、それは歳月の彼方の出来事だ。万博を開いた文明は、とうの昔に歴史のなかに消えている。そんな大昔に人間が生きていたということが想像し難く思われるが、いまここにそれらの人間の存在の何かしらを体験する機会があるのだ。この人びとがもっていたものを手にするのだ。当時の人間たちが大切にしていた人工物を調べるのだ。なにしろ六九七〇年の本日、プルトニウム時計とそのカプセルを発掘して、地表まで掘り上げ、開封する瞬間がいよいよ到来したのだ。

一九七〇年一二月七日に大阪で封印され、一九七一年一月二〇日という、はるか遠い昔に埋められたのは、タイムカプセルなのだ〔タイムカプセルは毎日新聞社との共同事業だった〕。プルトニウム時計のほかに、そこには二〇〇〇点以上の物——美術、文学、音楽、保存した生命体、その他の人工物——が含まれている。いずれも一九六〇年代末に入念に調達され、集められて、未来の人類に向けた進歩と調和のメッセージとして埋められた。そこには生物試料、芸術作品、録音テープ、フィルム、本、それに日常生活の品々が、いくつもに仕切られた場所に保管されたと考えられている。紀元前一九六年に制作された古代エジプトのロゼッタストーン〔三つの異なる言語で同じメッセージが刻まれていた〕の一九七〇年版とでも言うべき「現代風ロゼッタ石」が、日本語、中国語、英語、フランス語、ロシア語、スペイン語で鋼鉄板に刻まれ、こん

図 12-1　大阪に埋められたプルトニウム時計、1970 年

なメッセージを伝えている。「私たちは五千年後の人間の繁栄を信じ、二十世紀の記録としてこのカプセルを残します」[*1]。日本の学童たちは未来の人びとのために絵を――今日の人びとを描いた。日本の国旗が、目録の最後にある。

カプセルは、大阪城公園の中心で三六平方メートルの面積を占める磨かれた花《か》崗岩《こうがん》の台座の上に設置されたステンレスの半球形の記念碑の、はるか下方に埋まっている。ここはもともと一五八〇年代〔天正一一年－一三年〕に築かれた軍事用の城で、それ以来何度か再建されたことがあった。カプセルの設置場所に関して、当初は海洋、南極大陸、さらには一九六九年七月に人類が初めて到達した月までも検討されたが、数カ月後に大阪の地が選ばれた。

だが、最終的に決まったのはこの公園で、カプセルが最初に埋められてから、数え切れないほどの人びとがこの記念碑のそばに立ち、そこに入れられたメッセージに思いを馳せ、一九七〇年当時の暮らしは、自分たち自身の生活と比べてどうであったのだろうかと考えた。

それも遠い昔のことだ。いまやカプセルがその製作者によって入念に封印されてから五〇〇〇年が経ち、その中身を再び見るべき時期がほぼ到来した。万博の主催者はカプセルをいま開けなければならないと定めていたが、それは容易ではないだろう。封印のプロセスは複雑で、技術的にも難しいものだったので、カプセルを開くのに必要な手順を詳述した特別な指示書が、別のステンレスの円筒に入れられ、カプセルの上部に埋められていた。この指示書が残り、それが守られている限りは、カプセルの中身は大阪の地中で長い眠りを経たあとで最終的に、安全な形で明らかになるだろう。

プルトニウム計時装置の針はついに、文字盤の最後の位置にまで達する。日本の大都市の中心部にあった平和な公園で、遠い過去から発信された希望と平和のこのメッセージを明らかにする時がきたのだ。だが、重大な問題が残っている。五〇世紀を経た今日、この画期的な行為を実行するための人類の文明はまだ地球上に残っているのか？

平和をもたらすための時計

一九七〇年の日本万国博覧会後に大阪城の敷地に埋められたタイムカプセルは、壊滅的な世界大戦の余波を受け入れるのに、まだ苦戦している社会でつくられた。一九四五年に広島と長崎に落とされた原子爆弾で二〇万人以上が殺され、世界は核の時代に入った。

古い世界から新しい世界への入り口に立っているという感覚がこのプロジェクトには満ちており、共同スポンサーの松下電器産業はこう書いた。

> 世界全体が懸念することは、日本の懸念でもある。核戦争の脅威、大気汚染、エネルギー資源の枯渇、地震、嵐、洪水などの自然災害は、日本人にとっても、ほかのどんな民族とも同じく、現実の問題だ。そして、日本人は日常生活における幸せと悲しみも同じだけ共有している。[*2]

松下電器は第二次世界大戦中に主要な電気機器の製造業者となった。同社の社長、松下正治《まさはる》は次のような言葉を書いて、カプセルに入れた。

> 過去、人類は長い歴史を通じて、多くの困難と戦いながら、多彩な文化を創造してきた。私たちは、今日の文化が、そのような成果の上に築かれたものであることを考えるとき、先人の尊い努力に対して、深い感謝の気持を覚えるのである。
>
> すべての文化は、人類が宇宙に生存する限り、世代を越えた共有の貴重な遺産である。現代文化は、今後、さまざまな形で受けつがれていくと思うが、過去の歴史にみられるように、長年の間に、自然の変化や人為的な破壊によって消滅することは、まことに惜しい。[*3]

時間をめぐる私たちの旅が終わりに近づくなかで、時計と文明にとって次にくるものは何だろうか？　時計がいかに最も荒々しく破壊的な変化を可能にしたかを見てきたあとで、平和をもたらすために時計を使う方法を想像できるだろうか？　大阪に埋められたようなタイムカプセルは、時計と考えることができるが、この物語でこれまで検証してきたその他すべての時計とは似ていない。これまでの時計はみないま、あるいは最近に関するものだが、タイムカプセルはもっと長い時間の枠で功を奏するものだ。つまり、ロング・ナウにかかわるものなのだ。そして、それがまさに文明を救えるかもしれない。

一万年の時を刻む

一九九八年に、作家で発明家、および『全地球《ホール・アース》カタログ』の創刊者であるスチュアート・ブランドが、こんな言葉を書いた。

> 文明は集中力が病的に短くなる状況にみずからを追い込んでいる。この傾向は、技術の加速や、市場主導の経済による狭い視野、民主主義による次の選挙重視の視点、あるいは個人が並行作業《マルチタスク》をこなすがゆえの注意散漫から生じるのかもしれない。そのすべてが増加している。近視の矯正のように何らかのバランスをとる必要がある。長期的視野や長期の責任を負うことを推奨するメカニズムか神話が必要なのであり、そこでは「長期」は少なくとも数世紀を指すものとなる。[*4]

ブランドは、コンピューター設計者のダニー・ヒリスなどの著名な思想家とともに、西暦二〇〇〇年という年が未来を思考するうえでの時間的障壁になりつつあったことに、懸念をいだくようになった〔いったん二〇〇〇年を越えると、誰も未来を語らなくなった〕。ブランドはこう問いかけた。「長期思考はどうすれば難しく珍しいものではなく、自動的で一般的なことになるだろうか？　長期の責任をはたすことを、どうすれば不可欠なものにできるだろうか」[*5]

ヒリスの提案は、壮大な記念碑ほどの大きさの機械式時計という形で、「メカニズムと神話の双方」を築くことだった。それを預かる文明が維持管理を怠らなければ、少なくとも一万年にわたって時を刻めるものだ。その結果が、「ロング・ナウ協会」という財団法人であり、「ロング・ナウ時計」をつくるプロジェクトだった。

この名称は、音楽家で作曲家のブライアン・イーノが、私たちの時間の枠を有益な形で広げるかもしれない概念を提案したのちに付けられた。この計画では、「いま」は現在の瞬間の前後一日を意味しており、「最近」はその時間の枠を前後に約一〇年間延長させた。だが、「ロング・ナウ」は私たちの時間の枠を膨大に広げるものだった。未来研究家のピーター・シュウォーツは、ロング・ナウは現在と前後一万年間を意味すべきだと提案した。「一万年前に氷河期が終わり、農業と文明が始まった。同じだけの視点を未来にまで引き伸ばすべきなのだ」と、ブランドは説明した。[*6]

ロング・ナウ時計の試作品は、一九九九年の大晦日が終わる前に、サンフランシスコのプレシディオ公園で最初に時を刻みだした。アレグザンダー・ローズの率いる技術者と設計者の少人数のチームが建設を始めてから二年後のことだった。この時計は落下する錘が駆動するもので、数日置きに巻き直された。四〇〇日巻き時計のような回転振り子で、一分間に二回、チクタクと回転し、特大腕時計のようなメカニズムで動きを伝え、時計の中心部にある機械式コンピューターに時刻を送信する。一九世紀の発明家チャールズ・バベッジの機械にヒントを得たこのコンピューターが計算を行ない、一時間ごとに文字盤の表示を更新する。文字盤のなかで最もゆっくり動く部分は、約二万六〇〇〇年に一度回転し、歳差運動〔地軸の首振り運動〕を表わす。

一九八〇年代に世界最速のスーパーコンピューターを何台か設計したヒリスは、世界の速度を速めてしまった罪を、世界で最も遅いコンピューターをロング・ナウ時計のために設計することで償いたいと考えた。この時計は、私の人生を変えた。

ローズ、ヒリス、ブランドに初めて会ったのは二〇〇〇年のことで、当時、私が勤めていたロンドン科学博物館に彼らがやってきたときだった。博物館はミレニアムを記念して画期的なギャラリー「現代世界をつくる《メイキング・ザ・モダン・ワールド》」を開設する最終段階にあり、七月にギャラリーが公開されたら、ロング・ナウ協会が試作品の時計を展示の最後を飾る作品として寄託してくれることになっていた。歴史的な展示の最後を締め括り、来館者に遠い未来を見据えるように誘うのに、これ以上によい工芸品は思いつかなかった。そして、サンフランシスコからロンドンまで旅してきた末に、ロング・ナウ時計はその場に立った。メカニズムと神話——そして、時計を巻きあげる仕事が私に託されたのだ。若いジュニア・キュレーターとして、これは決して忘れられない経験だった。

二代目の時計は現在、テキサス州で組み立てられている。そして、三代目の時計の設置場所はネヴァダ州の砂漠地帯の山中が選ばれた。ネヴァダのこの一帯は大半が、世界最高齢の生物であるイガゴヨウの松の森で覆われている。この山脈にある一本の木は、樹齢がほぼ五〇〇〇年と測定されている。

時間の枠の焦点距離を——数分や数時間から数千年に——長く変え始めると驚くほどの影響力をもった考えが浮かんでくる。ブライアン・イーノは時計の鐘を鳴らすメカニズムを設計する仕事を引き受け、転調鳴鐘法を実験し始めた。彼はこう説明した。

一六〇〇年代には、多くの教会が鐘楼に音階をなす鐘を多数備えるようになった。そしてこれらの鐘は単純な順番で繰り返し鳴らされてきたようだ。そのころ、新たな発展が見られた。鐘の鳴らし手は、これらの鐘を考えうるあらゆる順列に変えて鳴らすことに関心をもつようになった。そしてこの試みが転調鳴鐘法《チエンジ・リンギング》として知られるようになった。かいつまんで言うと、転調鳴鐘法は特定の数の鐘を、考えうるあらゆる順番で繰り返すことなく鳴らす芸術（もしくは、多くの実践者にとっては、科学）である。[*7]

一組の鐘を重複しない順列で並び替えた数は、一組に含まれる鐘の数が増えると、階乗的に〔階乗はある整数から1まで連続する整数の積〕増える。鐘が二口《こう》あれば、二つの異なる「旋律」となる。三口目の鐘を加えると、旋律の種類は六つに増える。さらにもう一口増やして合計で四口にすると、二四の異なる旋律を奏でることができる。五口の鐘なら一意《ユニーク》の順列は一二〇通りとなり、六口なら七二〇通りに増える。だが、一〇口の鐘ならばどうなるだろうか？　教会にそれだけの数の鐘が備えられているのは、珍しいことではない。グリニッジの私のアパートの近くのセントアルフェージ教会では、一七三〇年以来、鐘楼に一〇口の鐘が吊り下げられている。この数で演算すると、一〇口の鐘があれば三六〇万通り以上の音の並びを奏でられるのがわかるだろう。

だが、転調鳴鐘法では、そのいずれも記憶する必要がない。鐘を鳴らす人びとには一連の単純な決まり――アルゴリズム――があり、次の音の並びが何で、その次はどうなり、そのさらに次は何かが指示される。旋律はそれらの決まりによって、アルゴリズム的につくられるのだ。そのため、このアルゴリズムを繰り返し利用するのだとすれば、将来のいずれかの時点で演奏されることになる旋律を知ることができる。逆に、一つの旋律を聞いて、その始まりの並びを知っていたとすれば、アルゴリズムを逆順に応用して出だしまで戻れば、それが順列のどのあたりに位置していたかを知ることができるだろう。

ここでは細かい手順は問題ではない。重要なのは結果だ。一〇口の鐘で演奏できる一意の旋律の数は一万年間の日数に非常に近く、それはロング・ナウ時計の最低限の寿命なのだ。イーノが気づいたのは、時計に一〇口の鐘を取りつければ、一万年にわたって毎日、異なった旋律を演奏できるということなのだ。そして、一つの旋律から次の旋律に変えるアルゴリズムを知ることで、わずか一〇口の鐘を使って、一万年以上にわたって時間の経過を追える暦を得られたことに彼は気づいたのだ。二〇〇三年にイーノはこの先五〇〇〇年間、すなわち七〇〇三年一月までの鐘の旋律を演奏したＣＤを制作した。私はこのＣＤをその後の年月に何百回となく聞き、そのたびにいつも手を止めて考えさせられた。実際の鐘の音を聞ければよいのだが、それは待つしかない。

対話は進みつつある。一九九九年一二月三一日に、ロング・ナウ協会がサンフランシスコでその試作品の時計を動かし始めたとき、アーティストであり音楽家のジェム・ファイナーが「ロングプレイヤー」という一〇〇〇年間は繰り返されることなく演奏されつづける楽曲を演奏しだした。この音楽が永遠の住処とするのは、ロンドンの東のテムズ川沿いにある一九世紀の灯台だが、世界各地で聴くことができ、この不思議で美しい、魅惑的な音楽は、それを耳にするすべての人を魅了する。灯台から数歩離れた場所に、月の時間を示す「アルーナタイム」時計がある。アーティストのローラ・ウィリアムズ設計の鋼鉄と鉄、ガラスでできた、見上げるような時計で、月の満ち欠け、月の出と月の入り、そのそばを流れる川で見られる潮の干満を表示している。これは「アルーナ」という、ストーンヘンジよりも壮大な規模の月の時計を建設するプロジェクトの最初の試作品である。この時計に込められた願望は、分断された世界の統一を助けることだ。さまざまな違いはあっても、同じ月をともに見あげる世界だ。遠い未来まで、はるか宇宙まで見通すことが、私たちの俗世間の懸案事項を大局的に見るうえで役立つのである。

ロング・ナウ時計のように、ロングプレイヤーやアルーナは、よい対話を生みだす機械だ。ロング・ナウの役員であるケヴィン・ケリーはこう問いかける。「時計が一万年間動きつづけられるのであれば、われわれの文明もまたそうなるようにすべきではないか？」ウイルス学者のジョナス・ソークは以前にこんな問いを発した。「われわれはよい祖先になっているのか？」[*8] そして、ここで再び、希望と平和のこの旅を始めた場所である日本に戻ることにしよう。

遂行と恒久

伊勢市は大阪から一一〇キロほど離れたところに位置し、ここに伊勢神宮がある。パリの中心部ほどの広域に点在する一二五社の神社の総称だ。日本の天皇の最も崇敬された祖先であり、太陽の女神である天照大神を祀《まつ》る場所として約二〇〇〇年前から人びとが暮らしてきたが、最初に社殿が建設されたのは七世紀のことだった。だが、今日、見られる建物はわずか数年前のものなのだ。そして過去一三〇〇年以上にわたって、このような状況がつづいてきた。六九〇年以来、一五世紀から一六世紀の戦国時代を除いて、伊勢の木造の社殿は二〇年おきに完全に建て替えられてきた。直近の式年遷宮《せんぐう》は二〇一三年に行なわれ、六二回目の再建となった。この作業は一〇〇人ほどの地元の職人に委託されており、毎回八年ほどかかる。

ロング・ナウ時計のプロジェクトの概要を記した著書のなかで、スチュアート・ブランドはこう書いた。「伊勢は連続性を表わす世界で最も偉大な記念碑だ。湿度が高く、地震が多発し、火山の多い島国における構造と記録、伝統の連続した系譜なのである」[*9]。アレグザンダー・ローズ、ダニー・ヒリスなど、ロング・ナウ協会のメンバーは二〇一三年の式年遷宮の祭典に参加した。のちに、ローズはこう書いた。

雅子皇太子妃〔実際には黒田清子氏〕が神職らの行列の先頭に立ち、旧殿から新殿へ宝物を運ぶところを見守った……。神道の儀式の一環として、これは比較的短命な素材からできた構造物を無事に保つだけでなく、宮大工の棟梁《とうりょう》が次の世代を訓練することも可能にするのである。[*10]

一九七〇年の万博の際に大阪では、タイムカプセル・プロジェクトを考案するうえで伊勢の式年遷宮が役立った。実際には、この場所に埋められたものは、六九七〇年まで開封しないでおくカプセルだけではない。記念碑の厚板の下には、そっくりな内容物が入った、二つのそっくりなカプセルが埋められているのだ。下のカプセルだけが、五〇〇〇年間、手つかずの状態で残されることになる。上のカプセルは二〇〇〇年に掘り返され、開けられ、点検され、再び埋められたのであり、五〇〇〇年が過ぎるまで一〇〇年ごとに再点検されることになる。伊勢神宮のように、大阪のカプセルは繰り返し関心を注ぐことが長期の保存を可能にする秘訣《ひけつ》だと考えられている。遂行《パフォーマンス》がすなわち恒久《パーマネンス》を意味するのだ。

時計を自分のために使うべき時

本書では、二〇〇〇年以上の歳月をさかのぼって古代世界を覗《のぞ》き、希望とともに五〇〇〇年先の未来にも目を向けた。どの文明でも、いつの時代でも、私たちは何らかの目的を――単に時を計る以上に広い目的を――推し進めるために人びとがつくった時計に遭遇した。それどころか、すべての時計はそのためにつくられてきたことを私たちは知った。歴史上のあらゆる時計が、そうなのだ。

技術は決して中立ではない。物は、何らかの意図をもった人間によってつくられるからだ。それは権力を掌握または維持するための野心かもしれないし、道徳的な行動を促すため、お金を儲けるため、あるいは世界を支配するためかもしれない。だが、本書ではさまざまな不正義感や不平等感に人びとが立ち向かい、より公平な世界を望んできたことも見てきた。こうしたことはいずれも、将来においても変わらないだろう。

だが、変わるものもあるかもしれない。私たちの一部の暮らし方、働き方、旅の仕方が変わることはありうる。たとえば、私たちはラッシュアワーに慣れてしまって久しい。これは一定の勤務時間を一定の勤務場所で過ごし、効率のよい交通網に依存することで生じ、いずれも時計を利用することで成し遂げられている。そのことが今度は夏時間のようなアイデアを生み、それによって時に関する私たちの心理的な考えも時計との関係も変わった。だが、私たちがラッシュアワーに永久に耐えなければならないと考える理由はない。情報通信技術の変化によって、一部の人は（すべてでは決してないが）働く時間も場所も柔軟に選べるようになったからだ。私たちの勤務パターンや地球規模の旅行パターンに、今後数年間で恒久的な大変化が起こるのを見ることになるかどうかについて、私自身は懐疑的だと言わざるをえない。だが、どのようなパターンが生じるにせよ、時計がそれらを可能にする中心にありつづけることは確かだ。

これに関連するのが、私たちの生産と消費の仕方に抜本的な変化が生じる可能性だ。世界各地の食品や消費財、商品の製造《マニュファクチャー》と移動および消費は、人の移動に比べて政治的な意味ではあまり語られることがない――それが痛烈に明らかになったのがイギリスでブレグジットが議論された状況だった――が、ＣＯＶＩＤ－19のパンデミックはこの問題にたちまち焦点を絞らせた。もっとも、この数十年来、変化はふつふつと生じつつあった。時計はいつの時代も市場、金融、通商、製造、世界的な輸送網の中心に存在してきた。そのことは変わらないだろうが、これまでの生産と消費のあり方は間違いなく変わるだろう。気候の変化はここでは明らかに長期にわたる生存にかかわる難題だが、それ以外の問題にも直面するだろう。

私たちは、一つの文明として、歳月とともに技術がおよぼす政治問題をより意識するようにもなっている。いまでは、政治史の豊富な証拠がもろもろの人工物に埋め込まれている。たとえば、脱植民地化について考えた場合、私たちの関心はしばしば不平等と不正義の構造に向けられるが、それは物によって暴露しうる（または構築されている）。彫像や博物館の収蔵品は、過去の行動に批判的な疑問をぶつけるようにと私たちを誘うので、当然のことながら注目を集める対象となる。おそらく私たちは、周囲のよく見える場所にひっそりと佇《たたず》む時計のような政治的な物体にも、もっと注意を払うべきなのだろう。

この先、不確実な未来へ向かうなかで、私が最も不安に思う時計の物語を一つ選ぶとすれば、それはアメリカや中国、ロシアの軍隊や、ヨーロッパ諸国のガリレオによって運用されている全地球的な測位衛星に搭載され、地球を周遊する時計だろう。それ自体は単なる空を飛ぶ時計でしかない。だが、これらの時計はその他の技術や、その他のネットワーク、その他のデータの利用を可能にするものであり、私たちの生活――地球上のどこにいようが、すべての人の暮らし――のあらゆる側面にまで急速に入り込んできている。そのことは、私たちの誰もが立ち止まって考えるべき問題だ。私たちの居場所を数ミリの誤差で突き止め、これまでに構築されたどのシステムともリアルタイムで対話を可能にする技術、秘密主義のグローバル企業や政治超大国によって構築され運用される技術、地球上のすべての人について集められた膨大なデータのプールを利用できる技術は恐ろしい。それでも、私たちはあたかも無批判で、自分たちの暮らしにそれらの技術を招き入れている。これこそ、時計にまつわる政治に危急の対応を要する問題だと私は考える。もちろん、本書で検証したその他すべての事例を除外するわけではまったくないが。

つまるところ、私たちはこれらの物が指図することにただ従う代わりに、時計の文字盤の奥を見て、誰がそのなかにいるのかを見る必要があるのだ。何千年ものあいだ、人びとはひそかに政治課題を時計のなかに、もしくは時計としてもち込んできた。なぜなのか私にはよく理解できないが、私たち人間は他人からの指図よりも、物からの指図を受け入れやすいことを熟知してのことである。容赦なく時を刻む時計の音に、誰が逆らえるだろうか？　おそらく私たちはもう少し努力すべきなのだろう。

　正直に言えば、私には人類のための牧歌的な将来は想像ができない。本書を執筆しながら最も衝撃を受けたのは、いったん今日の経験による泡を拭い去ってみれば、何千年という歳月にわたって文明レベルのテーマに一貫性が見られることなのだ。となれば、民衆を統治し、権力を確保し、人の行動を管理するうえで、しかも往々にして苦しみや死を招く方法で、私たち人間が時計を使うのをやめるだろうとは思わない。だが、少なくとも自分たちの時計がどこからきたのか——誰がなぜつくったのか——を理解していれば、私たちは批判するすべをより身に付けられるかもしれないし、もっと頻繁に抵抗できるだろう。私たちは異議申し立てをし、難しい質問を投げかけ、理論武装することができる。つまり、よい市民《シチズン》になれるのだ。

　一九七〇年に大阪で埋められたタイムカプセルには、六九七〇年に読まれるために、東京の小学四年生の林雅幸《まさゆき》君が書いたメッセージも含まれていた。

> みんなで、明るく楽しく、くらせる世の中。これはぼくも君たちも、おなじ願いだと思うよ。おたがいに自分の持っている力をせいいっぱいだして、つぎの時代にバトンタッチしよう。
> では、五千年のかこから、さようなら[*11]。

文明の構造を根底からつくり変えることは、それを試すのは、興味深いとはいえ、できないかもしれない。しかし、私たち一人ひとりが独自の方法で世界を、自分が生まれたころより少しばかりよい場所にする変化をもたらすことはできる。時計は私たちが自由に扱える道具だ。誰かが私たちの暮らしを管理するために時計を使っているのであれば、私たちも自分のために時計を効果的に使うことができる。そして、そろそろそうすべき時がきている。さもないと、私たちの時間は終わってしまうかもしれないのだから。

謝辞

本書を執筆するに当たって、私はじつに多くの人びとの惜しみない援助と知恵と専門知識の恩恵を受けた。ジャック・ラムはヴァイキングの企画編集者で、時間についての本を書くことを検討してはどうかと私に最初にもちかけ、企画段階を通じて執筆にいたるまで私を巧みに誘導し、支えつづけてくれた。トム・キリングベックはのちにジャックから担当を引き継ぎ、それ以来、導き手でありつづけてくれている。私は両人をはじめ、ペンギン・ランダムハウス社の彼らの素晴らしい同僚たちに多大な恩義を感じている。ガルザンティ社、ペンギン・チャイナ社、エーディトゥレ・トレイ社、W・W・ノートン社のチームにも、この物語を世界各地に広めてくれたお礼を申しあげる。元同僚のウェンディ・バーフォードにも、このプロジェクトの企画段階で不可欠な支援をしてくれたことを感謝する。

深く掘り下げた研究と示唆に富む出版物によって、この記述をつなぎ合わせることを可能にしてくれた学者の方々すべてに、感謝を捧げたい。計時分野の研究にかかわってきた数え切れないほどの収集家および関連の方々で、講義や協会の会合、視察などで私がお会いし、そこで専門知識を惜しみなくご教示いただいた方々にも感謝する。また、長年にわたって手を差し伸べ、援助してくれたすべての図書館司書、アーキビスト、博物館員、その他の専門家の皆さまには、これからも恩義を忘れまい。

ジョナサン・ベッツ、ジェームズ・ナイ、キース・スコビー＝ヤングズ、およびリチャード・ステニングは、このプロジェクトのみならず、多数の取り組みにおいて力強い支えとなってきた。彼らの専門知識は右にでる者がなく、その温かい支援なくしては、本書は実現できなかった。彼らが自身の研究（とりわけヨハン・アンテルに関するジェームズの未発表の著作）を共有し、原稿を読み、賢明な意見を聞かせてくれたことにも感謝する。ヴェネチア、シエナ、アムステルダムで休暇をともに過ごしたのは、私たち五人だった。それは一つには、本書のために私が時計やフレスコ画を視察できるようにするためだった。彼らは思慮深いとともに、辛抱強くもある！　ロンドンにあるジェームズ・ナイの電気時計センター、クロックワークスでは、私が同館とかかわってきた期間に、住み込みの保存管理者であるジェームズ・ハリスとヨハン・テン・フーフェがじつに多くの刺激と知識を与えてくれた。

　本書で紹介した時計のいくつかの実物を見学できるよう手配いただいたことについては、多くの方々に感謝している（しかも大半の場合、私がお会いした人だけでなく、大勢がかかわっていた。そのすべての方々に感謝する）。スワル村では、マリー＝ロール・ブローとアナ・カタリーナ・マティアス、ワシントンＤＣではジョン・グレイとジャヤ・カヴィーシュワー、ジョドレルバンクではピーター・リンステッド＝スミスとイアン・モリソン、アムステルダムではロブ・メメルとヘンク・ファーフーフ、ピカデリーサーカスではマーク・クラングルとキース・スコビー＝ヤングズ、グリニッジ公園ではデリック・スパー、そしてキオッジャではマリーザ・アッドーミネとダニエレ・ポンスに感謝するとともに、素晴らしい訪問のなかでお会いした同市のすべての人びとにもお礼を言いたい。子供たちとイスティトゥート・コンプレンシーヴォ・キオッジャⅠのスタッフによって私たちのために上演された音楽劇は決して忘れることはないだろう。

　ＮＰＬの時計の専門家たちには、これまでの仕事においてつねにお世話になってきており、本書のプロジェクトではとりわけアリ・アシュカシ、シャーロット・ブレイク、マリヴォン・コーベル、サム・グレシャム、レオン・ロボ、ピーター・ウィバリーに、金融セクターに時刻を提供するNPLの時計について学び、見学させていただいたことを感謝している。顧客側の事情を理解できるようにと、ロンドン証券取引所の元理事長のドナルド・ブライドンは親切にも、レスリー・バードとニキル・ラティが企画した集まりで、取引所の専門家フィル・クロスリー、デンジル・ジェンキンズ、カウシャリヤー・クラーラートゥナームとリアム・スミスに会えるように手配いただいた。このときの会議で私は非常に多くを学び、自分に理解できる言語でこれほど複雑な状況の説明を受けるための時間を割いていただいたことをありがたく思った。時間や高頻度データ関連の産業では、それ以外にも私は数え切れないほど多くの専門家に助けていただき、なかでもボブ・クックショット、チャールズ・カリー、ジョン・ポトルにはお世話になった。

　高速の時計から最もゆっくりな時計に移行すると、ロング・ナウ協会の人びとには、二〇〇〇年に最初に出会って以来、私のためにやって下さった諸々のことを感謝しなければならない。スチュアート・ブランド、ダニー・ヒリス、ブライアン・イーノは私のなかで新しい考え方に火を付けたが、なかでも長年にわたって刺激を与えつづけてもらったアレグザンダー・ローズにはとくに感謝している。私は同じ年に、ロング・ナウ時計の前でローラ・ウィリアムズに出会った。アルーナと、ローラとの友情は、それ以来、私を精神的に支えつづけてくれた。そして、ジェム・ファイナーには心から感謝している。彼のプロジェクト――「ロングプレイヤー」を通じて出会ったが、それだけでなく――は、世界にたいする私の見方と体験の仕方を変えた。

　より広い意味では、私はロンドン大学ロイヤルホロウェイ校の地理学科で研究員職に就いており、デイヴィッド・ギルバートをはじめとする多くの同僚たちの知恵と寛大さの多大な恩恵を、何年にもわたって受けてきた。ロンドン科学博物館グループとグリニッジ王立博物館群〔天文台、海事博物館、カティサーク号など〕の理事や顧問を含め、元同僚たちにも感謝している。過去四半世紀にわたって私の思考をまとめる手助けをし、導いてくれただけでなく、いまもそのことには変わりがない。ここではアンドルー・ネイハムの名前を特筆しておかなければならない。一九九七年に私に賭けてくれたのが彼であり、私は以来ずっと恩に着ている。

デバシシュ・ダスは、インドの時計台に関する現在進行中の自身の研究を親切にも見せてくれた。故ジョイス・クリスティは、子供のころ彼女が面倒も見てもらったメアリー・ディクソン、つまり黄金の声コンテストのジャローからの最終候補についての貴重な話を聞かせてくれた。デイヴィッド・ペレットは、ヘンリー・フォードの一九二八年のロンドン訪問に関する未発表の研究結果を、寛大にも見せてくれた。サイモン・シェーファーからは、喜望峰天文台で初期の時代に見られた人種差別について鋭い見解を教示してもらった。

著作権のある素材を本書に転載するに当たり、許可して下さったすべての方々にお礼を申しあげたい。画像提供でとりわけ便宜を図ってもらったボナムズ、チャールズ・フロッドシャム社、ジェームズ・ハリス、パナソニック株式会社、およびジョイス・クリスティの遺産管理人であるジョン・ロビンソン、ポール・ハッチンソン、イアン・スミスの各氏である。ジョン・アガードにも、キャロライン・シェルドン・リテラシー・エージェンシーのジョージア・ホームズを介して、ラグビー時計について詩の再掲載を許可してくれたことへの謝意を表明しなければならない。二〇〇七年にグリニッジでジョンに出会ったことが大きなひらめきとなり、私の研究に新たな道が開けた。もっとも、それはまだまだ長い道のりとなっているのだが。

最後に、本書は愛を込めて、私の家族に捧げる。

訳者あとがき

毎朝定時に目覚まし時計をかけて、冬などはまだ薄暗いうちから起きだし、いつもの決まった電車に乗るために駅まで早足で向かい、途中で電車が一分でも遅れれば、タイムカードで遅刻扱いになるのではないかと案じる。そんな暮らしを何十年とつづけてきたが、コロナ禍で急に自宅でテレワークになって、はっきりとは意識していないものの何かが大きく変わった。このような体験をしている人がこの数年、世界各地で増えてきているのではないだろうか。

本書、『世界を変えた12の時計』（原題 *About Time: A History of Civilization in Twelve Clocks*）は、時の経過を人為的に管理する時計が登場して以来、人類がたどってきた文明の歴史の一端を、一二のテーマに沿って、日時計から原子時計まで、一二の時計を中心に語る。そうすることで、私たちの暮らしのなかに当たり前のものとして組み込まれた時計による「時間」について、改めて客観的に考えるのが、本書の試みである。時計マニアは大勢いるだろうし、この本の著者デイヴィッド・ルーニーも間違いなくそうした一人だが、本書はいわゆる時計の歴史の本ではない。つまり、より精密で正確な時を安定的に刻むための人類の技術面の創意工夫の歴史に主眼を置いているわけではなく、むしろ新たな技術が生まれるたびに、時計が刻む

「時間」が人間の暮らしをどう変えてきたかに目を向けさせるものだ。

　著者はグリニッジ王立天文台で計時部門のキュレーターを務めた人でもあるため、「時間の本拠地」とも言えるグリニッジにまつわる話が本書には数多く登場する。世界の時間制度の起点となった本初子午線に立つこの天文台は、一九五七年に天文台としての機能がハーストモンソーへ、さらにケンブリッジへと移転したあいだ、旧グリニッジ天文台と呼ばれていた。その後、一九九八年にケンブリッジの天文台も閉鎖され、それ以降、旧天文台は博物館として再び元の名称で呼ばれるようになったので、本書では一貫してグリニッジ天文台の名称を使用した。その点をご留意いただきたい。


　本書が取りあげる時計は、実際には一二どころか、もっとずっと多く、いずれも強く印象に残るものだ。天体の動きを機械式時計で再現してみせたプラハの天文時計などは、やがて一七世紀の科学革命によって「宇宙そのものが時計職人である神によって組み立てられた時計仕掛けなのだという考え」（本書四九頁）に発展していったという。それとは対照的な「ピューリタン」時計と呼ばれる地味な懐中時計もまた、そこに込められた意味を知ると、考え込まずにはいられない。なにしろ、時間を無駄にすることは神にたいする背信行為とされていたのだ。小型の懐中時計となって、個々の人びとの暮らしに入り込んだ時間は、人間の考え方や暮らしそのものを変えていったのである。

　そこから一歩踏み込んだのが、ベンジャミン・フランクリンの「時は金なり」だったという。この格言が日本でやや異なった意味で知られるようになったのは、中村正直が一八七一年に翻訳したサミュエル・スマイルズの『自助論』以降と考えられており、このときは「光陰は銭財なり」と訳されていた。時を意味する中国語の「光陰」は日時計の影からきたという心をそそる説があるが、日本では通常、太陽（光）

と月（陰）によって月日を表わしたと説明されている。『フランクリン言行録』のほうも一九〇七年には翻訳された。プロテスタントの労働倫理に通じるこの格言は、いまでは日本人のあいだにもすっかり浸透している。明治になると時計の技術そのものから生まれたような資本主義が、目指すべき「近代化」として、西洋のこうした思想とともに日本に怒濤のように入り込んだ。一世紀後には日本人は一分たりとも遅れずに電車を運行することで有名になり、世界的な時計メーカーにもなり、働き蜂と揶揄《やゆ》されるようになった。そのため元来、日本人は時間に正確で勤勉に働く国民性であるように思いがちだが、時計の歴史をひもといてみると、実情はかなり異なるかもしれない。

本書によると、機械式時計は一二七五年ごろヨーロッパで発明されている。だが、その精度が上がって普及する一六世紀後半までは、ヨーロッパでも一般には日の出と日の入り時刻を基準に昼と夜をそれぞれ一二等分し、季節によっても緯度によっても一時間の長さが変わる不定時法が使われていた。昼の時間と夜の時間は季節ごとに流量や容器を変えて水時計でそれぞれ計られていたようだ。蠟燭《ろうそく》やランプなどの安全な照明器具が普及するまで夜間は寝るしかなく、とりわけ高緯度の地域では昼間の長い夏に働いて、冬は巣ごもり状態だったのかもしれない。

一五五一年にフランシスコ・ザビエルが日本に最初の機械式時計をもたらした当時は、ヨーロッパが二四時間の定時法に移行しつつあった時期だった。江戸初期までに、その後も何台か機械式時計が寄贈されているが、日本では定時法に移行せず、代わりに機械式時計を改良して不定時法で使用する和時計が考案された。こうした和時計は各家庭にあったわけではなく、「時の鐘」などで使用されるだけで、庶民にとっては一日に一二回、おおむね二時間置きに鳴る鐘の音が、時間を知るほぼ唯一のすべだったのである。

明治以降、日本で公共の時報として最初に導入されたのは、一八七一年一〇月二二日（明治四年九月九日）に「午砲の制」によって始められた正午の空砲だった。一八七三（明治六）年一月一日には太陽暦・定時法が導入され、その一カ月半ほど前には鉄道も開通し、横浜－新橋間を一日九往復、分単位の時刻で走るようになった。

日本最初の公共の時計台は一八七一（明治四）年に竣工した近衛歩兵竹橋陣営の時計台というのが定説だが、建設に使われた大量のレンガは明治五年二月末の銀座の大火を受けて、南葛飾郡小菅に建設されたレンガ製造所でつくられたものであり、実際の竣工は、一八七四年二月一〇日に連隊が竹橋陣営に移転したときと考えるべきではないだろうか。同年四月には横浜の町会所に時計台ができ、その月末には日本橋の駅逓寮庁舎の破風《ペディメント》にも時計が設置された。これらに先立って、工部大学校の時計台が一八七三年に稼働していた可能性がある。いずれも時計はヨーロッパ製であり、建物の設計にも外国人がおおむね関与しているが、日本人みずからが導入した公共の時計だった。現存する最古の時計台は、一八八一年に完成した札幌の時計台である。一八八八年には日本標準時が単純に一五の倍数でグリニッジ標準時とちょうど九時間差になる東経一三五度線に定められ、その線上にある多数の自治体の一つである明石市がなぜか「子午線のまち」となった。

一九〇三年には横浜と神戸の港に報時球も設置された。山下町海岸通り東波止場に設置された横浜のものは、「横に上下を赤色に中部を白色に檣《ほばしら》を白色に塗り球は常に檣上の下部横木上に据置き正午時約五分前即ち午前十一時五十五分より上部横木下まで引揚げ、正午時に於て東京天文台より電気作用を以て之を墜下せしめ其墜下し始むる瞬時を以て正午時とし」たと、『神奈川県港務部要覧』には書かれた。

しかし、日本人のあいだに時間の概念が本当に浸透したのは、一九二〇年に文部省主催の「『時』展覧会」が開かれ、生活改善同盟会という団体の提唱により「時の記念日」が制定されて以降のことという。たかだか一〇〇年前に、国民の大きな意識改革が行なわれていたのだ。当時の宣伝ポスターには「時の観念は文化の尺度」、「時の浪費は最大の奢侈《しゃし》」、「時間を尊重して生活を改善」などの標語が並んでいた。

　時計のない生活を覚えている人はもう日本にはほとんどいないが、錘《おもり》や振り子の付いた時計や、手巻きの腕時計を使っていた（あるいは現在も使っている）人は大勢いるだろうし、自分の時計が数分遅れていると思えば、電話で117番にかけて時報で合わせていたのも、そう昔のことではない。しかし、近年は多くの人が駆動させるのに何の手間も要らないソーラータイプで、かつ自動的に標準電波を受信して時刻も正確に合わせてくれる時計を使っているのではないだろうか。スマホやパソコンも基本的には正確な時間を刻んでいるので、家のなかに多少ずれている時計があったとしても、正しい時刻を知るのは容易だ。

　ところが、いまでは「正しい時刻」というのは、一〇〇万分の一秒単位の話をしているのであり、それどころか必要とあらば一〇〇〇万分の一秒単位でも同期させられるかどうかが問題になるのだという。いまや世界中の人が、人間には知覚できないほどの正確さで同期した時間で暮らしていて、それを可能にしているインフラの一つは頭上を周遊する人工衛星に搭載された原子時計から送信される信号なのだという。この現実を、一五〇年前まで日本独自の、おそらくは各地でまちまちな時間で、二十四節気に合わせて一五日ごとにずれる時間で生活していたことと照らし合わせて考えると愕然《がくぜん》とさせられる。人工衛星に問題が生じれば、もしくはイギリスの標準時を管理する国立物理学研究所（ＮＰＬ）や日本の情報通信研究機構（ＮＩＣＴ）に不測の事態が生じれば、私たちの暮らしは成り立たなくなる。

時間についてさまざまな角度から考えさせられた本書の翻訳期間は、私にとって日々の暮らしを考え直すまたとない機会になったし、壮大なからくり時計の動画を探して観る作業はじつに楽しかった。刺激的な仕事を与えてくださったうえに、翻訳上の間違いの指摘から、適切な言葉選びの助言まで、訳者のいたらぬ点を細かくサポートしてくださった河出書房新社の渡辺和貴さんに心から感謝する。

二〇二二年一月

東郷えりか

おもな参考文献

西本郁子『時間意識の近代――「時は金なり」の社会史』、法政大学出版局、二〇〇六年

樋之口隆志「幕末から明治初期における煉瓦についての一様相――久慈白糖工場跡出土の煉瓦の検討」、『縄文の森から』第11号、鹿児島県立埋蔵文化財センター、二〇一九年

平野光雄『明治・東京時計塔記』、青蛙房、一九五八年

丸山雅子「ウォートルス伝9　日本陸軍最初期の兵営――竹橋陣営」、『ファインスチール』二〇一七年夏号、一般社団法人日本鉄鋼連盟

『神奈川県港務部要覧』、神奈川県港務部、一九一〇年、国立国会図書館デジタルコレクション

泉田英雄「明治初期工部省による技術教育」、https://sites.google.com/site/archismojapan/home/pwd-ice（二〇二一年一二月一四日閲覧）

「葛飾区工業の歴史1」葛飾区公式サイト https://www.city.katsushika.lg.jp/tourism/1000066/1004930/1004950.html（二〇二一年一二月二日閲覧）

TIMEKEEPER 古時計どっとコム「明治の時計塔」http://www.kodokei.com/ot_014_0.html（二〇二一年八月一六日閲覧）

世界《せかい》を変《か》えた12の時計《とけい》
——時間《じかん》と人間《にんげん》の1万年《まんねん》史《し》

2022年2月18日　初版印刷
2022年2月28日　初版発行

著　者　デイヴィッド・ルーニー
訳　者　東郷えりか
装　幀　松田行正
発行者　小野寺優
発行所　株式会社河出書房新社
〒151-0051　東京都渋谷区千駄ヶ谷2-32-2
電話03-3404-1201［営業］　03-3404-8611［編集］
https://www.kawade.co.jp/
印　刷　株式会社亨有堂印刷所
製　本　大口製本印刷株式会社
Printed in Japan
ISBN978-4-309-22844-0

デイヴィッド・ルーニー（David Rooney）
イギリスの技術史家。時計の製造と修理を専門とする両親のもとで育つ。ロンドン科学博物館の技術担当キュレーターや、グリニッジ王立天文台の計時部門担当キュレーターなどを務め、現在はフリーで著述活動やキュレーションを手がけている。著書に、*Spaces of Congestion and Traffic: Politics and Technologies in Twentieth-Century London*（Routledge）など。

東郷えりか（とうごう・えりか）
翻訳家。上智大学外国語学部フランス語学科卒業。訳書に、ニール・マクレガー『100のモノが語る世界の歴史』、デイヴィッド・W・アンソニー『馬・車輪・言語』（以上、筑摩書房）、ルイス・ダートネル『この世界が消えたあとの科学文明のつくりかた』『世界の起源』（以上、河出書房新社）など多数。

索引

か行

さ行

た行

な行

は行

ま行

や行

ら行

わ行

アルファベット

原註

序文

＊1　以下に引用。'Attachment C: Background Information Related to the Report of the Completion of the Fact-Finding Investigation Regarding the Shooting Down of Korean Air Lines Boeing 747 (Flight KE 007) on 31 August 1983', in *State Letter 93/68* (Montreal: International Civil Aviation Organization, 1993), 14–16.

＊2　'Transcript of President Reagan's Address on Downing of Korean Airliner', *The New York Times*, 6 September 1983, 15.

第1章　秩序

＊1　劇作家プラウトゥス（Plautus）の作品と言われ、以下に英訳がある。Robert Hannah, *Time in Antiquity* (London and New York: Routledge, 2009), 82.

＊2　劇作家アルキプロン（Alkiphron）、同上、p. 82 に英訳および引用。

＊3　カッシオドルス（Cassiodorus）、以下に英訳・引用。Paulo Forlati, 'Roman Solar-Acoustic Clock in Verona', *Antiquarian Horology* 9, no. 2 (March 1975): 199.

＊4　同上、p. 201 に英訳・引用。

＊5　以下に引用。Wu Hung, 'Monumentality of Time: Giant Clocks, the Drum Tower, the Clock Tower', in *Monuments and Memory, Made and Unmade*, ed. Robert Nelson and Margaret Olin (Chicago and London: University of Chicago Press, 2003), 114.

＊6　同上、p. 115 に引用。

＊7　Marisa Addomine, 'A Fourteenth-Century Italian Turret Clock', *Antiquarian Horology* 37, no. 2 (June 2016): 222.

＊8　Galeazzo Gattari, 以下に引用。Richard Goy, *Chioggia and the Villages of the Venetian Lagoon* (Cambridge: Cambridge University Press, 1985), 37.

＊9　'London, Wednesday, November 30, 1892', *The Times*, 30 November 1892, 9.

＊10　Giordano Nanni, *The Colonisation of Time: Ritual, Routine and Resistance in the British Empire* (Manchester and New York: Manchester University Press, 2012), 16.

＊11　筆者不明, 'Delhi Clock Tower', *The Builder*, 14 February 1874, 130.

＊12　筆者不明, 'Clock Tower, Lucknow', *The Builder*, 1 August 1885, 170.

＊13　Sanjay Srivastava, *Constructing Post-Colonial India: National Character and the Doon School* (London and New York: Routledge, 1998), 47–8.

＊14　Fani Efendi, 以下に引用。Mehmet Bengü Uluengin, 'Secularizing Anatolia Tick by Tick: Clock Towers in the Ottoman Empire and the Turkish Republic', *International Journal of Middle East Studies* 42, no. 1 (February 2010): 20.

＊15　Hung, "Monumentality of Time," 128.

第2章　信仰

＊1　この箇所およびその先の引用箇所は以下より。Ibn al-Razzāz al-Jazarī, *The Book of Knowledge of Ingenious Mechanical Devices*, transl. Donald Hill (Dordrecht: D. Reidel, 1974), 17–41.

＊2　以下に引用。John Beckmann, *A History of Inventions, Discoveries, and Origins*, Vol. I (London: Henry G. Bohn, 1846), 345.

＊3　以下に英訳・引用。Otto Kurz, *European Clocks and Watches in the Near East* (London: The Warburg Institute, 1975), 17.

＊4　以下に引用。Lynn Thorndike, *The Sphere of Sacrobosco and Its Commentators* (Chicago: University of Chicago Press, 1949), 230.

＊5　John North, *God's Clockmaker: Richard of Wallingford and the Invention of Time* (New York: Continuum, 2005), 320.

＊6　Edward Davis and Michael Hunter, eds., *Robert Boyle: A Free Enquiry into the Vulgarly Received Notion of Nature* (Cambridge: Cambridge University Press, 1996 [1686]), 13.

＊7　以下に引用。John Castle, *Remarkable Clocks* (Arthur Mitchell archive にある未発表の原稿、Antiquarian Horological Society, London, 1951), 10.5.

＊8　同上、10.16.

＊9　以下に引用。Jaroslav Folta, 'Clockmaking in Medieval Prague', *Antiquarian Horology* 23, no. 5 (Autumn 1997): 408.

＊10　引用は双方とも以下より。Charles George, 'A Social Interpretation of English Puritanism', *Journal of Modern History* 25, no. 4 (December 1953): 338–9.

＊11　Lewis Mumford, *Technics and Civilization* (Chicago: University of Chicago Press, 1934), 14.

＊12　Benjamin Franklin, 'Advice to a Young Tradesman, Written by an Old One', in George Fisher, *The American Instructor: Or, Young Man's Best Companion* (9th edn; Philadelphia, 1748), 375.

＊13　以下に引用。Lauren Frayer, 'Saudis Want "Mecca Time" to Replace GMT', *AOL News*, 11 August 2010.

＊14　Ziauddin Sardar, 'The Destruction of Mecca', *The New York Times*, 30 September 2014.

第3章　美徳

＊1　以下に英訳・引用。Charles Drover, 'Sand-Glass "Sand": Historical, Analytical and Practical, Part I – Historical', *Antiquarian Horology* 3, no. 3 (June 1960): 64.

＊2　Thomas Carlyle, *Sartor Resartus*, ed. Archibald MacMechan (Boston: Ginn & Company, 1900), 199.

＊3　以下に引用。Quentin Skinner, 'Ambrogio Lorenzetti: The Artist as Political Philosopher', *Proceedings of the British Academy* 72 (1986): 50.

＊4　以下に引用。Lynn White, 'The Iconography of *Temperantia* and the Virtuousness of Technology', in Theodore Rabb and Jerrold Seigel, eds., *Action and Conviction in Early Modern Europe: Essays in Memory of E. H. Harbison* (Princeton: Princeton University Press, 1969), 211.

＊5　同上、p. 209 に引用。

＊6　以下に英訳・引用。Kristen Lippincott, *The Story of Time* (London: Merrell Holberton, 1999), 175.

＊7　Charles Johnson, *A General History of the Pyrates* (London, 1724), 259.

第4章　市場

＊1　Hornby, Hemelryk and Company の代表、Paul Hemelryk の言葉。以下に引用。House of Commons, *Report and Special Report from the Select Committee on the Daylight Saving Bill, Together with the Proceedings of the Committee, Minutes of Evidence, and Appendix* (London: HMSO, 1908), 118.

＊2　'The New Liverpool Cotton Exchange: Description of the Building', *Liverpool Daily Post and Mercury*, 2 July 1906, 9.

＊3　Benjamin Franklin, 'Advice to a Young Tradesman, Written by an Old One', in George Fisher, *The American Instructor: Or, Young Man's Best Companion* (9th edn; Philadelphia, 1748), 375.

＊4　以下に引用。Jon Cartwright, 'Time Traders', *Physics World*, July 2018.

第5章　知識

＊1　Joseph Tieffenthaler, 1751 年。以下に引用。Virendra Nath Sharma, *Sawai Jai Singh and His Astronomy* (2nd edn; Delhi: Motilal Banarsidass Publishers Private Ltd, 2015), 124.

＊2　Sharma, *Sawai Jai Singh,* 290–91.

＊3　以下に引用。Susan Johnson-Roehr, 'The Spatialization of Knowledge and Power at the Astronomical Observatories of Sawai Jai Singh II, c. 1721–1743 CE' (Urbana, Ill.: University of Illinois at Urbana-Champaign, 2011), 228.

＊4　以下に引用。Raymond Mercier, 'Account by Joseph Dubois of Astronomical Work under Jai Singh Sawāī', *Indian Journal of History of Science* 28, no. 2 (1993): 162.

＊5　以下に引用。'Full Text: "Bin Laden's Message" ', BBC News, 2002 年 11 月 12 日放送、http://news.bbc.co.uk/2/hi/middle_east/2455845.stm

＊6　フランス語から翻訳。原文は以下に引用。René Taton, 'Les Origines et les débuts de l'Observatoire de Paris', *Vistas in Astronomy* 20 (1976): 67.

＊7　Bernard Lovell, *The Story of Jodrell Bank* (New York and Evanston, Ill.: Harper & Row, 1968), 196.

第6章　帝国

＊1　以下に引用。Brian Warner, *Astronomers at the Royal Observatory Cape of Good Hope: A History with Emphasis on the Nineteenth Century* (Cape Town: A. A. Balkema, 1979), 34.

＊2　Adam Smith, *An Inquiry into the Nature and Causes of the Wealth of Nations*, Vol. II (London, 1776), 235.〔『国富論：国民の富の性質と原因に関する研究』アダム・スミス著、高哲男訳、講談社学術文庫、2020 年〕

＊3　Robert Percival, *An Account of the Cape of Good Hope* (London: C. and R. Baldwin, 1804), 9.

＊4　David Gill, *A History and Description of the Royal Observatory, Cape of Good Hope* (London: HMSO, 1913), x.

＊5　Warner, *Astronomers at the Royal Observatory* 34 に引用。

＊6　以下に引用。Brian Warner, *Royal Observatory, Cape of Good Hope 1820–1831: The Founding of a Colonial Observatory* (Dordrecht: Kluwer Academic Publishers, 1995), 180–81.

＊7　John Cannon, 'Masons', *Cape Town Gazette and African Advertiser*, 12 August 1825, 2.

＊8　Warner, *Royal Observatory, Cape of Good Hope 1820–1831*, 182 に引用。

＊9　以下に引用。Brian Warner, *Charles Piazzi Smyth, Astronomer-Artist: His Cape Years 1835–1845* (Cape Town: A. A. Balkema, 1981), 16.

＊10　同上、p.72 に引用。

＊11　Walter Raleigh, *The Works of Sir Walter Ralegh*, Vol. VIII: *Miscellaneous Works* (Oxford: Oxford University Press, 1829), 325.

＊12　*A Collection of All Queen Anne's Speeches, Messages &c from Her Accession to the Throne, to Her Demise* (London, 1714), 52.

＊13　*The History and Proceedings of the House of Commons of England, Tome V* (London, 1742), 144.

＊14　Edwin Dunkin, 'The Royal Observatory, Greenwich. A Day at the Observatory (Part 2)', *The Leisure Hour*, 16 January 1862. 40.

＊15　'The New Eros', *The Graphic*, 15 December 1928, 452.

＊16　William Mitchell, *Time and Weather by Wireless* (London: The Wireless Press, 1923), vii.

＊17　David Gill, 'Report of the Proceedings of Cape of Good Hope, Royal Observatory', *Monthly Notices of the Royal Astronomical Society* 64 (February 1904): 304.

第7章　製造

＊1　'Extraordinary Escape from Death at Bennett's Clock Warehouse, Cheapside', *The Sun*, 27 May 1865, 3.

＊2　'London Gossip', *Stirling Observer*, 7 September 1865, 4.

＊3　Sir John Bennett, Ltd, *Gog and Magog: The House of Bennett 1750–Present Day* (London: Sir John Bennett, 1920), 8.

＊4　'Our Gallery: Sir John Bennett, FRAS', *Watchmaker, Jeweller, and Silversmith* 1, no. 8 (5 August 1875): 57.

＊5　以下に引用。Richard Harvey, 'Bennett, Sir John (1814-1897)', *Oxford Dictionary of National Biography* (online edn)、September 2004.

＊6　'The "City Observatory" ', *City Press*, 17 June 1865, 5.

＊7　'Death of Sir John Bennett: Departure of a Quaint Figure', *Pall Mall Gazette*, 6 July 1897, 7.

＊8　John Bennett, 'To the Editor of the City Press', *City Press*, 9 September 1865, 6.

＊9　以下に引用。Albert Musson and Eric Robinson, 'The Origins of Engineering in Lancashire', *Journal of Economic History* 20, no. 2 (June 1960): 218.

＊10　John Kennedy, 'Observations on the Rise and Progress of the Cotton Trade in Great Britain, Particularly in Lancashire and the Adjoining Counties (1815 年 11 月 3 日にマンチェスター文学哲学協会で読まれた)', *Miscellaneous Papers on Subjects Connected with the Manufactures of Lancashire* (Manchester, 1849), 13.

＊11　以下に引用。Musson and Robinson, 'The Origins of Engineering in Lancashire', 221.

＊12　British Horological Institute, 'Discussion Meetings', *Horological Journal*, 1 February 1860, 80.

＊13　Mr Walters、以下に引用。 Alan Midleton, 'The History of the BHI (Part 1): Clerkenwell and the Angry 1850s', *Horological Journal*, July 2007, 271.

＊14　Henry Ward, 'Making Watches by Machinery', Hansard, Parl. Debs. (series 3), vol. 68, cc. 273–85, (31 March 1843)

＊15　筆者不明、'The Misplaced Horological Institute', *Horological Journal*, October 1889, 31.

＊16　'Our Gallery: Sir John Bennett, FRAS', 56.

＊17　以下に引用。Joseph Wickham Roe, *English and American Tool Builders* (New Haven: Yale University Press, 1916), 215.

＊18　'Jottings', *Horological Journal*, August 1897, 163–4.

＊19　以下に引用。'Gog and Magog', *Hull Daily Mail*, 21 October 1929, 9.

＊20　'The History of a Lost Trade: An Interview with Sir John Bennett', *Pall Mall Gazette*, 13 December 1886, 2.

＊21　David Landes, *Revolution in Time: Clocks and the Making of the Modern World* (rev. edn; London: Viking, 2000), 318.

＊22　同上、308。

＊23　Ford Motor Company（広告）, 'Needles and Nails Made His First Watch Tools...', *Boy's Life*, February 1945, 15.

＊24　Henry Ford, *My Life and Work* (Garden City, NY: Doubleday, Page and Company, 1922), 24.

＊25　Adam Ferguson, *An Essay on the History of Civil Society*, 2nd edn (London, 1768), 280.

＊26　Andrew Nahum、図8のキャプション、Peter J. T. Morris, *Science for the Nation: Perspectives on the History of the Science Museum* (Basingstoke: Palgrave Macmillan, 2010).

第8章　道徳

＊1　Anthony Dingle, *The Campaign for Prohibition in Victorian England* (London: Croom Helm, 1980), 8.

＊2　John Kennaway、以下に引用。'Intoxicating Liquors Bill', Hansard, Parl. Debs. (series 3), vol. 219, c. 1090 (5 June 1874)

＊3　Sidney Webb, 'Preface (1902)', in B. L. Hutchins and A. Harrison, *A History of Factory Legislation* (new edn; London: P. S. King & Son, 1907), v.

＊4　*An Act to Amend the Laws Relating to Labour in Factories*, 6 June 1844, section XXVI, 7 Victoria Ch. 15.

＊5　*Factory and Workshop Act*, 1901, I Edward VII Ch. 22, p. 21.

＊6　BT Archives: POST 30/531, *Synchronisation etc. of Clocks by Electric Current*, letter, Secretary, Oldham Master Cotton Spinners' Association to District Manager of Telephones, GPO, SE Lancs District, Rochdale, 4 December 1913.

＊7　Gertrude Magrane, 'Recollections of William Willett', in *Petts Wood 21st Birthday Festival Week*

Souvenir Programme, 16–22 May 1948, 1948.

＊8　以下に引用。House of Commons, *Report and Special Report from the Select Committee on the Daylight Saving Bill, Together with the Proceedings of the Committee, Minutes of Evidence, and Appendix*, 116.

＊9　同上、p. 49 に引用。

＊10　*The Times*, 4 May 1911, 7.

＊11　同上、22 May 1916, 9.

＊12　以下に引用。House of Commons, *Report and Special... on the Daylight Saving Bill*, 76.

第９章　抵抗

＊1　*Dalkeith Advertiser*, 22 May 1913.

＊2　たとえば以下を参照。*Westminster Gazette*, 21 May 1913.

＊3　George Woodcock, 'The Tyranny of the Clock', *War Commentary for Anarchism* 5, no. 10 (March 1944).

＊4　E. P. Thompson, 'Time, Work-Discipline, and Industrial Capitalism', *Past & Present* 38, no. 1 (1 December 1967): 95.

＊5　同上、p. 86 に引用。

＊6　以下に引用。Maurice Thomas, *The Early Factory Legislation* (Leighon-Sea: Thames Bank Publishing Co., 1948), 39.

＊7　Benjamin Hargreaves、以下に引用。James Haslam, *Accrington and Church Industrial Co-Operative Society Ltd: History of Fifty Years' Progress* (Manchester: Co-Operative Newspaper Society, 1910), 200.

＊8　William Baron, 以下に引用。Bob Haye, 'Struck by Several Sods: Violence and the 1878 Blackburn Weavers' Strike' (BA Dissertation), https://www.cottontown.org/The%20Cotton%20Industry/Cotton%20Industry%2018th%20to%2020th%20Century/Pages/Cotton-riots-1878.aspx

＊9　Mark M. Smith, *Mastered by the Clock: Time, Slavery, and Freedom in the American South* (Chapel Hill: University of North Carolina Press, 1997), 95.

＊10　同上、p. 121 に引用。

＊11　Michael Bakunin, *God and the State* (London: Freedom Press, 1910), 41.

＊12　同上、p. 18 に引用。

＊13　同上、p. 20 に引用。

＊14　Cambridge University Library, Royal Greenwich Observatory Archives: RGO 7/58, *Papers on Greenwich Park*, letter, Astronomer Royal to HM Office of Works, 27 January 1885.

＊15　同上、letter, Astronomer Royal to Admiralty, 5 January 1894.

＊16　以下に引用。*Illustrated London News*, 17 February 1894, 195.

＊17　*The Times*, 20 February 1894, 5.

＊18　同上、27 February 1894, 8.

＊19　以下に引用。John Merriman, *The Dynamite Club* (London: JR Books, 2009), 187.

第10章　アイデンティティ

＊1　BT Archives: 'Speaking Clock' subject file, letter, John Masefield to Kingsley Wood, 5 June 1935.

＊2　同上、"'Voice of Gold" コンテストの点数表。

＊3　以下に引用。'The Girl with the Golden Voice', *Post Office Magazine*, August 1935, 263.

＊4　以下に引用。*Croydon Advertiser and Surrey County Reporter*, 29 June 1935.

＊5　BT Archives: 'Speaking Clock' subject file, 1936年7月24日の郵政大臣による演説の事前要約。

＊6　*Croydon Advertiser and Surrey Country Reporter*, 29 June 1935; *Evening News*, 21 June 1935 [?]; *Croydon Times and Surrey County Mail*, 29 June 1935.

＊7　BT Archives: POST 33/4799: Public Relations Department circular, 27 March 1935.

＊8　同上、letter, London Telephone Service to Public Relations Department, 13 June 1935.

＊9　*The Times*, 25 May 1935, 9.

＊10　BT Archives: 'Speaking Clock' subject file, 1936年7月の郵政省の技術職員による演説の事前要約。

＊11　'The Girl with the Golden Voice', 263.

＊12　British Pathé, *Time Please* (1938年の映画)

＊13　V&A Theatre Collections, scrapbook, 'Prince of Wales 1935'.

＊14　GPO Film Unit, *At the 3rd Stroke* (1939年の映画)

＊15　Lewis Carroll, *Alice's Adventures in Wonderland* (New York: D. Appleton and Co, 1866), 101-2.〔『不思議の国のアリス：対訳・注解』ルイス・キャロル著、安井泉訳・注、研究社、2017年〕

＊16　以下に引用。Henry Hawken, *Trumpets of Glory: Fourth of July Orations, 1786-1861* (Granby, Conn.: Salmon Brook Historical Society, 1976), 259.

＊17　Felix Meier、以下に引用。Michael O'Malley and Carlene Stephens, 'Clockwork History: Monumental Clocks and the Depiction of the American Past', *NAWCC Bulletin*, February 1990, 8.

＊18　O'Malley and Stephens, 'Clockwork History', 8.

＊19　以下に引用。*The Guardian*, 7 August 2015.

＊20　以下に引用。*The Telegraph*, 5 May 2018.

＊21　Douglas Schoen and Michael Rowan, *The Threat Closer to Home: Hugo Chávez and the War against America* (New York: Free Press, 2009), 44.

＊22　以下に引用。Jonathan Hassid and Bartholomew Watson, 'State of Mind: Power, Time Zones and Symbolic State Centralization', *Time & Society* 23, no. 2 (2014): 180.

＊23　同上、p. 181に引用。

＊24　同上、p. 182に引用。

＊25　European Union (Withdrawal Agreement) Bill, Hansard, HC (series 6), vol. 669, c. 711 (9 Jan January 2020)

＊26　*Daily Express*, 16 January 2020.

＊27　Ian Dunt, 'Week in Review: The Madness over Big Ben's Bongs is a Symbol of the Horror to Come', 17 January 2020, https://www.politics.co.uk/blogs/2020/01/17/week-in-review-the-

madness-over-big-bens-bongs-is-a-symbol-of-the-horror-to-come/

第11章　戦争

＊1　'Cosmic Confrontation', *Measure: For the Men and Women of Hewlett-Packard*, March 1972, 5.

＊2　Stephen Powers and Brad Parkinson, 'The Origins of GPS: Article Published in May & June 2010 Issues of GPS World', 2010, 17, https://www.u-blox.com/sites/default/files/the_origins_of_gps.pdf

＊3　Andreas Krieg and Jean-Marc Rickli, 'Surrogate Warfare: The Art of War in the 21st Century?', *Defence Studies* 18, no. 2 (2018): 115.

＊4　Derek Gregory, 'The Everywhere War', *Geographical Journal* 177, no. 3 (September 2011): 238.

＊5　Office of Science and Technology Policy, National Security Council, *Fact Sheet: US Global Positioning System Policy* (Washington, DC: 1996).

＊6　Richard Schwartz、以下に引用。Jack Loughran, 'Interview: The Creators of GPS', *E&T Magazine*, 15 February 2019.

＊7　Chuck Horner、以下に引用。Greg Milner, *Pinpoint: How GPS is Changing Our World* (New York: W. W. Norton and Company, 2016), 47.

＊8　以下に引用。Jim Quinn, 'I Had to Sell This to the Air Force, Because the Air Force Didn't Want It', *Invention and Technology* 20, no. 2 (Fall 2004).

＊9　以下に引用。Milner, *Pinpoint*, 58.

＊10　Chris Whitty and Mark Walport, *Satellite-Derived Time and Position: A Study of Critical Dependencies* (London: Government Office for Science, 2018), 29.

＊11　John Garamendi and Dana Goward、以下に引用。Paul Tullis, 'The World Economy Runs on GPS. It Needs a Backup Plan', *Bloomberg Businessweek*, 25 July 2018, https://www.bloomberg.com/news/features/2018-07-25/the-world-economy-runs-on-gps-it-needs-a-backup-plan

第12章　平和

＊1　Matsushita Electric Industrial Co. Ltd, *The Official Record of Time Capsule Expo '70: A Gift to the People of the Future from the People of the Present Day* (Osaka: Matsushita Electric Industrial Co. Ltd, 1980), 229.〔『タイム・カプセルEXPO'70記録書：1970年から5,000年後へのメッセージ』タイム・カプセルEXPO'70記録小委員会編、松下電器産業、1975年、216頁〕

＊2　同上、p. 3.

＊3　同上、p. 231.〔『タイム・カプセルEXPO'70記録書』、213頁〕

＊4　以下に引用。Stewart Brand, *The Clock of the Long Now: Time and Responsibility* (London: Phoenix, 2000), 2.

＊5　同上、p. 2.

＊6　同上、pp. 4–5に引用。

＊7　Brian Eno, 'Bells and Their History, and the Long Now Foundation' (CD封入冊子), in *January 07003: Bell Studies for the Clock of the Long Now* (CD), 2003, 4.

＊8　Kevin Kelly, 'Clock in the Mountain'、2020 年 7 月 7 日閲覧、longnow.org/clock; Jonas Salk, 'Are We being Good Ancestors?', *World Affairs: The Journal of International Issues* 1, no. 2 (December 1992): 16–18.

＊9　Stewart Brand, *The Clock of the Long Now*, 53.

＊10　Alexander Rose, 'How to Build Something That Lasts 10,000 Years', BBC Future、2019 年 6 月11日放送、https://www.bbc.com/future/article/20190611-how-to-build-something-that-lasts-10000-years

＊11　Matsushita Electric Industrial Co. Ltd, *Official Record of Time Capsule Expo '70*, 232.〔『タイム・カプセル EXPO'70 記録書』、214 頁〕

参考文献

（邦訳のあるものについては書誌情報を示したが、
本文での引用は、とくに注記のない限り独自訳である）

序文

Easton, Richard, and Eric Frazier. *GPS Declassified : From Smart Bombs to Smartphones.* Lincoln, Nebr. : Potomac Books, 2013

Gordon, Michael. 'Ex-Soviet Pilot Still Insists KAL 007 was Spying'. *The New York Times*, 9 December 1996

Hersh, Seymour. *The Target is Destroyed : What Really Happened to Flight 007 and What America Knew about It.* London : Faber and Faber, 1986〔『目標は撃墜された：大韓航空機事件の真実』セイモア・M・ハーシュ著、篠田豊訳、文藝春秋、1986 年〕

Powers, Stephen, and Brad Parkinson. 'The Origins of GPS : Article Published in May & June 2010 Issues of GPS World', 2010. https://www.u-blox.com/sites/default/files/the_origins_of_gps.pdf

Proceedings : First International Symposium on Precise Positioning with the Global Positioning System (Rockville, Maryland, April 15–19, 1985), Vol. I. Washington, DC : US Department of Commerce, 1985

Proceedings of the Sixteenth Annual Precise Time and Time Interval (PTTI) Applications and Planning Meeting (a Meeting Held at the NASA Goddard Space Flight Center, Greenbelt, Maryland, Novenber 27–29, 1984). NASA, 1984

State Letter 93/68 : Destruction of Korean Air Lines Flight 007 on 31 August 1983. Montreal : International Civil Aviation Organization, 1993

Stephens, Carlene. 'Time in Place : Cold War Clocks in the American West', in *Where Minds and Matters Meet : Technology in California and the West*, ed. Volker Janssen, 321–45. Berkeley : University of California Press, 2012

'Transcript of President Reagan's Address on Downing of Korean Airliner'. *The New York Times*, 6 September 1983

第１章　秩序

Addomine, Marisa. 'A Fourteenth-Century Italian Turret Clock'. *Antiquarian Horology* 37, no. 2 (June 2016) : 213–22

Baillie, G. H., H. Alan Lloyd and F. A. B. Ward. *The Planetarium of Giovanni de Dondi.* London : Antiquarian Horological Society,1974

Bedini, Silvio. *The Trail of Time : Time Measurement with Incense in East Asia.* Cambridge : Cambridge University Press, 1994

Cache, Bernard. 'The Tower of the Winds of Andronikos of Kyrros : An Inaugural and Surprisingly Contemporary Building'. *Architectural Theory Review*14, no. 1 (2009) : 3–18

Das, Debasish. *India's Pre-Independence Era Public Clocks* (unpublished manuscript), 2020

Davison, Graeme. *The Unforgiving Minute: How Australia Learned to Tell the Time*. Melbourne: Oxford University Press, 1993

Ekinci, Ekrem Buğra. 'Ottoman-Era Clock Towers Telling Time from Balkans to Middle East'. *Daily Sabah*, 6 January 2017

Forlati, Paulo. 'Roman Solar-Acoustic Clock in Verona'. *Antiquarian Horology* 9, no. 2 (March 1975): 198–201

Goy, Richard. *Chioggia and the Villages of the Venetian Lagoon*. Cambridge: Cambridge University Press, 1985

Gratwick, A. S. 'Sundials, Parasites, and Girls from Boeotia'. *The Classical Quarterly* 29, no. 2 (1979): 308–23

Hannah, Robert. *Time in Antiquity*. London and New York: Routledge, 2009

Hoff, M. 'The Early History of the Roman Agora at Athens'. *Bulletin Supplement* (University of London, Institute of Classical Studies), no. 55, *The Greek Renaissance in the Roman Empire: Papers from the Tenth British Museum Classical Colloquium*, 1989, 1–8

Hung, Wu. 'Monumentality of Time: Giant Clocks, the Drum Tower, the Clock Tower', in *Monuments and Memory, Made and Unmade*, ed. Robert Nelson and Margaret Olin, 107–32. Chicago and London: University of Chicago Press, 2003

Kontogiannis, Nikos. 'Review of Pamela Webb, *The Tower of the Winds in Athens: Greeks, Romans, Christians and Muslims: Two Millennia of Continual Use*'. *Speculum* 94, no. 2 (April 2019): 600–602

Lusnia, Susann. 'Battle Imagery and Politics on the Severan Arch in the Roman Forum', in *Representations of War in Ancient Rome*, ed. Sheila Dillon and Katherine Welch, 272–99. Cambridge: Cambridge University Press, 2006

Metcalf, Thomas. 'Architecture and the Representation of Empire: India, 1860–1910'. *Representations* 6 (Spring 1984): 37–65

Nanni, Giordano. *The Colonisation of Time: Ritual, Routine and Resistance in the British Empire*. Manchester and New York: Manchester University Press, 2012

Noble, Joseph, and Derek de Solla Price. 'The Water Clock in the Tower of the Winds'. *American Journal of Archaeology* 72, no. 4 (October 1968): 345–55

Papalexandrou, Nassos. 'Review of Pamela Webb, *The Tower of the Winds in Athens: Greeks, Romans, Christians, and Muslims: Two Millennia of Continual Use*'. *Bryn Mawr Classical Review* 2019.04.31 (2019)

Pattenden, Philip. 'A Late Sundial at Aphrodisias'. *The Journal of Hellenic Studies* 101 (1981): 101–12

Pliny. *The Natural History*, Vol. II, transl. John Bostock and H. T. Riley. London: Henry G. Bohn, 1855〔『プリニウスの博物誌』第1巻〜第6巻、中野定雄ほか訳、雄山閣、2012年〕

Porter, Andrew. *The Oxford History of the British Empire*, Vol. II: *The Nineteenth Century*. Oxford and New York: Oxford University Press, 1999

Ravagnan, Sergio.*La Guida: Chioggia, Sottomarina, Isolaverde e Dintorni*. Chioggia: Città di Chioggia, 2016

Robinson, Henry. 'The Tower of the Winds and the Roman Market-Place'. *American Journal of Archaeology* 47, no. 3 (1943): 291–305

Rosenhain, Margaret. 'A Land of Lots of Time'. *Walkabout*, January 1972, 55–7

Singer, Sean. *Clock Towers, Blended Modernity, and the Emergence of Ottoman Time* (MA Dissertation). Bloomington: Indiana University, 2013

Srivastava, Sanjay. *Constructing Post-Colonial India: National Character and the Doon School*. London and New York: Routledge, 1998

Turner, A. J. 'Water-Clocks', in *The Time Museum: Catalogue of the Collection*, Vol. I: *Time Measuring Instruments*, Part 3: *Water-Clocks, Sand-Glasses, Fire-Clocks*, 1–44. Rockford, Ill.: The Time Museum, 1984

Uluengin, Mehmet Bengü. 'Secularizing Anatolia Tick by Tick: Clock Towers in the Ottoman Empire and the Turkish Republic'. *International Journal of Middle East Studies* 42, no. 1 (February 2010): 17–36

Webb, Pamela. 'Review of Hermann Kienast, *Der Turm der Winde in Athen. Archäologische Forschungen*', Vol. 30. *Bryn Mawr Classical Review* 2015.09.35 (2015)

——. *The Tower of the Winds in Athens: Greeks, Romans, Christians, and Muslims: Two Millennia of Continual Use*. Philadelphia: American Philosophical Society Press, 2017

Wolf, Caroline 'Olivia' M. 'Marking Time, Marking Movement: Mexico City's Ottoman Clock Tower as a Transnational Expression of Immigrant Identity'. *Hemisphere: Visual Cultures of the Americas* 9, no. 1 (2016): 24–43

第2章　信仰

Addomine, Marisa. 'Italian Astronomical Clocks as Public Astrological Machines', in *Heaven and Earth United: Instruments in Astrological Contexts*, ed. Richard Dunn, Silke Ackermann and Giorgio Strano, 133–52. Leiden and Boston: Brill, 2018

Beckmann, John. *A History of Inventions, Discoveries, and Origins*, Vol. I. London: Henry G. Bohn, 1846〔『モノここに始まる』ヨハン・ベックマン著、今井幹晴訳、小学館、2000年〕

Bedini, Silvio. 'The Scent of Time: A Study of the Use of Fire and Incense for Time Measurement in Oriental Countries'. *Transactions of the American Philosophical Society* 53, no. 5 (1963): 1–51

——. *The Trail of Time: Time Measurement with Incense in East Asia*. Cambridge: Cambridge University Press, 1994

Bromley, John. *The Clockmakers' Library: The Catalogue of the Books and Manuscripts in the Library of the Worshipful Company of Clockmakers*. London: Sotheby Parke Bernet Publications, 1977

Carey, Hilary. *Courting Disaster: Astrology at the English Court and University in the Later Middle Ages*. New York: Palgrave Macmillan, 1992

Castle, John. *Remarkable Clocks* (unpublished manuscript, in Arthur Mitchell archive, Antiquarian Horological Society, London, 1951)

Cipolla, Carlo. *Clocks and Culture 1300–1700*. London: Collins, 1967〔『時計と文化』C・M・チポラ著、常石敬一訳、みすず書房、1977年〕

Davis, Edward, and Michael Hunter, eds. *Robert Boyle: A Free Enquiry into the Vulgarly Received*

Notion of Nature. Cambridge: Cambridge University Press, 1996 [1686]

Desborough, Jane. *The Changing Face of Early Modern Time, 1550–1770*. Cham: Palgrave Macmillan, 2019

Dohrn-van Rossum, Gerhard. *History of the Hour: Clocks and Modern Temporal Orders*. Chicago: University of Chicago Press, 1996

Fischer, Karl. 'The Ancient Town Hall Clock of Prague in Changing Times'. *Antiquarian Horology* 4, no. 6 (March 1964), 174–5

Folta, Jaroslav. 'Clockmaking in Medieval Prague'. *Antiquarian Horology* 23, no. 5 (Autumn 1997): 405–17

Franklin, Benjamin. 'Advice to a Young Tradesman, Written by an Old One', in George Fisher, *The American Instructor: Or, Young Man's Best Companion*, 375–8, 9th edn. Philadelphia, 1748

George, Charles. 'A Social Interpretation of English Puritanism'. *Journal of Modern History* 25, no. 4 (December 1953): 327–42

Jagger, Cedric. *Royal Clocks: The British Monarchy and Its Timekeepers 1300–1900*. London: Robert Hale, 1983

——. *The World's Great Clocks and Watches*. London: Hamlyn Publishing Group, 1977

Jazarī, Ibn al-Razzāz al-. *The Book of Knowledge of Ingenious Mechanical Devices*, transl. Donald Hill. Dordrecht: D. Reidel, 1974

King, David. 'Astronomy in the Service of Islam', in *Handbook of Archaeoastronomy and Ethnoastronomy*, ed. Clive Ruggles, 181–96. New York: Springer-Verlag, 2015

Kurz, Otto. *European Clocks and Watches in the Near East*. London: The Warburg Institute, 1975

Landes, David. *Revolution in Time: Clocks and the Making of the Modern World*. Cambridge, Mass.: Harvard University Press, 1983

Lloyd, H. Alan. *Some Outstanding Clocks over Seven Hundred Years 1250–1950*. London: Leonard Hill Books, 1958

McCluskey, Stephen. 'Astronomy in the Service of Christianity', in *Handbook of Archaeoastronomy and Ethnoastronomy*, ed. Clive Ruggles, 165–79. New York: Springer-Verlag, 2015

Morrill, John. 'Cromwell, Oliver (1599–1658)'. *Oxford Dictionary of National Biography* (online edn), September 2015

Mumford, Lewis. *Technics and Civilization*. Chicago: University of Chicago Press, 1934〔『技術と文明』ルイス・マンフォード著、生田勉訳、美術出版社、1972年〕

North, John. *God's Clockmaker: Richard of Wallingford and the Invention of Time*. New York: Continuum, 2005

Oestmann, Günther. 'The Strasbourg Cathedral Clock'. *Antiquarian Horology* 25, no. 1 (September 1999), 50–63

Pacey, Arnold. *The Maze of Ingenuity: Ideas and Idealism in the Development of Technology*. London: Allen Lane, 1974

Pleasure, Myron. 'Time in Jewish Tradition'. *Antiquarian Horology* 8,
no. 6 (March 1974), 619–24

Thompson, David. *Clocks*. London: British Museum Press, 2004

——. *Watches*. London : British Museum Press, 2008

Thorndike, Lynn. *The Sphere of Sacrobosco and Its Commentators*. Chicago : University of Chicago Press, 1949

Turner, A. J. 'Donald Hill and Arabic Water-Clocks'. *Antiquarian Horology* 27, no. 2 (December 2002), 206–13

——. 'Fire-Clocks', in *The Time Museum : Catalogue of the Collection*, Vol. I : *Time Measuring Instruments*, Part 3 : Water-Clocks, Sand-Glasses, Fire-Clocks, 117–22. Rockford, Ill. : The Time Museum, 1984

——. 'Water-Clocks', in *The Time Museum : Catalogue of the Collection*, Vol. I : *Time Measuring Instruments*, Part 3 : Water-Clocks, Sand-Glasses, Fire-Clocks, 1–44. Rockford, Ill. : The Time Museum, 1984

Wainwright, Oliver. 'Mecca's Mega Architecture Casts Shadow over Hajj'. *Guardian*, 23 October 2012

White, Lynn. *Medieval Technology and Social Change*. Oxford : Oxford University Press, 1962

Whitestone, Sebastian. 'Time before the Oscillator : Horology in the Thirteenth-Century Manuscripts of the Libros Del Saber'. *Antiquarian Horology* 40, no. 4 (December 2019) : 487–500

Whitrow, Gerald James. 'Time and Timing : The Astronomical and Historical Development'. *Die Naturwissenschaften* 64, no. 3 (1977) : 105–12

——. *Time in History : Views of Time from Prehistory to the Present Day*. Oxford and New York : Oxford University Press, 1988

第3章　美徳

Aked, C. K., and J. R. A. Aked. 'Sand Glasses'. *Horological Journal*, October 1977, 3–10

Ascheri, Mario, and Bradley Franco. *A History of Siena : From Its Origins to the Present Day*. Abingdon : Routledge, 2020

Balmer, R. T. 'The Operation of Sand Clocks and Their Medieval Development'. *Technology and Culture* 19, no. 4 (October 1978) : 615–32

Boucheron, Patrick. *The Power of Images : Siena, 1338*. Cambridge : Polity Press, 2018

Boullin, David, and Anne Nairne-Clark. 'Hourglasses on Some English and Scottish Tombstones'. *Antiquarian Horology* 22, no. 3 (Autumn 1995) : 252–3

Cohen, Kathleen. *Metamorphosis of a Death Symbol : The Transi Tomb in the Late Middle Ages and the Renaissance*. Berkeley and Los Angeles : University of California Press, 1973〔『死と墓のイコノロジー：中世後期とルネサンスにおけるトランジ墓』K・コーエン著、小池寿子訳、平凡社、1994年〕

Cohen, Simona. 'The Early Renaissance Personification of Time and Changing Concepts of Temporality'. *Renaissance Studies* 14, no. 3 (September 2000) : 301–28

Coole, P. G. 'Sand-Glass "Sand" : Historical, Analytical and Practical, Part III – Practical'. *Antiquarian Horology* 3, no. 3 (June 1960) : 72

Dohrn-van Rossum, Gerhard. *History of the Hour : Clocks and Modern Temporal Orders*. Chicago : University of Chicago Press, 1996

Drover, Charles. 'Sand-Glass "Sand": Historical, Analytical and Practical, Part I – Historical'. *Antiquarian Horology* 3 , no. 3 (June 1960): 62–7

Howat, John, and Trudie Roberts. 'The Hourglass and Trade Symbols on Scottish Tombstones'. *Antiquarian Horology* 22, no. 6 (Summer 1996): 544–5

Lippincott, Kristen. *The Story of Time*. London: Merrell Holberton, 1999

Macey, Samuel. 'The Changing Iconography of Father Time', in *The Study of Time*, Vol. III, ed. Julius Fraser, Nathaniel Lawrence and David Park, 540–77. New York: Springer-Verlag, 1978

McCormick, Finbar. 'The Symbols of Death and the Tomb of John Forster in Tydavnet, Co. Monaghan'. *Clogher Record* II, no. 2 (1983): 273–86

Michel, Henry. 'Some New Documents in the History of Horology'. *Antiquarian Horology* 3, no. 10 (March 1962): 288–91

Panofsky, Erwin. *Studies in Iconology: Humanistic Themes in the Art of the Renaissance*. New York: Oxford University Press, 1939

Pizan, Christine de. *Othea's Letter to Hector*, ed. Renate Blumenfeld-Kosinski and Earl Jeffrey Richards. Toronto: Iter Press, 2017

Ricasoli, Corinna. ' "Memento Mori" in Baroque Rome'. *Studies: An Irish Quarterly Review* 104, no. 416 (Winter 2015/2016): 456–67

Sabine, P.A. 'Sand-Glass "Sand": Historical, Analytical and Practical, Part II – Analytical'. *Antiquarian Horology* 3, no. 3 (June 1960): 68–72

Skinner, Quentin. 'Ambrogio Lorenzetti: The Artist as Political Philosopher'. *Proceedings of the British Academy* 72 (1986): 1–56

——. 'Ambrogio Lorenzetti's Buon Governo Frescoes: Two Old Questions, Two New Answers'. *Journal of the Warburg and Courtauld Institutes* 62 (1999): 1–28

Steiner, George. 'The Uncommon Reader [1978]', in *No Passion Spent: Essays 1978–1995*. London: Faber and Faber, 1996

Thon, Peter. 'Bruegel's *The Triumph of Death Reconsidered*'. *Renaissance Quarterly* 21, no. 3 (Autumn 1968): 289–99

Tomalin, Marcus. ' "An Invaluable Acquisition": Sandglasses in Romantic Literature'. *European Romantic Review* 28, no. 6 (2017): 729–49

Turner, A. J. ' "The Accomplishment of Many Years": Three Notes towards a History of the Sand-Glass'. *Annals of Science* 39, no. 2 (1982): 161–72

——. 'Sand-Glasses', in *The Time Museum: Catalogue of the Collection*, Vol. I: *Time Measuring Instruments*, Part 3: *Water-Clocks, Sand-Glasses, Fire-Clocks*, 75–113. Rockford, Ill.: The Time Museum, 1984

White, Lynn. 'The Iconography of *Temperantia* and the Virtuousness of Technology', in Theodore Rabb and Jerrold Seigel, eds., *Action and Conviction in Early Modern Europe: Essays in Memory of E. H. Harbison*, 197–219. Princeton: Princeton University Press, 1969

第4章　市場

Abrahamse, J. E. *De grote uitleg van Amsterdam: Stadsontwikkeling in de zeventiende eeuw* (PhD

Thesis). Amsterdam: Amsterdam Institute for Humanities Research, 2010
Appleby, Joyce. *The Relentless Revolution*. New York and London: W. W. Norton and Company, 2010
Aquilina, Matteo, and Carla Ysusi. *Are High-Frequency Traders Anticipating the Order Flow? Cross-Venue Evidence from the UK Market* (Occasional Paper 16). London: Financial Conduct Authority, 2016
Aron, Jacob. 'Atomic Time to Rule High- Speed Trading'. *New Scientist*, no. 1186 (19 April 2014)
Braudel, Fernand. *Civilization and Capitalism, 15th–18th Century*, Vol. II: *The Wheels of Commerce*. London: William Collins Sons & Co., 1982
Cartwright, Jon. 'Time Traders'. *Physics World*, July 2018
Dohrn-van Rossum, Gerhard. *History of the Hour: Clocks and Modern Temporal Orders*. Chicago: University of Chicago Press, 1996
Groot, A. H. de. *The Ottoman Empire and the Dutch Republic: A History of the Earliest Diplomatic Relations 1610–1630* (rev. edn). Leiden: Nederlands Instituut voor het Nabije Oosten, 2012
Hall, Nigel. 'The Liverpool Cotton Market: Britain's First Futures Market'. *Transactions of the Historic Society of Lancashire and Cheshire* 149 (1999): 99–117
Houghton, Alistair. 'Liverpool's Lost Gem: Why Stunning Cotton Exchange Facade was Flattened'. *Liverpool Echo*, 30 November 2016
Kocka, Jürgen. *Capitalism: A Short History*. Princeton and Oxford: Princeton University Press, 2016
Lewis, Michael. *Flash Boys: Cracking the Money Code*. London: Allen Lane, 2014
NPL. *A Complete Guide to Time Stamping Regulations in the Financial Sector*. Teddington: NPL, 2018
——. *Time Traceability for the Finance Sector: Fact Sheet*. Teddington: NPL, 2018
Petram, Lodewijk. *The World's First Stock Exchange*. New York and Chichester: Columbia University Press, 2014
Smith, M. F. J. *Tijd-affaires in effecten aan de Amsterdamsche beurs*. ' S-Gravenhage: Martinus Nijhoff, 1919
Thornbury, Walter. 'The Royal Exchange', in *Old and New London: A Narrative of Its History, Its People, and Its Places*, Vol. I, 494–513. London, Paris and New York: Cassell, Petter, & Galpin, 1878
——. 'The Stock Exchange', in *Old and New London: A Narrative of Its History, Its People, and Its Places*, Vol. I, 473–94. London, Paris and New York: Cassell, Petter, & Galpin, 1878
Wikipedia (Netherlands). 'Beurs van Hendrick de Keyser', 2019 年 7 月 25 日閲覧
——. 'Oosterkerk (Amsterdam)', 2019 年 8 月 18 日閲覧

第 5 章　知識

Cocroft, Wayne, and Roger Thomas. *Cold War: Building for Nuclear Confrontation 1946–1989*, ed. P. S. Barnwell. Swindon: Historic England, 2003
Connor, Elizabeth. 'The Cassini Family and the Paris Observatory'. *Astronomical Society of the Pacific Leaflets* 5, no. 218 (1947): 146–53
Digby, Simon. 'Review of V. S. Bhatnagar, *Life and Times of Sawai Jai Singh, 1688–1743*'. *Bulletin of*

the School of Oriental and African Studies, University of London 39, no. 1 (1976): 193–5

Fazlioğlu, İhsan. 'The Samarqand Mathematical-Astronomical School: A Basis for Ottoman Philosophy and Science'. *Journal for the History of Arabic Science* 14 (2008): 3–68

Forbes, Eric. 'The European Astronomical Tradition: Its Transmission into India, and Its Reception by Sawai Jai Singh II'. *Indian Journal of History of Science* 17, no. 2 (1982): 234–43

Frazier, Ian. 'Invaders: Destroying Baghdad'. *New Yorker*, 25 April 2005

Grahn, Sven. 'Jodrell Bank's Role in Early Space Tracking Activities'. Jodrell Bank Centre for Astrophysics, September 2008. http://www.jb.man.ac.uk/history/tracking/part1.html および http://www.jb.man.ac.uk/history/tracking/part2.html

Hung, Wu. 'Monumentality of Time: Giant Clocks, the Drum Tower, the Clock Tower', in *Monuments and Memory, Made and Unmade*, ed. Robert Nelson and Margaret Olin, 107–32. Chicago and London: University of Chicago Press, 2003

Johnson-Roehr, Susan. 'Observatories of Sawai Jai Singh II', in Clive Ruggles, ed., *Handbook of Archaeoastronomy and Ethnoastronomy*, 2017–28. New York: Springer-Verlag, 2015

——. 'The Spatialization of Knowledge and Power at the Astronomical Observatories of Sawai Jai Singh II, c. 1721–1743 CE'. Champaign: University of Illinois at Urbana-Champaign, 2011

Lovell, Bernard. *The Story of Jodrell Bank*. New York and Evanston, Ill.: Harper & Row, 1968

MacDougall, Bonnie G. 'Jantar Mantar: Architecture, Astronomy, and Solar Kingship in Princely India'. *The Cornell Journal of Architecture* 5 (1996): 16–33

Mercier, Raymond. 'Account by Joseph Dubois of Astronomical Work under Jai Singh Sawā'ī'. *Indian Journal of History of Science* 28, no. 2 (1993): 157–66

Needham, Joseph, Wang Ling and Derek de Solla Price. *Heavenly Clockwork: The Great Astronomical Clocks of Medieval China* (2nd edn). Cambridge: Cambridge University Press, 1986

Nomination of the Jantar Mantar, Jaipur, for Inclusion on World Heritage List. Paris: UNESCO, 2010

Pettigrew, William. *Freedom's Debt: The Royal African Company and the Politics of the Atlantic Slave Trade, 1672–1752*. Chapel Hill: University of North Carolina Press, 2013

Ruggles, Clive, and Michel Cotte. *Heritage Sites of Astronomy and Archaeoastronomy in the Context of the UNESCO World Heritage Convention: A Thematic Study* (printed edn). Paris: International Council on Monuments and Sites/International Astronomical Union, 2011

Scott, W. R. 'The Constitution and Finance of the Royal African Company of England from Its Foundation till 1720'. *American Historical Review* 8, no. 2 (January 1902): 241–59

Sharma, Virendra Nath. 'Jai Singh, His European Astronomers and the Copernican Revolution'. *Indian Journal of History of Science* 18, no. 1 (1983): 333–44

——. *Sawai Jai Singh and His Astronomy* (2nd edn). Delhi: Motilal Banarsidass Publishers Private Ltd, 2015

Solla Price, Derek de. 'Astronomy's Past Preserved at Jaipur'. *Natural History: The Journal of the American Museum of Natural History* 73, no. 6 (July 1964): 48–53

Taton, René. 'Les Origines et les débuts de l'Observatoire de Paris'. *Vistas in Astronomy* 20 (1976): 65–71

Tezcan, Baki. 'Some Thoughts on the Politics of Early Modern Ottoman Science'. *Osmanlı*

Araştırmaları: The Journal of Ottoman Studies 36 (2010): 135–56
Xiaochun, Sun, and Han Yi. 'The Northern Song State's Financial Support for Astronomy'. *East Asian Science, Technology, and Medicine* 38 (2013–14): 17–53

第6章　帝国

Andrewes, William, ed. *The Quest for Longitude*. Cambridge, Mass.: Collection of Historical Scientific Instruments, Harvard University, 1996
Astronomical Society of Southern Africa: Historical Section. 'Royal Observatory at the Cape of Good Hope', https://www.saao.ac.za/about/history/
Betts, Jonathan. *Marine Chronometers at Greenwich*. Oxford: Oxford University Press, 2017
Bisset, W. M. 'Cape Town's Time- Guns'. *Scientia Militaria, South African Journal of Military Studies* 14, no. 4 (1984): 67–71
Brück, Hermann, and Mary Brück. *The Peripatetic Astronomer: The Life of Charles Piazzi Smyth*. Bristol and Philadelphia: Adam Hilger, 1988
Dunkin, Edwin. 'The Royal Observatory, Greenwich. A Day at the Observatory (Part 1)'. *The Leisure Hour*, 9 January 1862
——. 'The Royal Observatory, Greenwich. A Day at the Observatory (Part 2)'. *The Leisure Hour*, 16 January 1862
Dunn, Richard, and Rebekah Higgitt, eds. *Navigational Enterprises in Europe and Its Empires, 1730–1850*. Basingstoke: Palgrave Macmillan, 2015
Eglash, Ron. 'Broken Metaphor: The Master–Slave Analogy in Technical Literature'. *Technology and Culture* 48, no. 2 (April 2007): 360–69
Ellis, William. 'Lecture on the Treatment of Chronometers, at the Royal Observatory, Greenwich'. *Horological Journal*, 1 April 1866, 85–92
Gill, David. *A History and Description of the Royal Observatory, Cape of Good Hope*. London: HMSO, 1913
Heller, Michael. ' "Outposts of Britain": The General Post Office and the Birth of a Corporate Iconic Brand, 1930–1939'. *European Journal of Marketing* 50, no. 3/4 (2016): 358–76
Homes, Caitlin. 'The Astronomer Royal, the Hydrographer and the Time Ball: Collaborations in Time Signalling 1850–1910'. *British Journal for the History of Science* 42, no. 3 (September 2009): 381–406
Howse, Derek. *Greenwich Time and the Longitude*. London: Philip Wilson, 1997
Laing, J. D., ed. *The Royal Observatory at the Cape of Good Hope 1820–1970: A Sesquicentennial Offering*. Cape Town: Royal Observatory, Cape of Good Hope, 1970
Lords Commissioners of the Admiralty. *List of Time Signals, Established in Various Parts of the World*. London: Hydrographic Department, Admiralty, 1908
Mackenzie, Theodore. 'Historic Determinations of the Longitude of the Cape (Part 1)'. *Monthly Notices of the Astronomical Society of South Africa* II, no. 4 (April 1952): 34–5
Maunder, Walter. *The Royal Observatory Greenwich: A Glance at Its History and Work*. London: Religious Tract Society, 1900

May, W. E. 'How the Chronometer Went to Sea'. *Antiquarian Horology* 9, no. 6 (March 1976) : 638–63

Nockolds, Susanna. 'Early Timekeepers at Sea (Part 1)'. *Antiquarian Horology* 4, no. 4 (September 1963) : 110–13

——. 'Early Timekeepers at Sea (Part 2)'. *Antiquarian Horology* 4, no. 5 (December 1963) : 148–52

Percival, Robert. *An Account of the Cape of Good Hope*. London : C. and R. Baldwin, 1804

Piazzi Smyth, Charles. 'Present State of the Longitude Question in Navigation', in *Two Lectures Delivered before the Edinburgh Chamber of Commerce*. Edinburgh, 1859

'The Planet-Watchers of Greenwich'. *Harper's New Monthly Magazine* 1, no. 2 (July 1850) : 233–7

Rooney, David. *Ruth Belville : The Greenwich Time Lady*. London : National Maritime Museum, 2008

Ruggles, Clive, and Michel Cotte. *Heritage Sites of Astronomy and Archaeoastronomy in the Context of the UNESCO World Heritage Convention : A Thematic Study* (printed edn). Paris : International Council on Monuments and Sites/International Astronomical Union, 2011

Schaffer, Simon. 'Smyth's Elevation : Victorian Astronomy's Vertical Empire (Keynote Lecture)', at *Stars, Pyramids and Photographs : Charles Piazzi Smyth, 1819–1900*, Royal Society of Edinburgh, 4 September 2019

Seemann, Ute. 'Dutch and British Coastal Fortifications at the Cape of Good Hope (1665 to 1829)'. South African History Online, April 2010. https://www.sahistory.org.za/place/dutch-and-british-coastal-fortifications-cape-good-hope-1665-1829

'The Time-Ball of St Helena'. *Nautical Magazine* 4 (1835) : 658–60

Warner, Brian. *Astronomers at the Royal Observatory Cape of Good Hope : A History with Emphasis on the Nineteenth Century*. Cape Town : A. A. Balkema, 1979

——. *Charles Piazzi Smyth, Astronomer-Artist : His Cape Years 1835–1845*. Cape Town : A. A. Balkema, 1981

——. *Royal Observatory, Cape of Good Hope 1820–1831 : The Founding of a Colonial Observatory*. Dordrecht : Kluwer Academic Publishers, 1995

Wauchope, Robert. 'Time Signals for Chronometers'. *Nautical Magazine* 5 (1836) : 460–64

第７章　製造

Baines, Edward. *History of the Cotton Manufacture in Great Britain*. London : H. Fisher, R. Fisher, and P. Jackson, 1835

Bennetts of Greenwich. 'Bennetts' History', https://www.bennettsofgreenwich.co.uk/bennetts-history/

Bryan, Ford. *Henry's Attic : Some Fascinating Gifts to Henry Ford and His Museum*. Detroit : Wayne State University Press, 2006

Bud, Robert, Simon Niziol, Timothy Boon and Andrew Nahum. *Inventing the Modern World : Technology Since 1750*. London : Dorling Kindersley, 2000

Church, Roy. 'Nineteenth-Century Clock Technology in Britain, the United States, and Switzerland'. *Economic History Review* 28, no. 4 (November 1975) : 616–30

Davies, Alun C. 'Horology at International Industrial Exhibitions, 1851–1900'. *Antiquarian Horology* 33, no. 5 (September 2012), 591–608

——. 'The Ingold Episode Revisited: English Watchmaking's Pyrrhic Victory'. *Antiquarian Horology* 31, no. 5 (September 2009): 637–54

——. 'An Invasion in Time: American Horology and the British Market'. *Antiquarian Horology* 30, no. 6 (June 2008), 829–44

Ferguson, Adam. *An Essay on the History of Civil Society* (2nd edn). London, 1768

Ford, Henry. *My Life and Work*. Garden City, NY: Doubleday, Page and Company, 1922

Good, Richard. 'An Enamelled Gold Minute Repeating Striking Watch with Arms, Crest and Cypher of Sir John Bennett'. *Horological Journal*, January 1984, 12–15, 22

Harvey, Richard. 'Bennett, Sir John (1814–1897)'. *Oxford Dictionary of National Biography* (online edn), September 2004

Hoopes, Penrose. *Early Clockmaking in Connecticut*. New Haven: Tercentenary Commission of the State of Connecticut, 1934

Hounshell, David. *From the American System to Mass Production, 1800–1932*. Baltimore: Johns Hopkins University Press, 1984〔『アメリカン・システムから大量生産へ：1800-1932』デーヴィッド・A・ハウンシェル著、和田一夫ほか訳、名古屋大学出版会、1998年〕

Kennedy, John. 'Observations on the Rise and Progress of the Cotton Trade in Great Britain, Particularly in Lancashire and the Adjoining Counties（1815年11月3日にマンチェスター文学哲学協会で読まれた）', in *Miscellaneous Papers on Subjects Connected with the Manufactures of Lancashire*, 5–25. Manchester, 1849

Lamont-Brown, Raymond. *John Brown: Queen Victoria's Highland Servant*. Stroud: History Press, 2000

Landes, David. *Revolution in Time: Clocks and the Making of the Modern World* (rev. edn). London: Viking, 2000

'Making Watches by Machinery'. Hansard, Parl. Debs. (series 3), vol. 68, cc. 273–85 (31 Mar. 1843)

Midleton, Alan. 'The History of the BHI (Part 1): Clerkenwell and the Angry 1850s'. *Horological Journal*, July 2007, 268–71

——. 'The History of the BHI (Part 2): The Early Years'. *Horological Journal*, August 2007, 312–15

Muir, Diana. *Reflections in Bullough's Pond: Economy and Ecosystem in New England*. Hanover, NH, and London: University Press of New England, 2000

Murphy, John Joseph. 'Entrepreneurship in the Establishment of the American Clock Industry'. *Journal of Economic History* 26, no. 2 (June 1966): 169–86

Musson, Albert, and Eric Robinson. 'The Origins of Engineering in Lancashire'. *Journal of Economic History* 20, no. 2 (June 1960):209–33

Palmer, Brooks. *The Book of American Clocks*. New York: Macmillan Publishing Co., 1950

Perrett, David. 'Henry Ford's 1928 English Holiday, Part 1– In Search of Newcomen Engines'. *International Journal for the History of Engineering & Technology* 88, no. 1 (2018): 37–56

Roe, Joseph Wickham. *English and American Tool Builders*. New Haven: Yale University Press, 1916

'The Rumbustious Days When the Institute was Formed – and Some Outstanding BHI

Personalities'. *Horological Journal*, September 1958, 556–68

Sharpe, Henry. *A Measure of Perfection: The History of Brown and Sharpe*. 1949 年 5 月 4 日にイギリスのニューコメン協会で行なった演説からの抜粋。

Sir John Bennett, Ltd. *Gog and Magog: The House of Bennett1750–Present Day*. London: Sir John Bennett, 1920

Stowers, A. 'The Preservation of Historic Machinery and Its Problems'. *Transactions of the Newcomen Society* 28, no. 1 (1951): 207–23

第 8 章　道徳

Bartky, Ian. *One Time Fits All: The Campaigns for Global Uniformity*. Stanford: Stanford University Press, 2007

Downing, Michael. *Spring Forward: The Annual Madness of Daylight Saving*. Washington, DC: Shoemaker & Hoard, 2005

Galison, Peter. *Einstein's Clocks, Poincaré's Maps: Empires of Time*. London: Hodder & Stoughton, 2003

Howse, Derek. *Greenwich Time and the Longitude*. London: Philip Wilson, 1997

Morus, Iwan Rhys. *Nikola Tesla and the Electrical Future*. London: Icon Books, 2019

Nye, James. *Johann Antel 1866–1930: Pioneering Electric Horology in Early 20th Century Brno* (unpublished manuscript), 2005

Nye, James, and David Rooney. ' "Such Great Inventors as the Late Mr Lund": An Introduction to the Standard Time Company, 1870–1970'. *Antiquarian Horology* 30, no. 4 (December 2007): 501–23

Prerau, David. *Saving the Daylight: Why We Put the Clocks Forward*. London: Granta Books, 2005

Rooney, David. *Ruth Belville: The Greenwich Time Lady*. London: National Maritime Museum, 2008

——. 'Speculative Building, Planner-Preservationists and Daylight: Commemorations of William Willett, 1918–1948'. *Construction Information Quarterly* II, no. 4 (2009): 207–11

Rooney, David, and James Nye. ' "Greenwich Observatory Time for the Public Benefit": Standard Time and Victorian Networks of Regulation'. *British Journal for the History of Science* 42, no. 1 (March 2009): 5–30

Sedlak, Jan. 'History MT'. National Theatre Brno, 22 December 2008. https://web.archive.org/web/20081222025225/〔現在はアクセス不可〕http://www.ndbrno.cz/en/about-us/theatre-buildings/mahen-theatre/history-of-mahen-theatre/history-mt/

第 9 章　抵抗

Archer, John E. *Social Unrest and Popular Protest in England, 1780–1840*. Cambridge: Cambridge University Press, 2000

Atkins, Keletso E. ' "Kafir Time": Preindustrial Temporal Concepts and Labour Discipline in Nineteenth-Century Colonial Natal'. *Journal of African History* 29, no. 2 (1988): 229–44

Bakunin, Michael. *God and the State*. London: Freedom Press, 1910

Barrows, Adam. ' "The Shortcomings of Timetables" : Greenwich, Modernism, and the Limits of Modernity'. *MFS Modern Fiction Studies* 56, no. 2 (Summer 2010) : 262–89

Bartky, Ian. *One Time Fits All: The Campaigns for Global Uniformity*. Stanford : Stanford University Press, 2007

Brück, Hermann. *The Story of Astronomy in Edinburgh: From Its Beginnings until 1975*. Edinburgh : Edinburgh University Press, 1983

Conroy, Mark. 'The Panoptical City : The Structure of Suspicion in *The Secret Agent*'. *Conradiana* 15, no. 3 (1983) : 203–17

Gantt, Jonathan. 'Irish-American Terrorism and Anglo-American Relations, 1881–1885'. *Journal of the Gilded Age and Progressive Era* 5, no. 4 (October 2006) : 325–57

Harling, Nick. 'The Cotton Riots of 1878'. https://www.cottontown.org/The%20Cotton%20Industry/Cotton%20Industry%2018th%20to%2020th%20Century/Pages/Cotton-riots-1878.aspx

Haslam, James. *Accrington and Church Industrial Co-Operative Society Ltd : History of Fifty Years' Progress*. Manchester : Co-Operative Newspaper Society, 1910

Haye, Bob. 'Struck by Several Sods : Violence and the 1878 Blackburn Weavers' Strike' (BA Dissertation). https://www.cottontown.org/The%20Cotton%20Industry/Cotton%20Industry%2018th%20to%2020th%20Century/Pages/Cotton-riots-1878.aspx

Horn, Jeff. 'Machine-Breaking in England and France during the Age of Revolution'. *Labour/Le Travail* 55 (Spring 2005) : 143–66

Krishnan, Shekhar. *Empire's Metropolis : Money, Time & Space in Colonial Bombay, 1870–1930* (PhD Thesis). Cambridge, Mass. : Massachusetts Institute of Technology, 2013

Merriman, John. *The Dynamite Club*. London : JR Books, 2009

Piper, Karen. *Cartographic Fictions*. New Brunswick, NJ : Rutgers University Press, 2002

Pollard, Sidney. 'Factory Discipline in the Industrial Revolution'. *The Economic History Review* 16, no. 2 (1963) : 254–71

Randall, Adrian J. *Before the Luddites : Custom, Community, and Machinery in the English Woollen Industry, 1776–1809*. Cambridge : Cambridge University Press, 1991

Riddell, Fern. 'The Weaker Sex? Violence and the Suffragette Movement'.*History Today* 65, no. 3 (March 2015)

Royal Observatory Edinburgh Archives : Contemporary Correspondence and Press Cuttings Relating to 1913 Bombing

Salamé, Richard. *Clocks and Empire : An Indian Case Study*. Providence, RI : Brown University, 2014. https://library.brown.edu/ugresearchprize/Salame-ClocksandEmpire.pdf

Smith, Mark M. *Mastered by the Clock : Time, Slavery, and Freedom in the American South*. Chapel Hill : University of North Carolina Press, 1997

Thompson, E. P. 'Time, Work-Discipline, and Industrial Capitalism'.*Past & Present* 38, no. 1 (1 December 1967) : 56–97

Woodcock, George. 'The Tyranny of the Clock'. *War Commentary for Anarchism* 5, no. 10 (March 1944)

第10章　アイデンティティ

Anthony, Scott. *Public Relations and the Making of Modern Britain: Stephen Tallents and the Birth of a Progressive Media Profession*. Manchester: Manchester University Press, 2012

Anthony, Scott, and James Mansell, eds. *The Projection of Britain: A History of the GPO Film Unit*. Basingstoke: Palgrave Macmillan, 2011

Bennett, Oliver. *Daylight Saving Bill 2010–11: Research Paper 10/78*. London: House of Commons Library, 2010

De Carle, Donald. *British Time*. London: C. Lockwood, 1947

Hassid, Jonathan, and Bartholomew Watson. 'State of Mind: Power, Time Zones and Symbolic State Centralization'. *Time & Society* 23, no. 2 (2014): 167–94

Lowenthal, David. *The Past is a Foreign Country – Revisited*. Cambridge: Cambridge University Press, 2015

McCrossen, Alexis. ' "Conventions of Simultaneity": Time Standards, Public Clocks, and Nationalism in American Cities and Towns, 1871–1905'. *Journal of Urban History* 33, no. 2 (January 2007): 217–53

McKay, Chris. *Big Ben: The Great Clock and the Bells at the Palace of Westminster*. Oxford: Oxford University Press, 2010

O'Malley, Michael, and Carlene Stephens. 'Clockwork History: Monumental Clocks and the Depiction of the American Past'. *NAWCC Bulletin*, February 1990, 3–15

Rooney, David. *Ruth Belville: The Greenwich Time Lady*. London: National Maritime Museum, 2008

Schoen, Douglas, and Michael Rowan. *The Threat Closer to Home: Hugo Chávez and the War against America*. New York: Free Press, 2009

Stevens, Tim. 'Governing the Time of the World', in *Time, Temporality and Global Politics*, ed. Andrew Hom, Christopher McIntosh, Alasdair McKay and Liam Stockdale, 59–72. Bristol: E-International Relations Publishing, 2016

第11章　戦争

Allnutt, Jason, Dhananjay Anand, Douglas Arnold, et al. *Timing Challenges in the Smart Grid* (NIST Special Publication 1500-08). Gaithersburg: National Institute of Standards and Technology, 2017

Curry, Charles. *Sentinel Project: Report on GNSS Vulnerabilities*. Lydbrook: Chronos Technology Ltd, 2014

Dudziak, Mary. *War Time: An Idea, Its History, Its Consequences*. Oxford: Oxford University Press, 2012

Easton, Richard. 'Who Invented the Global Positioning System?' *The Space Review*, May 2006

Easton, Richard, and Eric Frazier. *GPS Declassified: From Smart Bombs to Smartphones*. Lincoln, Nebr.: Potomac Books, 2013

Easton, Roger L. 'Global Navigation Flies High'. *Physics World*, October 2007, 34–8

Engineering and Technology History Wiki. 'Brad Parkinson: An Oral History Conducted in 1999

by Michael Geselowitz, IEEE History Center, Hoboken, NJ', 1999. https://ethw.org/Oral-History:Brad_Parkinson

Gregory, Derek. 'The Everywhere War'. *Geographical Journal* 177, no. 3 (September 2011): 238–50

Humud, Carla, Christopher Blanchard and Mary Beth Nikitin. *Armed Coflict in Syria: Overview and U.S. Response*. Washington, DC: Congressional Research Service, 2019

Jones, Tony. *Splitting the Second: The Story of Atomic Time*. Bristol: Institute of Physics, 2000

Krieg, Andreas, and Jean-Marc Rickli. 'Surrogate Warfare: The Art of War in the 21st Century?' *Defence Studies* 18, no. 2 (2018): 113–30

Loughran, Jack. 'Interview: The Creators of GPS'. *E&T Magazine*, 15 February 2019

Milner, Greg. *Pinpoint: How GPS is Changing Our World*. New York: W. W. Norton and Company, 2016

Office of Science and Technology Policy, National Security Council. *Fact Sheet: US Global Positioning System Policy*, Washington, DC, 1996

Pace, Scott, Gerald Frost, Irving Lachow, et al. *The Global Positioning System: Assessing National Policies*. Santa Monica: RAND, 1995

Powers, Stephen, and Brad Parkinson. 'The Origins of GPS: Article Published in May & June 2010 Issues of GPS World', 2010. https://www.u-blox.com/sites/default/files/the_origins_of_gps.pdf

Proceedings of the Fourth Annual NASA and Department of Defense Precise Time and Time Interval (PTTI) Planning Meeting. NASA, 1972

Proceedings of the Sixteenth Annual Precise Time and Time Interval (PTTI) Applications and Planning Meeting (a Meeting Held at the NASA Goddard Space Flight Center, Greenbelt, Maryland, Novenber 27-29, 1984). NASA, 1984

Quinn, Jim. 'I Had to Sell This to the Air Force, Because the Air Force Didn't Want It'. *Invention and Technology* 20, no. 2 (Fall 2004)

Riley, William J. 'A History of the Rubidium Frequency Standard'. IEEE UFFC-S History. http://www.wriley.com/A%20History%20of%20the%20Rubidium%20Frequency%20Standard.pdf, December 2019, 1–35

Stephens, Carlene. 'Time in Place: Cold War Clocks in the American West', in *Where Minds and Matters Meet: Technology in California and the West*, ed. Volker Janssen, 321–45. Berkeley: University of California Press, 2012

Sturdevant, Rick. 'NAVSTAR, the Global Positioning System: A Sampling of Its Military, Civil, and Commercial Impact', in *Societal Impact of Spaceflight*, ed. Stephen J. Dick and Roger D. Launius, 331–51. Washington, DC: NASA, 2007

Teunussen, Peter, and Oliver Montenbruck, eds. *Springer Handbook of Global Navigation Satellite Systems*. Cham: Springer, 2017

Whitty, Chris, and Mark Walport. *Satellite-Derived Time and Position: A Study of Critical Dependencies*. London: Government Office for Science, 2018

第12章　平和

Brand, Stewart. *The Clock of the Long Now: Time and Responsibility*. London: Phoenix, 2000

Brown, Austin. 'Alexander Rose Visits Ise Shrine Reconstruction Ceremony'. ロング・ナウのブログ、2013 年 10 月 3 日付。https://blog.longnow.org/02013/10/03/alexander-rose-visits-ise-shrine-reconstruction-ceremony/

Edahiro, Junko. 'Rebuilding Every 20 Years Renders Sanctuaries Eternal – the Sengu Ceremony at Jingu Shrine in Ise'. *Japan for Sustainability*, August 2013. https://www.japanfs.org/en/news/archives/news_id034293.html〔枝廣淳子氏の日本語版はこちら〕https://www.japanfs.org/ja/news/archives/news_id034075.html

Eno, Brian. *January 07003: Bell Studies for The Clock of the Long Now* (CD), 2003

Finer, Jem. *Longplayer*. London: Artangel, 2003

Jarvis, William. *Time Capsules: A Cultural History*. Jefferson, NC, and London: McFarland & Company, 2003

Kelly, Kevin. 'Clock in the Mountain'. 2020 年 7 月 7 日閲覧。longnow.org/clock

Matsushita Electric Industrial Co. Ltd. *The Official Record of Time Capsule Expo '70: A Gift to the People of the Future from the People of the Present Day*. Osaka: Matsushita Electric Industrial Co. Ltd, 1980〔『タイム・カプセル EXPO'70 記録書：1970 年から 5,000 年後へのメッセージ』タイム・カプセル EXPO'70 記録小委員会編、松下電器産業、1975 年〕

Rooney, David. 'Prototype "Clock of the Long Now" (1999)', in Peter Morris, James Hart and Lesley Henderson, eds., *Milestones of Science and Technology: Making the Modern World*, 238–9. Chicago and London: KWS Publishers, 2013

Rose, Alexander. 'How to Build Something That Lasts 10,000 Years'. *BBC Future*, 2019 年 6 月 11 日放送。https://www.bbc.com/future/article/20190611-how-to-build-something-that-lasts-10000-years

——. 'Long-Term Building in Japan'. ロング・ナウのブログ、2019 年 9 月 11 日付。https://blog.longnow.org/02019/09/11/long-term-building-in-japan/

Soul of Japan: An Introduction to Shinto and Ise Jingu. Tokyo: Public Affairs Headquarters for Shikinen-Sengu, 2013

クレジット

図1-1　De Agostini Picture Library via Getty Images

図1-2　Print Collector via Getty Images

図2-1　Burstein Collection via Getty Images

図2-2　The Picture Art Collection / Alamy Stock Photo

図2-3　Fayez Nureldine / AFP via Getty Images

図3-1　De Agostini / G. Dagli Orti via Getty Images

図3-2　Ms. IV III. Manuscript Department. KBR

図3-3　PHAS via Getty Images

図4-1　Album / Alamy Stock Photo

図4-2　Walter Thornbury, *Old and New London* Volume I, 1878

図4-3　David Rooney 撮影

図5-1　Science & Society Picture Library via Getty Images

図5-2　*Manchester Daily Express* via Getty Images

図6-1　*Illustrated London News*, 21 March 1857

図6-2　E. Walter Maunder, *The Royal Observatory Greenwich: A Glance at Its History and Work*, 1900

図6-3　*The Times: Weekly Edition*, 1929

図7-1　Image from the Collections of the Henry Ford Museum

図7-2　LCC Photograph Library, London Metropolitan Archives

図7-3　Pastpix / TopFoto

図8-1　Hulton Deutsch via Getty Images

図8-2　E. Walter Maunder, *The Royal Observatory Greenwich: A Glance at Its History and Work*, 1900

図9-1　*Evening News*, 21 May 1913, Archives of Royal Observatory Edingburh

図9-2　The National Archives, HO 144/257, 1894

図10-1　BT Heritage 提供

図10-2　The Estate of Joyce Christie 提供

図10-3　Dean Evans 撮影

図11-1　Division of Medicine and Science, National Museum of American History, Smithsonian Institution

図11-2　Bonhams 提供

図11-3　Ken Cedeno / UPI / Alamy Live News

図12-1　パナソニック株式会社提供

第6章　151-152頁の詩　John Agard, 'The Rugby Clock', copyright © John Agard, 2007, reproduced by kind permission of John Agard, c/o Caroline Sheldon Literary Agency Ltd